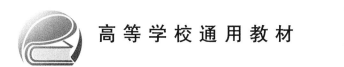高等学校通用教材

U0229297

网络内容安全基础

张小明　　张天一　　刘建伟　编著

北京航空航天大学出版社

内 容 简 介

网络内容安全是一个新兴的研究领域,也是网络空间安全的一个重要研究方向,融合了机器学习、自然语言处理、数据挖掘、计算机视觉等多个学科的知识,具有广阔的研究前景和应用价值。本书是网络空间安全的专业教材,重点介绍了网络内容安全的基本原理和相关专业基础知识。全书共12章,内容包括网络内容安全的基本概念及发展历史、网络内容数据获取与预处理、文本数据分类与聚类、网络舆情分析、话题检测与跟踪、社交网络分析与社区检测、情感分析、图像与视频内容分析与检测等。

本书适用于信息安全、网络空间安全、计算机等相关专业高年级本科生和研究生的专业学习,也可供有关科研人员参考使用。

图书在版编目(CIP)数据

网络内容安全基础 / 张小明,张天一,刘建伟编著.
北京 :北京航空航天大学出版社,2024.9. -- ISBN
978 - 7 - 5124 - 4492 - 8

Ⅰ. TP393.08

中国国家版本馆 CIP 数据核字第 2024T8W292 号

网络内容安全基础

张小明　张天一　刘建伟　编著

策划编辑　龚　雪　　责任编辑　龚　雪

*

北京航空航天大学出版社出版发行

北京市海淀区学院路 37 号(邮编 100191)　http://www.buaapress.com.cn
发行部电话:(010)82317024　传真:(010)82328026
读者信箱:goodtextbook@126.com　邮购电话:(010)82316936
北京九州迅驰传媒文化有限公司印装　各地书店经销

*

开本:787×1 092　1/16　印张:15　字数:384 千字
2024 年 9 月第 1 版　2024 年 9 月第 1 次印刷　印数:1 000 册
ISBN 978 - 7 - 5124 - 4492 - 8　定价:59.00 元

前　　言

随着网络在国家政治、军事、经济、人民生产生活等各领域的广泛应用,互联网已成为人们获取信息、思想交流、任务合作的重要工具。但同时,互联网也为不良行为和信息的传播和发展提供了便利条件。例如,色情、恐怖、谣言等信息的肆意传播,网络暴力、网络欺诈、网络恐怖主义等行为层出不穷。这些不良信息和行为给国家和社会安全带来了极大的挑战,网络空间安全已经成为国家安全的重要组成部分。为了适应网络空间形势的急剧变化,2014年中央网络安全和信息化领导小组成立。2015年6月11日,国务院学位委员会和教育部正式增设"网络空间安全"一级学科。2016年6月,中央网信办发布了《关于加强网络安全学科建设和人才培养的意见》。网络空间安全人才培养得到国家高度重视,人才队伍建设步入快速发展轨道。

人才的培养离不开高质量课程的建设和优秀教材的编写。网络内容安全作为网络空间安全的重要组成部分,其主要研究任务是对网络中各类数据进行语义分析和挖掘,发现、分析、预测其中的不良信息和行为,涉及的相关技术包括网络内容数据采集、自然语言处理、机器学习、社交网络分析、数据挖掘和计算机视觉等。结合实际应用需求和相关研究进展,本书主要介绍网络内容安全相关的基本概念、基础知识、理论方法和研究进展与趋势等,包括网络内容安全的基本概念与发展历史、网络媒体数据获取方法与工具、网络数据预处理方法、文本预处理、文本分类和聚类算法、网络舆情分析、话题检测与跟踪、社交网络分析与社区检测、情感分析、图像与视频内容分析检测等。本书以具体的研究问题组织相关的知识单元,既有理论模型的介绍,也有解决方法、技术难点和研究现状的详细阐述,着重培养学生的网络内容安全分析思维能力、初步问题研究与解决能力,使其具有一定的网络内容国际学术视野和维护网络安全的意识。

本书主要面向高等院校网络空间安全相关专业本科生,也可作为研究生和科研人员的参考书籍。本书由张小明担任主编,各章节编写分工如下:张小明编写第2、3、4、6、7、8、9、10章,张天一编写第11、12章,刘建伟编写第1、5章。同时,课题组李彦聪博士、李翔博士、齐一睿博士、曾睿林硕士等在材料收集、图表绘制和公式编写上完成了大量工作。在本书的编写过程中,参考了国内外许多公开发表的相关资料,在此对所涉及的所有专家、学者表示诚挚的感谢!

受限于笔者之能力,本书的观点难免有不妥之处,恳请读者批评指正,使之完善提高。

作　者
2024 年 6 月 16 日于北京

目　　录

第1章　网络内容安全概述

随着网络和通信技术的不断发展,互联网已经成为人们获取与传播信息、知识和思想最重要的媒介之一。各种观点在网络上长期共存,互相影响。各种违法犯罪活动也利用网络作为组织和传播的新场所。因此,营造健康的网络内容生态,建筑清朗网络空间对维护国家安全、社会安全具有非常重要的意义。本章主要介绍网络内容安全的基本概念、背景历史和发展趋势。

1.1　网络内容安全的背景

1.1.1　互联网的发展

自从 1969 年 11 月 21 日美国国防高级研究项目署建成了第一个网络以来,互联网已经有了爆发式的发展,互联网的大规模应用不仅促进了全世界范围内信息的有效传播与流通,而且给科学研究、工业制造、金融商贸的发展乃至人们的日常生活方式都带来了深远影响。根据 Datareportal、Meltwater、We Are Social 合作制成的《2023 年全球数字报告》,当今世界有 51.6 亿互联网用户,占全球总人口的 64.4%;有 47.6 亿社交媒体用户,占全球总人口的近 60%。自 20 世纪 90 年代开始,我国的互联网行业也经历了从小到大的跨越式发展。《中国互联网发展报告 2023》[1]指出,截至 2023 年 6 月,中国网民规模达 10.79 亿人,互联网普及率达 76.4%。三家基础电信企业发展蜂窝物联网终端用户 21.23 亿户,万物互联基础不断夯实。5G 应用已经融入 60 个国民经济大类,加速向工业、医疗、教育、交通等重点领域拓展深化。从人人互联到万物互联,数字场景生态不断丰富。一方面,应用场景不断更新,给人们智慧生活带来新体验;另一方面,优质内容供给持续加强,迫切需要构建良好的网络内容生态。

在信息化已成为世界发展趋势的背景下,互联网技术及其各种应用不断影响和改变着人们的生活,为人类社会进步提供了巨大的推动作用。但是,如果互联网不被正确应用和有效管理,也会带来许多负面影响。例如,色情、反动、暴力、涉恐图像和视频等不良信息在网络上大量传播,垃圾电子邮件、邮件欺诈和钓鱼等不正当行为泛滥,利用网络大肆传播电影、音乐、软件等的侵犯版权行为,网络暴力和网络恐怖主义活动等问题层出不穷。尤其是近年来随着社交媒体的发展,网络谣言、网络水军、虚假新闻充斥着整个互联网,这些行为完全背离了互联网设计的初衷,也不利于社会的健康发展。因此,在建设信息化社会的过程中,提高信息安全的保障水平,营造健康的网络内容生态,建筑清朗网络空间,是网络空间安全重要的一环,也是顺利建设信息化、数字化社会的坚实基础。

互联网上各种不良信息的传播和不规范行为的产生,其主要原因可归结为两类。一方面,互联网的高速发展导致相关的规范和管理措施在许多时候产生滞后的问题。在互联网发展的初期,由于网络用户规模小、互联网应用种类少,且多数用户是从事学术研究的工作人员,网络也没有涉及商业领域的应用,这个问题不是很突出。如今,互联网在用户规模、应用范围、硬件平台等方面都发生了巨大变化,原有的网络模式、管理规范、技术手段都已不能满足新形势下的互联网发展与应用的需求。另一方面,在传统媒介之外,互联网已成为信息分享和传播最重要的媒介,其使用的便利性、信息传播的快捷性为人们营造了前所未有的思想交流场所。相对于传统媒体,一些新奇、另类、博眼球的或不符合规范的行为和信息内容更容易在互联网上传播和发酵。互联网打破了传统的物理边界,人人都可以成为信息传播的主体,也不可避免地会更容易受到其他对象的影响。因此,我们在享受互联网的好处时,更需要去维护互联网的健康发展,对于一些不良信息和不良行为,还需要通过法律与技术手段等多方面的措施来抵制和消除,使得人们能够享受更加健康清朗的网络服务和内容。

1.1.2　相关法律法规

当前,世界各国都对网络内容的安全非常重视。据统计,全球已有超过 100 个国家及地区制定了网络数据内容及保护方面的政策法规,并建立了相关的保护机构或监管机构。2019年,欧盟《网络安全法案》正式施行,针对对象主要包括欧盟机构、机关、办公室和办事处等机构(下文统称"欧盟机构"),规制内容主要为上述欧盟机构在处理个人用户、组织和企业网络安全问题的过程中加强网络安全结构、增强对数字技术的掌控、确保网络安全应当遵守的法律规制,旨在促进卫生、能源、金融和运输等关键部门的经济,特别是促进内部市场的运作。2024年 1 月 7 日,欧盟《网络安全条例》正式生效,该条例规定了欧盟实体建立内部网络安全风险管理、治理和控制框架的措施,并设立一个新的机构间网络安全委员会(IICB)监督和支持欧盟机构实施网络安全措施。条例对欧盟计算机应急响应小组(CERT‑EU)进行了扩展授权,使其成为威胁情报、信息交换和事件响应协调中心、中央咨询机构和服务提供商,并将其更名为欧盟网络安全服务中心,但仍保留简称"CERT‑EU"。

美国于 2014 年通过了《国家网络安全保护法》,强化了国土安全部的国家网络安全和通信集成中心在联邦部门和私营部门共享网络安全信息方面的重要作用,为立足国家层面部署和加强公共和私营部门网络安全信息共享提供了法律依据。2015 年,美国通过《网络安全信息共享法案》,旨在加强公共和私人部门之间的网络安全信息共享。法案规定了信息共享的条件和程序,并为信息共享提供了法律保护。美国参议院提出《2023 年保护美国人数据免受外国监视法案》,保障美国公民个人信息安全,该法案拟通过修订《2018 年出口管制改革法案》(Export Control Reform Act of 2018),旨在控制将某些敏感类别的美国公民数据共享和传输给可能对美国国家安全造成风险的外国实体。

近年来,我国也陆续通过了许多相关的网络安全法律法规。2012 年,第十一届全国人民代表大会常务委员会第十三次会议表决通过《全国人民代表大会常务委员关于加强网络信息保护的决定》。2016 年第十二届全国人民代表大会常务委员会通过《中华人民共和国网络安全法》。2021 年 6 月 10 日,第十三届全国人民代表大会常务委员会第二十九次会议通过《中华人民共和国数据安全法》,该法自 2021 年 9 月 1 日起施行。2021 年 8 月 20 日,第十三届全国人民代表大会常务委员会第三十次会议通过《中华人民共和国个人信息保护法》,该法自2021 年 11 月 1 日起施行。在我国,对有下列行为之一,构成犯罪的,依照刑法有关规定追究刑事责任:

① 利用互联网造谣、诽谤或者发表、传播其他有害信息,煽动颠覆国家政权、推翻社会主义制度,或者煽动分裂国家、破坏国家统一;

② 通过互联网窃取、泄露国家秘密、情报或者军事秘密;

③ 利用互联网煽动民族仇恨、民族歧视,破坏民族团结;

④ 利用互联网组织邪教组织、联络邪教组织成员,破坏国家法律、行政法规实施;

⑤ 利用互联网销售伪劣产品或者对商品、服务作虚假宣传;

⑥ 利用互联网损害他人商业信誉和商品声誉;

⑦ 利用互联网侮辱他人或者捏造事实诽谤他人。

1.1.3　网络内容数据类型

本书所讲的网络内容安全主要介绍互联网中传输的数据的语义安全。截至 2021 年,互联网上存储的数据总量已经达到了 40 万亿 GB。按照数据的表现模式,互联网中的数据类型主要包括以下几种:

(1) 文本数据

这是最常见的互联网数据类型,包括网页新闻、论坛、博客、微博、评论、属性、标签、社交媒体聊天记录等以文字形式呈现的信息。文本数据可以通过机器学习、自然语言处理技术进行情感分析、主题提取、话题检测与跟踪等。

(2) 多媒体数据

这类数据包括照片、图表、漫画、表情包等各种形式的图像信息以及社交媒体平台上的短视频、电影、电视剧等视频及其音频数据等。通过计算机视觉和语音识别等技术,可以抽取多媒体数据中的文字、物体、场景等信息,可以进一步用于内容理解和分析。

(3) 网络关系数据

描述网络中对象间关系的一类数据,网络对象可能对应于真实的人物个体,还可能是虚拟的个体、物体、组织机构、语义概念等,网络关系包括超链接、评论、转发、关注、互粉、好友等显示的交互关系,还有一些隐式的关系,例如共同爱好、潜在好友、潜在客户等,需要利用数据挖掘和机器学习等方法去发现。网络关系数据可以辅助内容的理解和分析。

1.1.4　网络内容安全面临的挑战

与传统的数据资源和信息传播媒介相比,网络及其内容数据在规模、结构、传播范围、传播方式和意识形态影响手段方面都呈现出了新的特点,对数据内容分析技术和方法提出了更高的要求,为网络内容安全带来了新的挑战。

首先互联网中含有巨量的半结构化或非结构化的数据,数据表现形式包括文本、视频、音频、图像、关系等,覆盖了不同学科、不同领域、不同地域、不同语言的信息资源。这些数据不仅规模巨大,而且噪声众多、价值密度低,传统数据处理应用软件不足以处理如此大或复杂的数据集。需要综合利用大数据技术、机器学习、自然语言处理等技术进行信息的抽取、有价值信息的挖掘、语义理解等处理。

相比于传统媒介,网络信息内容具有传播速度快、范围广且交互性强等特点。互联网上的任何信息资源,都只需要短短数秒就能传播到世界各地的每一个角落。同时,网络信息内容发布自由,每个人都可以自由地发布任意形式的信息内容,而且还可以通过转帖、评论等行为参与到其他信息的传播过程中。由于没有质量控制和管理机制,这些信息没有经过严格编辑和整理,良莠不齐,各种不良和无用的信息大量充斥在网络上,形成一个纷繁复杂的信息世界。

信息的传播不仅受到其内容的影响,还受到参与的传播者的影响,不同的传播者其影响力不一样。因此,需要综合利用数据内容信息和传播关系网络等分析网络信息内容的传播及其影响,并及时做出响应,这对传统的数据挖掘分析方法带来极大挑战。

互联网 IP 地址、链接、用户和内容等信息处于经常性变化之中,各种数据源存在状态的无序性和不稳定性使得信息的更迭、消亡无法预测,这些都给用户选择、分析网络内容带来了困难。此外,网络的这些特点决定了其容易成为网络欺诈、钓鱼、网络暴力、网络恐怖主义、网络水军等恶意行为和网络谣言、虚假信息、煽动言论、不良音视频等有害内容的载体。因此,需要有效的技术、方法和措施等从动态变化的网络中发现隐藏的有害的信息,以免网络用户受到有害信息内容的侵害。

1.2　网络内容安全的定义

网络内容安全是网络安全和信息安全领域的一个重要分支,在一些场景中也称为信息内容安全或者网络信息内容安全[2,3]。

从定义来看,信息安全是保护信息系统免受意外或故意的非授权泄露、传递、修改或破坏的。而随着网络的发展和信息化的深入,信息安全的内涵不断丰富,人们对它提出了目标和要求,其定义和外延在此过程中得到了持续发展和创新,其涵盖范围从国家军事、政治等机密安全,到电商业、企业机密的泄露,青少年对不良信息的浏览,个人信息的泄露等信息内容层次的安全。如图 1.1 所示,现今流行的信息安全主要包括物理安全、网络安全、数据安全和信息内容安全四个层次[4]。

图 1.1　信息安全层次结构

物理安全是指保护计算机设备、设施(含网络)以及其他媒介免遭地震、水灾、火灾、有害气体和其他环境事故(如电磁污染等)破坏的措施、过程。网络安全是指网络系统的硬件、软件及其系统中的数据受到保护,不因偶然或恶意的原因而遭受到破坏、更改、泄露,系统连续可靠正常地运行,网络服务不中断。网络安全其本质就是网络上的信息安全。数据安全是指防止数据被无意或故意非授权泄露、更改、破坏或使信息被非法系统辨识、控制和否认,即确保数据的完整性、保密性、可用性和可控性。其中物理安全、网络安全和数据安全这三个层次所面临的安全问题虽然十分严峻,但往往是普通用户肉眼观察不到的潜在安全问题。物理安全和网络安全研究的是信息系统硬件结构的安全和网络信息系统的安全,是整个信息安全体系的基础,主要的技术包括网络安全架构及软硬件防护检测等。数据安全是研究确保信息的完整性、可用性、保密性、可控性以及可靠性的一门综合性新型边缘学科,主要运用密码学、区块链等关键技术。

在学科定义上,我们把了解信息内容安全的威胁,掌握信息内容安全的基本概念,熟悉或掌握信息内容的获取、识别和管控基本知识和相关操作技术的学科,称为信息内容安全[2]。信息内容安全旨在分析识别信息内容是否合法,确保合法内容的安全,阻止非法内容的传播和利用。从结构上看,信息内容安全处在信息安全体系中的最上层,相对其他三个层次的安全防护,更倾向于检测保护信息自身的安全。网络信息内容安全作为信息内容安全的重要部分,它以网络中的信息为主要研究载体。在具体实现技术方面,网络信息内容由于网络信息量大、信息发布来源众多,故对海量数据存储及自动分析处理等技术有着更强烈的需求和挑战。从研究方法来看,网络信息内容是一个交叉综合型的研究领域,包括机器学习、自然语言处理、数据挖掘、计算机视觉等多门学科的研究,技术方法包括网络数据采集与处理、文本挖掘分析、社交网络分析、舆情分析、情感分析、图像和视频目标检测等。

传统的信息安全体系中并不包括信息内容安全,但随着网络的大规模普及,尤其是各种网络应用渗入到人民日常生活的方方面面,网络信息内容遭受的威胁日渐突出,已经成为影响国家和社会稳定的重要因素。在国家层面,公安机关和文化管理部门需要使用网络信息内容安全分析技术来维护社会稳定和保护文化安全;在企事业单位层面,公司和单位需要维护自身形象,避免谣言和竞争对手诽谤等带来的影响;在个体层面,个人需要维护自身的合法权益和数据的隐私,避免网络暴行、谣言、欺诈等不良行为对自身造成伤害。本书的网络内容安全不仅包括网络传输的信息的内容安全,还涉及传播者相关数据内容的安全问题,包括情感分析、影响力及传播分析、社区分析等方面。

1.3　网络内容安全的研究

网络内容安全作为一门新兴的课题,以互联网中传播的信息内容及传播者等为研究对象,成为了一门新兴的边缘交叉学科。网络内容安全与相关学科,尤其是信息安全及网络安全学科有着紧密的关系。

1.3.1　网络内容安全知识体系

信息安全是信息安全学科的基础内容。信息安全学科中的信息安全概念主要介绍对信息安全的威胁、信息安全的基本概念、信息安全的措施等基本知识。信息安全基础知识领域由信息安全概念知识单元、信息安全数学基础知识单元、信息安全法律基础知识单元以及信息安全管理基础知识单元四个部分组成。而信息安全数学基础知识单元又由数论、代数结构、计算复杂性、逻辑学、信息论、编码学以及组合数学七个知识单元组成。在学科设置中,信息安全学科一般包括四部分教学内容:

① 物理安全,是指保护计算机设备、设施(含网络)以及其他媒介免遭地震、水灾、火灾、有害气体和其他环境事故(如电磁污染等)破坏的措施、过程;

② 数据安全,是指防止数据被故意或偶然非授权泄露、更改、破坏或使信息被非法系统辨识、控制和否认,即确保数据的完整性、保密性、可用性和可控性;

③ 运行安全,是指为保障系统功能的安全实现,提供一套安全措施(如风险分析、审计跟踪、备份与恢复、应急措施)来保护信息处理过程的安全;

④ 管理安全,是指通过有关的法律法令和规章制度以及安全管理手段,确保系统安全生存和运营。

在信息安全学科的知识体系中,数学是重要的理论基础,例如数论、代数结构、组合数学、计算复杂性、信息论等是密码学的基础,逻辑学是网络协议安全的基础。此外,信息安全还包含了一些法律基础理论,例如信息安全领域中的一些基本管理知识。信息安全法律和信息安全管理知识则对整个信息安全系统的设计、实现与应用都具有指导性的作用。

　　狭义上,网络安全可定义为网络上的信息安全,一般可认为它是信息安全学科的子集。网络安全包括网络信息的存储安全,还涉及信息的产生、传输和使用过程中的安全。信息安全与网络安全有很多相似之处,两者都对信息数据的生产、传输、存储和使用等过程有相同的基本要求,例如可用性、保密性、完整性及不可否认性等。

　　网络信息内容安全旨在分析识别信息内容是否合法,确保合法内容的安全,防止非法内容的传播和使用。网络信息内容安全的知识单元包括网络信息内容安全的概念、网络数据的获取、信息内容的分析与识别以及信息内容的管控等。网络数据的获取包括网络数据获取的概念、网络数据获取的方法。网络数据的预处理包括数据的解析、信息的抽取、特征选择以及数据的表示等,主要学习数据预处理的概念和一般流程,掌握常用的数据特征抽取和数据表示模型等。网络数据内容的分析与管控包括数据分类与聚类、话题分析、情感分析和关系分析等,主要学习文本数据、多媒体数据、社交网络数据等的基本分析流程和方法,掌握文本数据的分类与聚类、话题检测与跟踪、网络舆情分析、社交网络分析、社区检测与评估、情感分析、图像视频内容检测等常用方法与技术。

1.3.2　网络内容安全研究方法

　　网络内容安全是信息安全学科的子集。信息安全学科是综合计算机、电子、通信、数学、物理、生物、管理、法律和教育等学科发展演绎而成的交叉学科,同时也是研究信息的获取、存储、传输和处理中的安全威胁和安全保障的新兴学科。表1.1给出了信息安全支撑技术的内容[3]。信息安全学科已经形成了一套比较成熟的理论、技术和应用,服务于各行各业的安全,并仍在不断地发展壮大中。

表 1.1　信息安全支撑技术

信息安全支撑技术	研究方向	关键技术
密码学	密码基础理论	密码函数、密码置换、序列及其综合、认证码理论、有限自动机理论等
	密码算法研究	序列密码、分组密码、公钥密码、哈希函数等
安全协议	安全协议设计	单机安全协议设计、网络安全协议设计
	安全协议分析	经验分析法、形式化分析
信息隐藏	数字水印	数字版权保护、匿名通信等
	隐蔽通信	隐写术、隐通道、阈下通信等
安全基础设施	PKI/KMI/PMI	产生、发布和管理密钥与证书等安全凭证
	检测/响应基础设施	预警、检测、识别可能的网络攻击,响应攻击并对攻击行为进行调查分析等
系统安全	主机安全	访问控制、病毒检测与防范、可信计算平台、主机入侵检测、主机安全审计、主机脆弱性扫描等
	系统安全	数据库安全、数据恢复与备份,操作系统安全等

信息安全支撑技术	研究方向	关键技术
网络安全	硬件安全	防火墙、VPN、网络入侵检测、安全接入、安全隔离与交换、安全网关等
	内容安全	数据获取、数据处理与表示、话题跟踪与检测,社交网络分析、舆情分析、情感分析、多媒体数据分析、隐私保护等
	行为安全	网络安全管理、网络安全审计、网络安全监控、应急响应等

网络内容安全以网络中传播和产生的各类数据为主要研究载体,对数据处理速度要求高(近实时)、处理吞吐量大(达到 TB 级)、自动处理功能需求强烈。网络内容安全属于通用数据内容分析技术范畴,涉及自然语言处理、数据挖掘、机器学习、计算机视觉、信息论、统计学等多门学科的研究,促进了数据分析技术的发展。

网络内容安全与信息安全、网络安全在研究方法和研究内容等方面都存在不同。首先,信息安全是使用密码学保护信息内容,避免其泄露,使得未被授权人员不能访问内容,它是解决信息的"形式"保护问题,不需要理解信息的"内容"。其次,网络安全主要研究如何在网络的各个层次和范围内采取防护措施,以便对网络安全威胁进行检测和发现,并采取相应的响应措施,确保网络环境的信息安全。主要的研究包括网络安全威胁、网络安全理论、网络安全技术和网络安全应用等。网络内容安全则需要"理解"网络信息的内容,并对大规模、半结构化、非结构化的数据进行自动处理、实时判断,对不良信息进行主动甄别,辅助制定防护策略,为网络安全管理部门提供决策支撑。

网络内容安全中的许多问题具有一定的主观性,例如虚假和谣言等信息的判定、人物影响力的分析、不良图像和视频内容的检测等。因此,网络内容安全的研究必须由用户明确定义内容的"安全准则",包括安全领域(关注什么行业、类型和数据源的网络内容安全问题)和安全标准(什么是安全的信息内容,什么是不安全的信息内容),这样才能有相关的依据来判断具体的对象是否符合所定义的安全准则。因此,网络内容安全问题是"面向特定领域"的,聚焦于当前的重点领域,而非全方位领域。

1.4　网络内容安全的发展

随着互联网技术的发展和应用的日益普及,网络上的安全问题也日益突出,网络安全也成为国家和社会安全的重要组成部分,网络内容安全也得到了许多国家和企业的高度重视,其面临的挑战也越来越多。

1.4.1　网络内容安全现状

因网络威胁层出不穷,勒索病毒及其变种频繁出现,严重威胁到企业、机构及个人用户的网络安全,人们对网络安全产品和服务的需求持续增长,涉足网络安全的企业越来越多,网络安全行业市场规模也逐年攀升。

IDC(International Data Corporation,国际数据公司)、Gartner、中国信通院的报告分别显示,2021 年全球网络安全市场规模为 1 687.7 亿美元、1 577.5 亿美元、1 554.0 亿美元,较

2020 年增速分别为 27.8%、17.9%、13.7%。其中,截至 2023 年 3 月 31 日,IDC 披露了 2022 年全球网络安全规模为 1 955.1 亿美元,同比增速达到 15.8%;Gartner 披露了 2022 年全球网络安全规模为 1 691.6 亿美元,同比增速达到 7.2%。根据中国信通院披露的数据,2016—2022 年我国网络安全行业规模的年均复合增长率为 14.2%,2022 年我国网络信息安全市场规模约 1 116.96 亿元,较 2021 年增长 20.52 亿元。从细分规模结构而言,目前我国的网络信息安全产业仍处于网络安全基础建设阶段,行业目前仍以硬件产品为主体,服务与软件为辅,近几年硬件占比逐渐回落,软件与服务占比提升较为显著,行业产业结构持续调整。

国际信息系统安全认证联盟(ISC2)发布的 2023 年度《全球网络安全人才发展报告》显示,2023 年全球网络安全人才规模达到 550 万人,同比增长 8.7%。但网络安全人才缺口进一步扩大到 400 万人,平均增长了 12.6%。亚太地区网络安全人才短缺最为严重,短缺人数同比增长 23.4%。据教育部《网络安全人才实战能力白皮书》数据显示,国内已有 34 个高校设立网络空间安全一级学科,但每年的人才培养规模仅为 3 万,许多行业面临着网络安全人才缺失的困境。到 2027 年,我国网络安全人员缺口将达 327 万。

在"9·11"恐怖袭击、棱镜门等事件发生后,各国对网络内容安全问题的重视程度不断提高,并相继开展了相关的大型研究计划和项目,表 1.2 给出了世界各国的一些网络内容安全相关项目。基于人工智能、大数据等先进技术的网络内容安全研究已经成为各国的研究重点内容。

表 1.2　各国网络内容安全相关项目

国　别	单　位	项目名称	项目内容
美国	DARPA	ASED	2017 年启动的主动式社会工程学防御项目,利用以机器人程序为核心的自动化技术来及时识别和阻止社会工程学攻击,包括群发带有恶意链接的电子邮件攻击,以及通过一对一的长期交流建立信任,进而骗取个人信息的恶意行为等
美国	DARPA	SemaFor	2019 年启动的语义取证项目,旨在开发"可检测虚假媒体信息中的语义错配现象"的创新性分析方法,以便对互联网上的虚假媒体信息进行大规模的快速检测、溯源和表征
美国	乔治城大学	GDELT	全球事件、语言与语调数据库(Global Database of Events, Language and Tone),由美国乔治城大学教授 Kalev Leetaru 创建,实时监测全球 65 种语言的新闻媒体(包含印刷物、广播和网络),能够提取新闻文本中的人物、地点、组织、事件和情感倾向等关键信息,记录了从 1979 年至今的事件信息,每 15 min 更新一次
多国	UKUSA	Echelon	美国、英国、澳大利亚、加拿大、新西兰等国参与的一个全球间谍网络,监听世界范围内的无线电波、卫星通信、电话、传真、电子邮件等信息后,利用信息处理技术进行自动分析。每天截获的信息量约 30 亿条。最初用于监控苏联和东欧的军事与外交活动。现在重点监听恐怖活动和毒品交易的相关信息

国　别	单　位	项目名称	项目内容
中国	阿里巴巴	云盾	内容安全产品提供图片、视频、语音、文字等多媒体内容风险检测的能力，帮助用户发现色情、暴力、惊悚、敏感、禁限、辱骂等风险内容或元素，可以大幅度降低人工审核成本，提升内容质量，改善平台秩序和用户体验
中国	网易	网易易盾	基于机器学习、自然语言处理、大数据等技术，提供色情、广告、涉政、暴恐等垃圾文本信息，涉黄、涉政、暴恐等违规图片，直播、点播视频等违规镜头，违规音频等的检测以及 AI 内容分析；提供丰富即时的安全舆情信息，重大专项舆情预案，全年舆情日历一网打尽，舆情专家全天候在线解读
中国	腾讯	天御系列产品	腾讯优图、天御、智聆等信息内容产品依托智能识别、智能分析等多项 AI 技术，可为用户提供"音视图文"全场景的智能内容安全审核解决方案，能够协助审核人员高效、准确定位多类型内容风险，赋能审核人才智能化转型，从传统人工审核转型为智能辨别、智能纠错、智能策略制定

1.4.2　网络内容安全的发展趋势

一方面，随着 Web 2.0 技术的发展和各种应用的普及，网络内容将面临更多、更严峻、更复杂的安全威胁。另一方面，随着人工智能、大数据及云计算技术的飞速发展，网络内容安全分析与处理技术也随之不断进步，以下几个方面在未来还有很大的发展空间。

1. 移动互联网内容安全

随着移动通信技术、物联网技术和手机终端智能化的发展，移动互联网给人们在信息共享和信息传播等方面的自由度和个性化等不断加强。但是，移动互联网给人们带来便利的同时，其内容安全也变得越来越重要，也越来越复杂。未来，只有利用大数据才能实现移动互联网的安全创新。从目前移动互联网的安全现状来看，移动互联网网络犯罪已经不只是传统互联网中的黑客形式那么简单，移动终端安全将会变得越来越复杂。一方面，可利用人工智能、大数据和云查杀等技术，实时在云服务器端做出行为预判，来保障移动终端的安全。另一方面，应研究如何挖掘移动终端发布的社交媒体数据。在用户创造数据的时代，大量用户会持续产生大规模的社交数据，例如微信、钉钉、微博、抖音和 QQ 等。这些社交媒体数据能够反映用户的观点、情感和思想等信息，但也存在价值密度低、噪声多等问题，容易断章取义，造成误传或谣传，极大地威胁了网络内容安全，如何借助自然语言处理、大数据分析技术及手段从中挖掘有价值的信息也是一大挑战。

2. 网络数据隐私保护

随着各种网络应用，尤其是社交媒体的普及，互联网沟通的即时性、连接的广阔性以及内容的全面性都得到了质的飞跃，用户现实生活与媒介生活在互联网上实现了重合与交融。这种便利性也造成了用户隐私泄露的风险不断增加，加之网络数据具有记忆性和可预测性，也使隐私数据的泄露更加严重。数据隐私保护是指通过控制个人信息收集、存储、使用和分享的方式，确保个人信息不被滥用，不被未经授权的第三方访问或泄露。传统的隐私保护技术包括加密算法、匿名化设计、完全分布式的系统架构等。现代社交媒体的虚拟性、即时性、可记录性,在大数据技术与人工智能的加持下,使侵害个人隐私权更加普遍化、复杂化,用户隐私的保护变得更加复杂和困难。在网络内容分析中,用户隐私保护是一个非常重要的组成部分。需要研究如何在有效保护用户隐私的前提下,挖掘分析网络数据所隐藏的安全风险。因此,既需要在匿名化及其他方法处理过的数据中进行安全分析,还需要将用户隐私信息泄露的发现及防控作为网络内容安全的目标之一。

3. 网络内容的可信分析

大数据环境下网络信息内容的一个普遍观点是:数据自己可以说明一切,数据自身就是事实。然而这个观点的前提是数据要真实可信。但在实际情况中,如果不仔细甄别,数据也会欺骗,就像人们有时会被自己的双眼蒙骗一样。因为错误的数据往往会导致错误的结论,因此大数据可信性的威胁之一,是数据的伪造或刻意制造。如果数据应用场景明确,就容易存在人刻意制造的数据,从而导致某种“假象”,诱导分析者得出对数据制造者有利的结论。由于虚假信息往往隐藏于大量的真实数据中,使得人们难以鉴别真伪,进而可能做出错误判断。例如,一些舆情事件发生后,一些谣言混杂在大量的真实报道中,用户很难分辨,从而导致部分用户误解事实的真相。同时,由于当前互联网中虚假信息的产生和传播变得越来越容易,其所产生的影响也越来越严重。故用传统信息安全技术手段鉴别所有来源的真实性是不可能的。

其次,数据在传播中的逐步失真也对大数据的可信性造成威胁。原因之一是人工干预的数据采集过程可能引入误差,由于失误导致数据失真与偏差,最终影响数据分析结果的准确性。此外,数据失真还有数据版本变更的因素。在传播过程中,可能现实情况发生了变化,早期采集的数据已经不能反映真实情况。例如,餐馆电话号码已经变更,但早期的信息已经被其他搜索引擎应用或收录,所以用户可能看到矛盾的信息而影响其判断。因此,大数据的使用者应该有能力基于数据来源的真实性、数据传播途径、数据加工处理过程等,了解各项数据的可信度,防止分析得出无意义或者错误的结果。

1.5 本章小结

互联网尤其是社交媒体已经成为人们获取信息、沟通交流、社交娱乐、协同工作等的重要途径,但是它也成为谣言、色情信息、反动言论等不良信息的温床,网络欺诈、网络恐怖主义、网络暴力和网络造谣等不良行为也层出不穷。这些不良信息和恶意行为不仅对网络内容生态造成严重损害,影响了正常的网络秩序,也对社会和国家的安全造成了极大的危害。为了营造清朗的网络空间,需要研究网络内容安全,实现对互联网中不良信息和恶意行为的自动分析与检测,为信息化社会的建设提供坚实的基础。当前的网络内容安全研究已经取得了一定的成果,但随着网络应用和参与者的形式、规模的不断发展变化,网络内容安全面临的问题也越来越复杂。因此,如何结合大模型、机器学习、自然语言处理等技术进一步提高网络内容安全的应对能力已成为当前的主要发展方向。

参考文献

［1］中国网络空间研究院. 中国互联网发展报告 2023［M］. 北京:商务印书馆,2023.

［2］张焕国,王丽娜,杜瑞颖,等.信息安全学科体系结构研究［J］.武汉大学学报(理学版),
2010,56(5):614-620.

［3］周学广,任延珍,孙艳,等. 信息内容安全［M］. 武汉:武汉大学出版社,2012.

［4］杨黎斌,蔡晓妍,戴航. 网络信息内容安全［M］. 北京:清华大学出版社,2022.

第 2 章 网络信息内容数据获取

网络内容安全研究的基础是网络中的信息内容,因此,如何获取网络信息内容数据是网络内容安全的一个重要研究内容。受益于互联网基础设施建设的长足发展,当前基于互联网实现信息传播这一网络应用已经相当普及。据 2023 年 8 月 28 日的《中国互联网络发展状况统计报告》显示,截至 2023 年 6 月,我国网民规模达 10.79 亿人,互联网普及率达 76.4%,我国域名总数为 3 024 万个,IPv6 地址数量为 68 055 块/32,IPv6 活跃用户数达 7.67 亿,互联网宽带接入端口数量达 11.1 亿个,光缆线路总长度达 6 196 万千米,出口带宽数为 18 469 972 Mbit/s,年增长 33.5%。同时,中国网站数达到 383 万个,网民人均上网时长为 29.1 小时。各类互联网应用持续发展,多类应用用户规模获得一定程度的增长。各类企业、组织机构等越来越多地使用互联网工具开展交流沟通、信息获取与发布、内部管理等方面的工作。因此,相比于传统的报纸、电视、广播等传播媒介,互联网的传播速度更快,影响也更广、更深远。互联网包含了各式各样、内容迥异的信息。从宏观角度上来讲,互联网公开传播的数据基本可以分为网络媒体数据与网络通信数据两大类型。其中网络媒体信息即是本书要研究的内容。互联网中传播的数据规模巨大,需要高效的数据采集工具和方法来获取所需的数据。网络爬虫是广泛使用的一种网络数据采集工具,如何设计一个满足数据挖掘分析任务需求的网络爬虫,对后续的相关工作意义重大。

2.1 网络数据

2.1.1 网络媒体数据

网络媒体数据是指互联网网站公开传播的信息内容数据,网络用户通常可以基于通用网络浏览器或其他客户端工具获得互联网公开传播的信息内容。宏观意义上的网络媒体数据表现形式多样,可以通过网络媒体形态、数据内容类型、媒体传播方式、网页内容构成与数据交互协议等方式进一步细分。

1. 网络媒体形态

通常,网络媒体可以分为传统的广播式媒体与新兴的交互式媒体两类。其中,广播式主要包含新闻网站、论坛(BBS)、博客(Blog)等形态。交互式媒体包括搜索引擎、多媒体(视/音频)点播、网上交友、网上招聘与电子商务(网络购物)等形态。每种形态的网络媒体都以其特定的方式向互联网用户传播其公开发布的信息。

2. 数据内容类型

从发布信息的数据内容结构类型来看,网络媒体数据可以细分为文本数据、图像数据、音频数据与视频数据等多种类型。其中,网络文本数据通常是网络媒体数据中占比最大的类型。

3. 媒体传播方式

按照网络媒体传播信息方式的不同,网络媒体数据还可以分成可直接浏览的公开发布的数据,以及需要完成身份认证才可以进一步点击阅读的网络媒体数据。前者是门户网站传播信息的主要方式,后者主要面向特定用户群进行传播。

4. 网页内容构成

《中国互联网网络发展状况统计报告》根据超链接网络地址(统一资源定位符,URL)的组成,将网页分成 URL 中不含"?"或输入参数的静态网页,以及 URL 中含"?"或输入参数的动态网页两类。根据网页内容的具体构成形态,还可以对静态网页与动态网页进行更加明确的区分。静态网页的主体内容为文本形式,且网页内嵌链接信息以超链接网络地址格式存在于网页源文件中。动态网页的网页主体内容或网页内嵌链接信息完全封装于同页源文件中的脚本语言片段内。

5. 数据交互协议

按照所使用的数据交互协议的不同,网络媒体数据可以分为 HTTP(S)数据、FTP 数据、MMS 数据、RTSP 数据及已经不多见的 Gopher 数据等。其中,MMS 数据与 RTSP 数据应用于视/音频点播协议中,当互联网用户通过网络浏览器点击 MMS 或 RTSP 协议数据时,浏览器会通过操作系统调用该协议解析所对应的默认应用程序,实现互联网用户请求的视/音频片段播放。

2.1.2　网络通信数据

网络通信数据一般指互联网用户使用除网络浏览器以外的专用客户端软件,实现与特定点的通信或进行点对点通信时所交互产生或使用的数据。常见的网络通信数据包括使用电子邮件客户端收发信件时通过网络传输的数据,以及使用即时聊天工具进行点对点交流时所传输的网络数据。鉴于网络通信数据在一定程度上并不属于网络公开发布的信息,故这类数据不属于本书的研究对象。

2.2　网络媒体数据的爬取

网络媒体数据的获取范围在理论上可以是整个互联网。最常用的一种网络媒体数据获取方法是利用网络爬虫(crawler),也称为蜘蛛(spider)或机器人(robot),从预先设定的、包含一定数量 URL 的初始网络地址集合出发,获取初始集合中每个网络地址所对应的网页内容,提取其中的超链接网络地址,并将所有超链接网络地址置入待获取地址队列,以"先入先出"方式或其他方式逐一提取队列中每一个网络地址发布的数据内容,直至遍布所需的互联网络范围。

2.2.1　通用网络爬虫算法

网络爬虫是获取网络媒体数据的最有效的工具之一。图 2.1 展现了网络爬虫的基础框架,基于该框架可以进一步开发各类网络爬虫。整个过程虽然简单直接,但却面临着许多不确定因素的影响,包括网络连接、爬取陷阱、URL 规范化、网页解析等。

由爬虫维护的尚未访问 URL 列表被称为 URL 队列。该队列初始化的时候仅存放由用户或其他程序提供的种子 URL。在程序的每次主循环中,爬虫先从队列中取出下一个 URL,通过 HTTP 协议将对应的网页爬取下来,然后解析内容,并且提取出包含的 URL,将其中新发现的 URL 追加到队列中,最后将网页(或者其他提取出的信息,例如索引词条)存放到本地磁盘的网页库中。爬取过程在积累到一定数量网页时即可中止;或者在队列为空的时候中止(尽管这实际上几乎不可能发生,因为平均每张网页包含有 10 个对外的链接)。

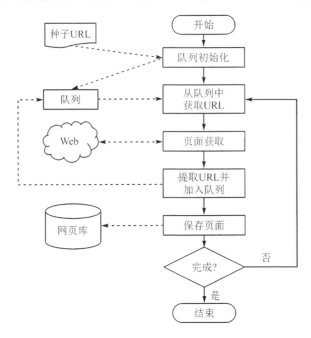

图 2.1　常见的网络爬虫爬取流程图

事实上,爬虫的爬取过程是一种图搜索的算法。互联网可以被看作一张巨大的图,图上的节点代表网页,而图上的边代表超链接。爬虫从某些(种子)网页开始,沿着不同的边(链接)到达其他网页。获取页面并提取链接的过程和搜索图时遍历节点的方法非常相似。URL 队列是其中应用的主要数据结构,它包含尚未被访问网页的 URL。由于不能无限制地存储所有的 URL,爬虫设计人员需要决定哪些 URL 具有较高的优先级,以便指定按照何种顺序去从队列中提取 URL,并在存储空间被占满时决定清除哪些 URL。不同的 URL 排序方法导致不同的爬虫网络搜索算法,通常有宽度优先的搜索算法、带偏好的搜索算法[1]和深度优先的搜索算法。

1. 宽度优先搜索算法

对应图论中的宽度优先遍历方法,爬虫的 URL 队列可以采取先进先出(first-in-first-out,FIFO)的实现方法,对应的爬虫就是宽度优先爬虫(breadth-first crawler)。每次爬取的网页 URL 来自队列的顶部,并且新的 URL 被添加到队列底部。一旦队列被占满,宽度优先爬虫就会每次只添加一个新的 URL。宽度优先策略意味着网页并不是被“随机”访问的,这是因为互联网图入度的值呈长尾分布。一些网页被多次指向,它们的入度远远超过平均值,也就是说入度的变化是无边界的。因此,流行的网页会被很多链接所指向,它们对于宽度优先爬虫而言,很容易就被排到前面。因此,宽度优先爬虫所访问页面的顺序和它们的入度值紧密相关。

这种现象的发生在搜索引擎中表现为价值偏好(bias)，即搜索引擎倾向于索引被高度链接的网页。

宽度优先爬虫并不"随机"访问页面的另一个原因是：它们受种子节点选取的影响非常大。从主题相关角度来看，种子页面链接的邻居页面通常都和种子页面的内容相关，它们的相关度要远超随机选取页面的相关度。这些偏好和其他的偏好对于通用爬虫而言都非常重要。

2. 带偏好的搜索算法

如果将队列的实现由先进先出队列变为优先队列，那么就可以获得一种完全不同的搜索策略。通常，带偏好的爬虫(preferential crawler)会给尚未访问的页面链接赋以不同的优先级，该优先级基于页面的价值估计进行计算。价值估计可以基于页面的拓扑属性(例如页面的入度)、内容属性(例如用户查询和包含链接的原始页面之间的相似度)，或者其他可衡量指标的组合(例如主题爬虫的目标就是要沿着那些可能指向与用户指定主题相关的那部分页面进行爬取)。相对于宽度优先爬虫来说，在设计主题爬虫时，种子网页的选择更重要。因此，需要设计特定的函数对未访问的网页进行赋值。如果页面被访问的顺序是根据队列中的优先级值进行的，就称其为最优优先爬虫(best-first crawler)。

优先级队列可以是一直保持 URL 优先级排序的动态数组。在每一步，最好的 URL 被从队列头部取出。一旦对应的网页被爬回，它所包含的 URL 都必须依次计算得分。然后这些 URL 插入到原先队列的相应位置，使队列继续保留优先级顺序。与宽度优先爬虫一样，最优优先爬虫也需要避免队列出现重复的 URL，利用哈希表进行查询可以解决该问题。

3. 深度优先的搜索算法

与宽度优先搜索算法一样，深度优先搜索(depth first search)也属于图算法的一种。其过程简要来说是对每一个可能的分支路径深入到不能再深入为止，而且每个节点只能访问一次。深度优先搜索是在开发爬虫早期使用较多的一种方法，它的目的是要达到被搜索结构的叶节点(即那些不包含任何超链的网页)。在一个网页中，当一个超链被选择后，被链接的网页将执行深度优先搜索，即在搜索其余的超链结果之前必须先完整地搜索单独的一条链。深度优先搜索沿着网页上的超链走到不能再深入为止，然后返回到某一个网页，再继续选择该网页中的其他超链。当不再有其他超链可选择时，说明搜索已经结束。

正如前面所述，只有未被访问的 URL 才会被加入到队列中去，这需要使用一些数据结构来维护已访问过的 URL。爬取历史(crawl history)就派此用处，它是包含有时间戳的 URL 列表，记录着爬虫访问过的网页路径。一个 URL 只有当其对应网页已经被爬取的时候才会被加入爬取历史中，该历史可以被用作爬取的后续分析和评估，例如我们可以分析最相关和最重要的资源是否在爬取过程前期就已经出现了。尽管爬取历史可以被存放在硬盘上，但它依然被存放在内存中维护，以便迅速查找、检查一张网页是否已经被爬取过。这项工作是必须的，因为它可以避免重复访问页面，以及浪费有限大小队列的存储空间。通常，可以使用哈希表来获得快速的 URL 插入和查询时间($O(1)$)。查询过程假设两个 URL 是否指向相同的页面可以被迅速检测出来，这需要引入 URL 规范化(参考 2.3.3 节)。还有一个非常重要的细节，那就是要避免重复的 URL 被加入到队列中。也可以采用另一张哈希表来维护存放在队列中的 URL，以便迅速查找，来检查一个 URL 是否已经在队列中。

2.2.2　网页数据处理

为了获取网页,爬虫必须像一个 Web 客户端那样进行工作。它首先向服务器发送一个 HTTP 请求,然后接收服务器的响应。为了避免无限制地等待响应缓慢的服务器或者规模庞大的网页造成的时间耗费,网络爬虫会引入一个超时(timeout)机制。在实际应用中,爬虫都会限制只下载每个网页的前 10～100 kB 数据,还可以通过维护一个 URL 哈希表来检测是否存在一个循环的链。如果同一个 URL 在链中出现两次,则必须阻止进一步循环。也可以通过解析 last-modified(最后修时间)信头来确定文档存在的历史时间长度,不过这个信息有时候并不很准确。当前,很多编程语言都提供了网页爬取相关的编程接口,对快速开发一个网络爬虫提供了强大支持。例如,Java、Python 和 Perl 等编程语言都提供了获取网页内容的简单编程接口。然而,使用这些高级接口的时候应当更加小心,因为它们更难检测底层的问题。

2.2.3　网页解析

网页被下载下来以后,下一步就是解析它的内容(也就是 HTTP Payload 数据),并且进一步将解析出的内容用来支持调用爬虫的主程序(对于搜索引擎而言,爬得的网页被用来建立索引)和保持爬虫持续运行(将爬得网页中的链接添加到队列中)。最简单的网页的解析只需要从超链接提取 URL,复杂的解析需要分析 HTML 代码。文档对象模型(DOM)为网页解析提供了重要支持,它将 HTML 页面解析成一棵带有标签的树,如图 2.2 所示。HTML 解析器线性地扫描 HTML 源代码,以深度优先的方式建立这个树。

HTML 代码并不像程序代码那样必须进行编译,浏览器不能强制判断它的正确性。即使要求严格遵守 HTML 规范,各个浏览器对同一个 HTML 代码的实现也是有区别的,再加上非专业网页编辑人员之间的差异,最终导致网络爬虫的 HTML 解析器非常复杂。经常会有一些网页中缺少一些必要的标签,或者缺少闭合标签、标签位置不合适、存在拼写错误或丢失属性名称及其对应的值、在属性值两端没有引号、未转义的特殊字符等。例如 HTML 规范中定义引号为保留字符,禁止在文本中出现,在文本中使用引号,应当使用"""来表示。然而,有许多网页的编辑人员没有意识到这一点,实际中有很多网页都包含这个非法的字符。和浏览器一样,爬虫解析器需要能够处理这些错误,不能因为这些错误就把许多重要的网页丢弃。可以借助一些成熟的工具软件,例如 tidy(http://www.w3.org/People/Raggett/tidy),在解析之前对 HTML 内容进行整理。另外,HTML 和 XHTML 规范还有很多不同的版本共存,这也增加了爬虫解析器的复杂性。如果爬虫只需要提取网页内部的链接信息或者文本信息,简单的解析就足够了。目前,用 Java 和 Perl 等高等语言编写的 HTML 解析器正变得越来越复杂和健壮。

在网络中还有一部分网页并非使用 HTML 语言编写,其数量也在不断增长。为使爬虫能够爬取更多的数据,需要其能够支持解析各种开放或私有格式的数据,包括纯文本、PDF、Microsoft Word 和 Microsoft PowerPoint 等。有些数据格式的设计由于是面向用户交互的,对爬虫而言并不太友好。例如,一些商业网站使用 Flash 动画展示部分信息,爬虫很难从其中提取链接和文本内容。有些使用图片的地图页面和大量使用 Javascript 的网页也都是很难解析内容的。其他的一些新标准也给爬虫提出了挑战,包括可缩放矢量图形(scalable vector graphics)、SVGAJAX(asynchronous JavaScript and XML)和其他基于 XML 的语言。

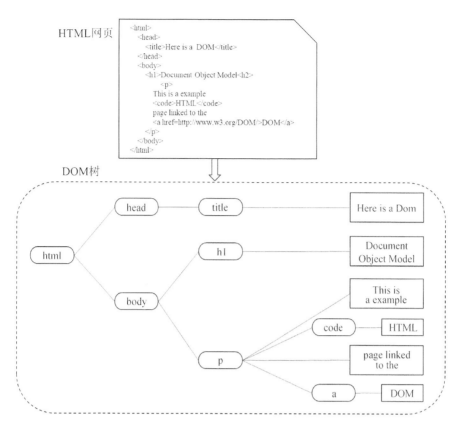

图 2.2　HTML 网页构建的 DOM 树示例(树的内部节点用椭圆形状表示,叶节点用方框表示)

2.2.4　链接提取与规范化

　　HTML 解析器的一个主要功能是识别网页中的标签和对应的属性值。为了从网页中提取超链接 URL,可以使用解析器寻找相应标签(<a>)并获取其 href 属性的值。不过,这样获得的 URL 还需要进行后续处理。首先,要过滤掉不能被爬取的文件类型。可以加入白名单(white list,例如只允许 text/html 内容的链接)或黑名单(black list,例如不允许链向 PDF 文件的链接)。文件类型的区分可以通过判断文件扩展名的方法来实现,不过这种方法并不一定可靠,因为有些文件可能没有扩展名,而我们又不能先把文件下载下来再去判断它的类型。有一种解决方法就是先发送 HTTP HEAD 请求给服务器,然后检测响应回来的 content-type。

　　还有一种过滤的方法用于处理页面的动态或静态特征。动态页面(通常由 CGI 脚本生成)可以是数据库或其他应用的查询接口,而页面本身可能并不是爬虫想要获取的。在 Web 应用的早期,这类网页的数目很少而且很容易识别。例如,URL 里面包含/cgi-bin/目录名即表示是 CGI 脚本,或者包含 CGI 查询字符串的特定字符[?＝&]。目前,动态网页的使用越来越广泛,许多站点都用它来展现其内容,这些内容都可以被用来建立索引。然而,我们已经很难从 URL 上来区分网页是否属于动态网页。因此,大部分爬虫目前都已不区分静态或动态内容。爬虫一般都不会自主构造查询 URL,而是爬取在 HTML 源代码或解析的网页中包含的 URL。

　　在链接被加到 URL 队列前,相对 URL 必须被转换成绝对 URL。例如,在网页 http://

www. 163. com 中 dy/article/INJHV4GP0514AM4I. html 这个相对 URL 应当被转换成 http://www. 163. com/dy/article/INJHV4GP0514AM4I. html 这个绝对 URL。相对 URL 可以是相对的目录,也可以是相对于 Web 服务器文档根目录上的绝对目录。基 URL 可以在 HTTP 信头或 HTML 页面的 meta 标签中指定。如果在后者指定,那么超链接所在文件的 URL 就根本不是基 URL。

转换相对 URL 只是 URL 规范化过程,即将 URL 转换为规范格式处理中的一个步骤。实际应用中没有严格统一的规范格式,不同的爬虫会采用不同的规则。例如,有些爬虫采用一直在 URL 中指定端口的方法(如 http://www. 163. com:80/),还有些爬虫仅在端口不是 80 (HTTP 的默认端口)的时候才指定端口号。只要在爬虫内部使用了统一的格式,这种区别就无关紧要。Perl 等编程语言还提供管理 URL 的模块,提供了绝对、相对 URL 的转化和规范化方法。不过,有些规范化步骤需要应用经验性的推理规则,而已有的工具可能不包含这些规则。爬虫开发者还需要根据经验来检测两个 URL 是否指向相同的页面,以避免同一张网页被多次爬取。

2.2.5　爬虫陷阱

链接的提取还需要注意爬虫陷阱问题。有些电子商务网站可能会在 URL 中包含用户访问的产品顺序信息。通过这种方法,每次用户只要点击一个链接,服务器就可以记录能够反映用户购物行为的详细信息以供后续分析。例如,如果产品 a 的动态页面网址是/a,页面中包含有一个指向产品 b 所在网页的 URL,那么这个链接路径可能包含/a/b,用来表示用户是从 a 页面抵达 b 页面的。如果网页 b 上也有一个链接指向产品 a 所在页面,那么动态生成的网址可能会是/a/b/a。爬虫可能会认为这是一张新的页面,而实际这是一张已经访问过的页面。因此,对于爬虫而言,某些站点就是无穷无尽的,爬虫爬取的次数越多,服务器就会创建越多的链接。而实际上,这些"虚假"链接并不会指向新内容,只是简单地引向动态创建的页面,或者引向已经被访问的页面。这样,爬虫就被引向一个无底洞,而且无法获得任何新内容,这就叫爬虫陷阱问题。

爬虫陷阱对爬虫的性能会造成巨大的损害,要完全避免爬虫陷阱问题是很困难的。在有些情况下,客户端向服务器发送其设置的 cookie,服务器根据该信息来生成动态 URL。因此,如果爬虫不能接收或发送任何 cookie 的话,爬虫陷阱问题就能被避免。不过,这种方法解决的问题有限。需要采取更主动的方法来避免爬虫陷阱,例如限制 URL 长度最长为 256 个字符,如果遇到超过界限的 URL,那么爬虫就直接忽略该 URL。还可以限制爬虫对同一域名的请求页面数量,这种方法可以在 URL 队列代码中加以处理,以保证爬虫每次新添加的一批 URL 中对每个站点只有一个 URL。

2.2.6　网页排序

由于 Web 的规模巨大,即使是商业搜索引擎使用的大规模爬虫也不可能爬取到所有的可访问内容,因此,搜索引擎爬虫通常都将目标集中在最"重要"的网页上,网页的重要程度可以通过一些链接流行程度指标,例如入度、PageRank 算法[2]、HITS 算法[3]等计算得到。

1. PageRank 算法

PageRank,即网页排名,是 Google 用来标识网页的等级或重要性的一种算法。PageRank

的核心思想主要有两点：

① 数量假设：一个页面被其他页面链接指向次数越多，说明它越重要。

② 质量假设：如果一个很重要的网页链接到另外某个网页，那么被链接指向的网页的重要性也会相应地提高。

根据这一思想，网页 i 的重要性（即 i 的 PageRank 值）由所有指向 i 的网页的 PageRank 值之和决定。由于一个网页可能指向许多其他网页，所以它的 PageRank 值被所有它指向的网页共享。将整个 Web 看作是一个有向图 $G=(V,E)$，设网页总数为 n，则网页 i 的 PageRank 值（以 $P(i)$ 表示）定义为

$$P(i) = \sum_{(j,i)\in E} \frac{P(j)}{O_j} \tag{2.1}$$

其中，O_j 是网页 j 的链出链接数目。因此，n 个网页得到一个含有 n 个线性等式和 n 个未知数的系统，可以使用一个矩阵来表示。设 $\boldsymbol{P}$ 为一个 PageRank 值的 n 维列向量，即 $\boldsymbol{P}=(P(1),P(2),\cdots,P(n))^{\mathrm{T}}$。设 $\boldsymbol{A}$ 为表示图的邻接矩阵，则有

$$A_{ij} = \begin{cases} \dfrac{1}{O_i}, & (i,j)\in E \\ 0, & \text{其他} \end{cases} \tag{2.2}$$

进一步，可以使用 PageRank 值写出一个有 n 个等式的矩阵形式：

$$\boldsymbol{P} = \boldsymbol{A}^{\mathrm{T}}\boldsymbol{P} \tag{2.3}$$

这是矩阵的特征等式，其中 $\boldsymbol{P}$ 的解是相应特征值为 1 的特征向量。在某些条件满足的情况下，1 是最大的特征值，并且 $\boldsymbol{P}$ 是主特征向量，可以利用幂迭代的数学方法来求解 $\boldsymbol{P}$。由于 Web 图并不一定是一个强联通非周期的有向图，故上式不存在一个稳定的解。可以使用一个策略简单地处理上述问题，即给每一个页面增加指向其他所有页面的链接，并且给予每个链接一个由参数 d 控制的选择概率，即选择是否按照原始的链接关系进行网页游览跳转还是随机跳转到 Web 中的任何一个网页上。显然，加上随机边的 Web 图变成强联通的和非周期的。改进 Web 链接图后，在任何一个网页上，一个随机的浏览者将有两种选择：

① 他随机选择一个链出链接继续浏览的概率是 d。

② 他不通过点击链接，而是跳到另一个随机网页的概率是 $1-d$。

这个改进的模型可以表示如下：

$$\boldsymbol{P} = \left[(1-d)\frac{\boldsymbol{E}}{n} + d\boldsymbol{A}^{\mathrm{T}}\right]\boldsymbol{P} \tag{2.4}$$

其中，$\boldsymbol{E}$ 是 $\boldsymbol{e}\boldsymbol{e}^{\mathrm{T}}$（$\boldsymbol{e}$ 是全 1 的列向量），于是 $\boldsymbol{E}$ 是一个全为 1 的 $n\times n$ 方阵。例如对于图 2.3 所示的 Web 链接图，其邻接矩阵如下：

$$\boldsymbol{A} = \begin{bmatrix} 0 & 1/2 & 1/2 & 0 & 0 & 0 \\ 1/2 & 0 & 1/2 & 0 & 0 & 0 \\ 0 & 1 & 0 & 0 & 0 & 0 \\ 0 & 0 & 1/3 & 0 & 1/3 & 1/3 \\ 0 & 0 & 0 & 0 & 0 & 0 \\ 0 & 0 & 0 & 1/2 & 1/2 & 0 \end{bmatrix} \tag{2.5}$$

其改进后的邻接矩阵如下：

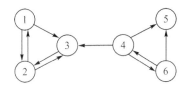

图 2.3　链接示意图

$$(1-d)\frac{\boldsymbol{E}}{n}+d\boldsymbol{A}^{\mathrm{T}}=\begin{bmatrix} 1/60 & 7/15 & 1/60 & 1/60 & 1/60 & 1/60 \\ 7/15 & 1/60 & 11/12 & 1/60 & 1/60 & 1/60 \\ 7/15 & 7/15 & 1/60 & 19/60 & 1/60 & 1/60 \\ 1/60 & 1/60 & 1/60 & 1/60 & 1/60 & 7/15 \\ 1/60 & 1/60 & 1/60 & 19/60 & 1/60 & 7/15 \\ 1/60 & 1/60 & 1/60 & 19/60 & 1/60 & 1/60 \end{bmatrix} \tag{2.6}$$

每个网页 i 的 PageRank 值变为

$$P(i)=(1-d)+d\sum_{j=1}^{n}A_{ji}P(j) \tag{2.7}$$

其中,参数 d 称为衰减系数,其值在 0 与 1 之间,例如,可设 $d=0.85$。最后,PageRank 算法的迭代过程如算法 2.1 所示。

算法 2.1　PageRank 算法

输入:Web 网页链接图的邻接矩阵 $\boldsymbol{A}$,参数 d 和 ε。

输出:Web 图中所用网页的 PageRank 值。

1. $\boldsymbol{P}_0=\boldsymbol{e}/n$;

2. $k=1$;

3. Repeat;

4. $\boldsymbol{P}_{k+1}=(1-d+d\boldsymbol{A}^{\mathrm{T}})\boldsymbol{P}_k$;

5. $k=k+1$;

6. until $\parallel \boldsymbol{P}_{k+1}-\boldsymbol{P}_k \parallel_1<\varepsilon$;

7. return $\boldsymbol{P}_{k+1}$。

2. HITS 算法

HITS[3] 是 hypertext induced topic search(超链接诱导主题搜索)的简写,它是根据网页的入度与出度来衡量一个网页的重要性的,其中网页的入度指的是指向这个网页的超链接,而出度则是指这个网页指向其他网页的超链接。如果一个网页具有很高的重要性,那么这个网页所指向的其他网页也具有较高的重要性,同时如果这个重要性高的网页被其他的网页所指,那么指向这个网页的其他网页也具有较高的重要性。在 HITS 算法中将指向别的网页定义为 Hub 值,被指向则定义为 Authority 值。与 PageRank 采用的静态排名算法不同,HITS 是查询相关的。当用户提交一个查询请求后,HITS 首先展开一个由搜索引擎返回的相关网页列表,然后给出两个扩展网页集合的排名,分别是权威等级(authority ranking)和中心等级(hub ranking)。

权威(authority):一个权威的网页拥有众多的链入链接,即该网页可能含有某些优秀的或者权威的信息,所以得到很多人的信赖并且链接到它。

中心(hub):一个中心的网页拥有很多链出链接,即该网页作为关于某个特定话题信息的组织者,指向许多包含该话题权威信息的相关网页。

权威页面和中心页面如图 2.4 所示。

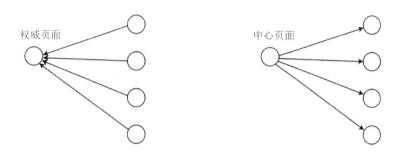

图 2.4 权威页面和中心页面

HITS 的主要思想是:一个好的中心页必然会指向很多好的权威页,并且一个好的权威页必然会被很多好的中心页所指向。权威页和中心页有一种互相促进的关系,也就是说 HITS 算法会迭代计算出每个页面的 Hub 得分和 Authority 得分,将每个页面的 Hub 得分设为与其链接的每个页面的 Authority 得分之和,将每个页面的 Authority 得分设为与其相连的每个页面的 Hub 得分之和,并不断迭代直到结果收敛。

HITS 算法的第一步是收集待排序的页面,给定一个搜索查询 q,HITS 将根据如下过程搜集页面集合:

① HITS 算法将一个查询送至搜索引擎,该搜索引擎可以仅使用内容相似度对网页排序,也可以仅使用 PageRank 等度量值对网页排序。

② 搜集 t(在参考文献[3]中 $t=200$)个排名最高的网页,这些网页的集合 W 称作根集。

③ 通过将指向 W 内部的网页或者 W 内部网页指向的外部网页加入 W 的方式扩充 W,得到更大的网页集合 S,称作基集。

HITS 对 S 内部的每个网页进行处理,赋予每个网页一个权威分值(authority score)和一个中心分值(hub score)。设 S 中页面的个数为 n,使用 $G=(V,E)$ 表示 S 的有向链接图,利用 L 表示图的邻接矩阵,设网页 i 的权威分值为 $a(i)$,中心分值为 $h(i)$,则两种分值的相互增益关系可以表示为

$$a(i) = \sum_{(j,i)\in E} h(j) \tag{2.8}$$

$$h(i) = \sum_{(i,j)\in E} a(j) \tag{2.9}$$

假设用 a 表示所有权威分值的列向量:$a=(a(1),a(2),\cdots,a(n))^{\mathrm{T}}$,用 h 表示所有中心分值的列向量:$h=(h(1),h(2),\cdots,h(n))^{\mathrm{T}}$,则可以得到如下矩阵计算表达式:

$$a = L^{\mathrm{T}}h \tag{2.10}$$

$$h = La \tag{2.11}$$

权威分值和中心分值的计算也可采用幂迭代方法,例如:

$$a_k = L^{\mathrm{T}}La_{k-1} \tag{2.12}$$

$$h_k = LL^T h_{k-1} \tag{2.13}$$

其中，$L^T L$ 称作 HITS 的权威矩阵，LL^T 称作 HITS 的中心矩阵，如果它们表示的链接图是强联通非周期的，则该迭代运算能收敛到一个稳定值。

HITS 算法的迭代过程如算法 2.2 所示。

算法 2.2　HITS 算法

输入：基集网页邻接矩阵 L，参数 ε。
输出：基集网页的权威值和中心值。
1. $a_0 = h_0 = (1, 1, \cdots, 1)$;
2. $k = 1$;
3. Repeat;
4. 　　$a_k = L^T L a_{k-1}$;
5. 　　$h_k = LL^T h_{k-1}$;
6. 　　$k = k + 1$;
7. 　　归一化 a_k 和 h_k;
8. until $\parallel a_{k+1} - a_k \parallel_1 < \varepsilon$，且 $\parallel h_{k+1} - h_k \parallel_1 < \varepsilon$;
9. return a_{k+1} 和 h_{k+1}。

与 PageRank 算法相比，HITS 算法根据查询主题来为网页排名，这样能够提供与查询更加相关的权威页和中心页。PageRank 是一种全局算法，它可以一次性对 Web 中的所有页面进行离线的排序，PageRank 值存储在数据库中。而 HITS 算法是一种在线的算法，用户提交查询后才进行实时的计算。HITS 算法的主要缺点包括以下几点：首先，它更容易被作弊，因为用户可以很容易地在自己的网页上添加大量的指向权威页的链接。其次，在扩充的根集中很多网页可能和搜索话题无关，会造成排序的网页存在话题漂移的现象。最后，HITS 算法查询时低效，查询时计算较复杂。寻找根集，扩展根集，然后进行矩阵乘法运算都是非常费时的操作。

2.2.7　聚焦网络爬虫

很多情况下，我们并不需要爬取整个 Web 上的所有网页，而只需要爬取某些特定类别或指定网站的网页。因此，我们需要设计一个这样的爬虫，为该爬虫输入指定类别的种子网页以后，它能找到属于该类别的新网页，不论是直接属于该类别的还是属于该类别的子类别的网页。这样的爬虫也叫聚焦网络爬虫（focused crawler），它用于爬取用户感兴趣的某一类网页。Chakrabarti 等人[4] 提出了一种基于分类器的限定爬虫，该爬虫首先利用标注好的网页样本训练一个文本分类器，然后使用分类器可以指导爬虫的偏好，即爬虫根据分类器的预测值，仅从 URL 队列中选择可能属于该类别的网页。为了训练分类器，样本网页要尽可能覆盖感兴趣类别的各个主题。当一个网页被认为属于该类别时，其链接指向的网页也认为和该类别相关。

聚焦网络爬虫可以有两种不同的策略——"软"限定策略和"硬"限定策略。在"软"限定策略中，爬虫使用每张被爬取页面 p 的相关得分 $R(p)$（例如分类器预测值）作为所有从 p 中提取出的未访问链接的先验值，随后这些链接就被加入到带有优先级的队列中。在"硬"限定策略中，当网页 p 被爬取下来以后，如果该网页所属的子类别是感兴趣的类别的子类别中的一个,则从该网页获取的链接会被加入到 URL 队列中去。例如,如果爬虫被限制为爬取“篮球”类别的网页,它爬取到一张介绍 2020 年奥运会篮球比赛的网页 p,如果分类器正确地识别出 p 属于的类别=体育运动/篮球/竞赛/奥运会/2020,那么从网页 p 中提取出来的链接就会被加入到队列中去,因为 2020 年奥运会篮球比赛是“体育运动/篮球”类别的子类别。采取“软”限定策略或“硬”限定策略的爬虫在实际应用中的性能差异不大。

聚焦网络爬虫的另一个问题是过滤器的使用。过滤器一般使用修改过的 HITS 算法来寻找相关主题的中心网页,这样的中心网页包含各种指向该主题权威资源网页的链接。在爬取过程中,过滤器会被用来选择一些最好的中心网页加入到 URL 队列中。

还有一种聚焦网络爬虫叫作上下文限定爬虫。该爬虫也使用朴素贝叶斯分类器进行页面爬取的指导,不过这里的分类器被训练成用来估计已经爬取的网页和相关目标网页集之间的链接距离[5]。例如,爬虫想要爬取介绍“网络安全”的内容,它可以到网络空间安全学院网站上寻找教师主页,然后收集相关的页面及论文资料。在这个例子中,学院主页可能并不含有关键字“网络安全”。一般的聚焦网络爬虫或者最优爬虫会给类似这样的网页赋以较低的优先级,甚至于都不访问上面的链接。但是,如果爬虫能够估计出机器学习的页面只需要从包含“网络空间安全学院”的页面上再多点两个链接就可以访问到了,那么它就会给这种页面较高的权值了。因为,在“网络空间安全学院”这个上下文环境里,教师的主页里的研究方向及其论文链接网页很可能都包含网络安全相关的内容。

2.3　网络爬虫的评价

要构建一个“好”的爬虫,首先就必须要确定评价一个爬虫好坏的标准,以便爬虫开发者可以根据该标准改进爬虫的性能。由于爬虫本身一般都被用来支持一些特定的应用,如搜索引擎、数据采集等,因此,可以间接地通过其支持的应用的性能来评估。但直接评价爬虫的应用性能有时候是不合理的,例如我们可以比较一个搜索引擎是否比另一个更好,但是这个性能差异是由背后的爬虫算法导致的,还是由背后的爬虫性能导致的?我们是无法确定的。因此有必要直接对爬虫的性能进行评价。

爬虫评估的最直接方法就是在有限的几个查询/任务上进行比较,并不考虑其统计意义上的重要性。这样的结果虽然重要,但并不是一个全面的性能比较。随着 Web 爬取技术的不断成熟,需要一套定义完整的性能评价指标来衡量和比较通用任务的各种爬取策略,下面简要介绍这样一个评价体系的基本要素。

首先,对不同爬虫的评价必须没有偏见,并且可以衡量其统计差异显著性。这需要在足够多的不同主题上进行多次测量,并且考虑爬取受时间等因素的影响。爬虫评价主要难点之一就是对于某个特定主题或查询的相关集合很多时候都不存在,也就是说很难定义完整的正确网页集合,也就难以判断爬取的网页是否完全符合用户要求。如果邀请大量的真实用户来评估被爬取网页的相关度,这是一件非常耗费人力和物力的工作。为了收集到足够多的有关爬取网页有效性的标注,必须雇佣大量的标注人员,并且每个人要标注很大数量的网页。另外,在 Web 上实时爬取还会带来严重的时效性问题,进一步给标注人员增加了负担。

为了能够有效解决这些问题,爬虫的评估需要有可自动估算网页相关度和质量的衡量方法。目前,已经有几种这样的性能衡量方法。如果一张网页包含部分或全部的主题/查询关键字就可以被认为是相关的网页,爬虫用来做种子 URL 的网页可以组合成一个单一的文档,并可以进一步将这个文档和被爬取网页的相似度当作是网页的相关度得分[6]。也可以用训练好的网页分类器来识别相关的网页,分类器的训练使用一些种子页面或其他预先定义的相关网页作为正例。训练好的分类器随后则对每张被爬取的网页给出布尔类型或连续的相关度得分[7]。但是,如果一个分类器(或在相同样本标签上训练而得的分类器)既被用来指导爬虫,又被用来评估该爬虫,那么这种评估往往会存在偏差。

通常,分类器在评估的时候会倾向于已经被爬取下来的页面。如果在不同的训练集上训练评估分类器,可以简化这个问题。因此,评估的训练集合应当和分类器的训练集尽量不相交。至少,评估分类器的训练集要在爬虫无法爬取到的样本范围内[8]。另一种方法是用相同的种子网页启动 N 个不同的爬虫,每个爬虫收集到 P 个网页。将爬取到的 $N \times P$ 个网页根据检索算法(例如余弦相关度)进行排序,这些排序结果可以当作是网页相关度得分。最后,可以使用一些其他的算法,例如 PageRank 或者 HITS,衡量每个被爬取的网页的质量。

每个网页都进行了评估以后,就可以评估爬虫在整个爬取网页集合上的性能。给定一种特定的网页相关度和/或重要性衡量方法,可以通过类似信息检索中的查准(precision)和查全率(recall)衡量爬虫的性能。由于缺乏准确的相关集合,经典的布尔相关度就不适用,只能用上述的得分评价方法。目前已有一些类似查准率的衡量。如果我们有布尔值的相关度得分,就可以用爬取的"好"网页的比率来衡量。例如,在爬取下来的 100 个网页中有 60 个网页与用户需求相关,那么该爬虫就有 60% 的收获率或成果率(harvest rate)[9]。如果相关度得分是连续的实数值(例如基于余弦相似度算法或训练好的分类器得到的实数值),那么可以对它们求平均值来评价爬虫。有时候,平均值的计算是在一个固定的时间窗口中进行的。

在实际中,由于 Web 包含的网页数量巨大,而且绝大部分的网页可能我们并不预先知道,因此,我们很难完整定义所有的相关网页。为了评估爬取网页的质量,可以用一些近似的方法来避免标注完整的相关网页集合。例如,可以利用像 ODP(open directory project,开放目录项目,dmoz. org)这样的公共目录服务来获取相关页面,基于这个相关网页集合就可以计算查准率和查全率。假设 S 是已爬取网页集合,T 是已知通过某种方法获取的相关网页集合,它是所有相关网页 R 的一个子集,爬虫近似的查准率和查全率计算如下:

$$P_T(t,\theta) = \frac{|S_t \bigcap T_\theta|}{|S_t|} \tag{2.14}$$

$$R_T(t,\theta) = \frac{|S_t \bigcap T_\theta|}{|T_\theta|} \tag{2.15}$$

其中,S_t 是 t 时刻爬取到的网页集合(t 也可以是时钟时间、网络延时、访问网页数量、已下载字节数等);T_θ 是相关目标网页集合,其中 θ 表示用来选择相关目标网页的参数。类似地,还可以根据网页的相似性度量来定义查准率和查全率:

$$P_D(t,\theta) = \frac{\sum_{p \in S_t} \sigma(p,D_\theta)}{|S_t|} \tag{2.16}$$

$$R_D(t,\theta) = \frac{\sum_{p \in S_t} \sigma(p,D_\theta)}{|T_\theta|} \tag{2.17}$$

其中,D_q 是相关目标网页的文本描述,参数 θ 用于控制文本内容的选择,σ 是文本相似度函数。

2.4　网络垃圾信息

研究结果[10]显示,大约 80% 的用户只需要搜索结果前 3 页。为了让广大的网络用户能够看到自己感兴趣的页面,网站管理者和网页制作者就想方设法让其站点和页面变得有名,以期用户在进行相关内容查询时,这些网页能够排在搜索引擎结果集的最前面。针对这一需求,产生了一项搜索引擎优化(search engine optimization)工作。

从事搜索引擎优化的工作者称为搜索引擎优化师(search engine optimizer,SEO),他们利用工具或其他手段使目标网站符合搜索引擎的搜索规则,从而获得较好的排名。SEO 可分为两类:一类是具有良好素养和道德观念的 SEO,他们力图通过优化网站结构、提高页面质量等方法使自己的网页获得好的排名;另一类通过寻找"捷径"提高网页的排名,往往是垃圾信息的制造者。现实中,垃圾信息制造手段多种多样,并且不断发展,给网络媒体数据获取带来了极大的挑战。常用的技术包括提高排名(boosting)技术和隐藏(hiding)技术。

boosting 技术包括关键字垃圾(term spamming)和链接垃圾(link spamming)。关键字垃圾是在对用户不可见的网页位置中插入误导性关键字(如在白色背景上的白色文字,零点字体或元标记),插入的内容和大众的用户查询尽可能地相关。链接垃圾信息制造者通常构造链接农场(link farm,一种专门提供到其他网站链接的网页)来提高目标网页的排名,并且相关的链接农场之间还可以构成功能更强的工厂联盟(farm alliance)。为了提高网页的搜索引擎链接排名,"链接农场"构建了大量互相紧密链接的网页集合,期望能够利用搜索引擎链接算法的机制,通过大量相互链接来提高网页排名。"链接农场"内的页面链接密度极高,任意两个页面都可能存在互相指向链接。

hiding 技术是对所采用的 boosting 技术进行隐藏,尽量不让用户和网络数据采集器发现,主要技术包括内容隐藏(content hiding)、伪装(cloaking)和重定向(redirection)。内容隐藏通过一些特殊的 HTML 标签设置,将一部分内容显示为用户不可见,但是对于搜索引擎来说是可见的。比如设置网页字体前景色和背景色相同,或者在 CSS 中加入不可见层来隐藏页面内容。将隐藏的内容设置成一些与网页主题无关的热门搜索词,以此增加被用户访问到的概率。伪装指给网络采集器返回不同的页面,从而欺骗搜索引擎,包括 IP 地址隐形作弊(IP cloaking)和 HTTP 请求隐形作弊(user agent cloaking)等。前者在网页拥有者的服务器端记载搜索引擎爬虫的 IP 地址列表,如果发现是搜索引擎在请求页面,则会推送给爬虫一个伪造的网页内容,而如果是其他 IP 地址,则会推送另外的网页内容,这个页面往往是有商业目的的营销页面。通常,客户端和服务器在获取网页页面的时候遵循 HTTP 协议,协议中有一项叫作"用户代理项"(user agent)。搜索引擎爬虫往往会在这一项有明显的特征(比如 Google 爬虫此项可能是:Googlebot/2.1),HTTP 请求隐形作弊服务器如果判断是搜索引擎,爬虫则会推送和用户看到的不同的页面内容。重定向本质上和伪装类似,但它是针对浏览器返回不同的页面,即作弊者使得搜索引擎索引某个页面内容,但是如果是用户访问,则将页面重定向到一个新的页面。

2.5 网络媒体数据获取的难点

在网络媒体数据获取功能的实现过程中,无论是全网信息获取,还是定点信息获取,又或者是爬取网页的质量,都存在相当程度的技术实现难度。

首先,网络爬虫,尤其是性能很高的爬虫,会给 Web 服务器资源(特别是它们的网络带宽)带来很重的负担。如果一个爬虫在很短的时间内发送多个网页请求,比如每秒十次或更多,服务器会忙于响应该爬虫而使正常访问(包括那些人们正常浏览的交互)得到响应的质量变差,甚至导致一台服务器无法响应其他请求,最终在该服务器上形成了一个由爬虫引起的拒绝服务攻击。因此,有很多网站会禁止或限制网络爬虫的爬取,这又给大规模的数据爬取带来了困难。为了减少这样的问题,爬虫可以把它的请求分配到不同的服务器上,以避免一台服务器接收到超过一定比率(比如每几秒一次请求)的过多请求。在并行爬虫中,这项任务可以利用队列管理器分配 URL 给各个独立的进程或线程完成。这样做既可以减小爬虫陷阱带来的影响,还可以提高服务器的响应速度。另一方面,由于部分网站会屏蔽过于频繁的、来自相同客户端的爬虫操作,因此网络爬虫实现的难点还包括在周期性地遍历网站发布的内容、确保网页爬取的深入性与时效性的基础上,有效回避目标网站对于所谓"恶意"爬取行为的封禁。要解决这一技术难点,一方面可以通过适当选择周期遍历时间间隔,防止爬虫行为造成网络媒体负载过重;另一方面则可以定期修改用于网页爬取的网络客户端信息请求内容(内容协商行为),以避免遭遇目标网站的拒绝服务。

其次,网络媒体数据获取的对象是形态各异、类型多样的互联网媒体和数据,在数据总量迅速膨胀的互联网面前,网络媒体数据获取机制通常需要在获取内容的全面性和时效性之间做出取舍。与此同时,在面对完全异构的网络媒体数据时,网络媒体信息数据获取技术需要在各类不同的网络媒体间具有一定的通用性,这又为网络媒体数据获取功能提出了更高的技术要求。当前网络媒体信息获取机制在保留传统的基于网络交互过程重构机制实现信息获取的基础上,逐步转向在信息获取过程中集成开源浏览器部分组件甚至整体,用于提高技术功能能级、降低技术实现难度。

2.6 本章小结

随着 Web 技术的不断发展以及应用的多样化,网络媒体数据获取变得越来越复杂,面临的挑战也越来越多。社交网络也是互联网发展的一大热点,在 Web 用户中得到了广泛关注,它被认为是共享相关信息和寻找志同道合者的平台。在社交网络媒体平台中,用户的推荐、观点和标注被聚集在一起进行共享。这些社会化系统的一个重要优点就是它们给用户提供便利的渠道来发现相关资源,而不再依赖爬虫。而且,许多用户的共同推荐也会影响目标用户。这种情况下的爬虫主要用于扩展从社会化系统中收集到的信息。例如,可以先获取和某些特定社区相关的种子页面,随后爬虫就可以在 Web 上浏览和这些种子网页相关的其他资源。但是社交网络也给网络爬虫带来了很多挑战。首先,网络爬虫要规避法律不合规风险。由于社交网络上的用户数据往往具有隐私性,如果网络爬虫爬取数据时没有严格遵守相关的法律法规,可能会面临法律责任的风险。其次,社交网络上的数据规模庞大,因此需要一定的技术和人力成本来处理这些数据,并且由于社交网络上的数据质量参差不齐,故在数据使用前需要进行筛选和清洗,以提高数据的质量。

参考文献

[1] Brin S,Page L. The anatomy of a large-scale hyper textual web search engine[J]. Computer Networks,1998,30(1-7):107-117.

[2] Page L, Brin S, Motwani R, et al. The PageRank citation ranking:bringing order to the web[J]. The Web Conference,1999:161-172.

[3] Kleinberg J M. Authoritative sources in a hyperlinked environment[J]. Journal of the ACM (JACM),1999,46(5):604-632.

[4] Chakrabarti S, Van den Berg M, Dom B. Focused crawling:a new approach to topic-specific web resource discovery[J]. Computer Networks,1999,31(11-16):1623-1640.

[5] Diligenti M, Coetzee F, Lawrence S, et al. Focused crawling using context graphs[C]. In Proceedings of International Conference on Very Large Data Bases (VLDB-2000),2000:527-534.

[6] Amento B, Terveen L, Hill W. Does "authority" mean quality? Predicting expert quality ratings of web documents[C]. In Proceedings of ACM SIGIR Conference on Research and Development in Information Retrieval (SIGIR-2000),2000:296-303.

[7] Aggarwal C C, Al-Garawi F, Yu P S. On the design of a learning crawler for topical resource discovery[J]. ACM Transactions on Information Systems,2001,19(3):286-309.

[8] Pant G, Srinivasan P. Learning to crawl:comparing classification schemes[J]. ACM Transactions on Information Systems (TOIS),2005,23(4):430-462.

[9] Aggarwal C C, Al-Garawi F, Yu P S. Intelligent crawling on the World Wide Web with arbitrary predicates[C]. In Proceedings of 10th International Conference on World Wide Web (WWW-2001),2001:96-105.

[10] Jansen B J, Spink A. How are we searching the World Wide Web? A comparison of nine search engine transaction logs[J]. Information Processing and Management,2006,42(1):248-263.

第3章　文本预处理

文本是网络中非常重要的一种数据类型,由于它是一种非结构化的数据,计算机是无法直接对其进行理解的,因此,首先需要对文本进行预处理,将其转化为计算机能够处理的一种数据格式,这个过程也叫作文本预处理,主要的技术包括自然语言理解、文本挖掘和信息抽取等。传统的自然语言理解是对文本进行较低层次的理解,主要进行基于词、语法和语义信息的分析,并通过词在句子中出现的次序发现有意义的信息。文本高层次理解的对象可以是仅包含简单句子的单个文本,也可以是多个文本组成的文本集,现有的技术手段虽然基本上解决了单个句子的分析问题,但是还很难覆盖所有的语言现象,特别是对整个段落或篇章的理解还无从下手。将数据挖掘的成果用于分析以自然语言描述的文本,这种方法被称为文本挖掘(text mining)或文本知识发现(knowledge discovery in text)。

传统的数据挖掘对象主要为数据库中的结构化数据,挖掘的过程主要是利用关系表等存储结构来发现知识。而文本挖掘的对象是半结构化的或非结构化的文档,这种数据没有确定的形式,且缺乏机器可理解的语义。因此数据挖掘技术不直接适用于文本挖掘,至少需要预处理。文本的预处理包括特征抽取、分词、文本结构分析、文本表示等。通常,一个完整的文本挖掘系统框架如图 3.1 所示,包括文本分析、特征提取、挖掘算法和结果展示等部分。

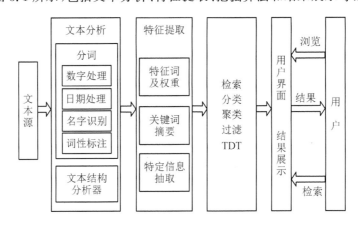

图 3.1　文本挖掘的主要框架

3.1　文本的特征抽取

从网络上爬取的原始文本数据存在于网页中,即包含众多的 HTML 标签。因此,爬取到网页数据后,首先要根据网页模板提取其中的文本正文,去掉无用的 HTML 标签,然后得到的数据才是用户可见的文本。对于不同的语言来说,其文本的语义层次结构不一样。例如,对于中文来说,其语义单元按照从低到高的层次为:字(中)→词(中国)→短语(中国人民银行)→句子(中国人民银行是中华人民共和国的中央银行)→篇章。另外,还有一些人工定义的其他的语义结构,例如概念(concept),可以是表示同一个语义的同义词集合{开心 高兴 兴奋},或者表示相关语义的词语簇{葛非 顾俊}等;还有在计算机中经常使用的 n 元组(n-gram)(例如 2 元组:中国 国人 人民 银行)等。对于文本数据,最底层的符号表示为字(character),单个的字是无法表示一个具体的语义的。因此,文本特征抽取的第一步是将字组织成具体语义的词语,这一过程对英文文本来说叫作词条化(tokenization),中文文本叫作分词。

3.1.1　词条化

词条化是指将给定的文本切分成词汇单位的过程。西方语言(如英语)天然使用空格作为词的分隔符,因此只须利用空格或标点就能实现词条化。但是这种简单的词条化得到的单词数量众多,且无法区分专有名词、数量、组合词等特殊形式词语。因此,词条化还包括以下一些特殊词语的切分:

① 数字,如 123、456.78、90.7％、3/8、11/20/2000。

② 缩略(包含不同的情况):

a. 字母-点号-字母-点号组成的序列,比如"U. S. ""i. e."等;

b. 字母开头,最后以点号结束,如"A. b.""Mr.""eds.""prof."等。

③ 包含非字母字符,如"AT&T"等。

④ 带短横线的词串,如"three-years-old""one-third""so-called"等。

⑤ 带撇号的词串,如"I'm""can't""dog's""let's"等。

⑥ 带空格的词串,如"and so on""ad hoc"等。

⑦ 其他,如网址"http://nlu. caai. cn"、公式等。

上述的每一类词语都有其识别方法,例如,数字的识别一般可以用有限状态自动机来实现:

① 识别分数的正则表达式:$[0-9]+(\backslash/[0-9]+)+$,例如 12/21、3/2/2006;

② 识别百分数的正则表达式:$([+|-])?[0-9]+(\.)?[0-9]*\%$,例如 -5.9%、91%;

③ 识别十进制数字的正则表达式:$([0-9]+(,)?)+(\.[0-9]+)?$,例如 12345。

其中,+表示出现 1 次到无穷次,\表示转义,? 表示不出现或只出现 1 次,＊表示出现 0 次到无穷次,[]表示单个字符。词条化算法过程如算法 3.1 所示。这些特殊形式词语的切分也是一项非常具有挑战性的任务,面临着许多问题,主要包括:①例外情况较多,这一点跟文本来源有关;②有许多歧义现象,如点号的句子边界歧义等。

算法 3.1　词条化算法

输入:一段文本字符串 S;
输出:单词串。
算法:
1. 对一个待分析的字符串(S),从左到右进行扫描,读入当前字符 char 到候选词数组($W_{[i]}$),并将指针前移,$i=i+1$;
2. 判断 char 是否为词分隔符(事先可以预定义空格以及一般标点均为词分隔符);

3.如果 char 是词分隔符,并且 W 不是空格,将 W 中从起始位置到 $i-1$ 位置的字符作为一个词汇单位输出,同时将 S 中的 W 部分删去,然后清空 W,转入 1,如果 char 是词分隔符,且 W 是空格,将 S 中的 W 部分删去,清空 W,转入 1;

4.如果不是词分隔符,看指针是否已经指到字符流尾部;

5.如果指针已经指到字符流尾部,将当前 W 从起始位置到 $i-1$ 位置的字符作为一个词汇单位输出,结束;

6.如果不是字符流尾部,转入 1。

3.1.2　词形规范化

在西方语言的使用过程中,同一个词语还有不同的时态以及单复数等形式。这些不同的形式对计算机来说,可能认为是不同的词语,其结果是造成文本表示向量的稀疏性,降低了文本挖掘的性能。因此,需要对一个词的不同形态进行归并,即词形规范化。词形的规范化包含两个概念:一个是词形还原(lemmatization),即将任意变形的词语还原成原形(能够表达完整的语义,如 takes 还原成 take、did 还原为 do);第二个是词干提取(stemming),即去除词缀得到词根的过程(不一定能够表达完整的语义,如将 fisher 转换为 fish,effective 转换为 effect)。

英语的词形变化形式主要包括以下几种:

① 屈折变化:由于单词在句子中所起的语法作用的不同而发生的词的形态变化,而单词的词性基本不变的现象,如(take,took,takes)。识别这种变化是形态分析最基本的任务。

② 派生变化:一个单词从另外一个不同类单词或词干衍生过来,如 morphology →morphological。英语中派生变化主要通过加前缀或后缀的形式构成;在其他语言中,如德语和俄语中,同时还伴有音的变化。

③ 复合变化:两个或更多个单词以一定的方式组合成一个新的单词。这种变化形式比较灵活,如 well-formed,6-year-old 等。

词形还原的目的主要是将上述变化进行还原。词形还原遇到的主要问题是:有些变化是半规则化的,例如 flied →fly + ～ed,rebelled →rebel + ～ed;有些变化是没有规则的,例如 good,better,best 和 child,children 等;还有些变化存在歧义,例如 better 可以是 good 或 well 的比较级,works 可以是 work + ～s 或者 works。

词形还原最重要的是建立高质量的知识库,包括词典(Dict)、前缀表(PrefixList)、后缀表(SuffixList)和有关屈折词尾变形的规则(Rules)。词典是用来存储词语原形的词汇集,是还原的基础。前缀表和后缀表是用来存储词语变化时添加的后缀或前缀的字符串集合。有关屈折词尾变形的规则对每种语言来说都不一样,需要相关语言专家制定。对于英语来说,部分转换规则如下:

① 名词复数:

＊s → ＊. (PLUR);

＊es → ＊. (PLUR);

＊ies → ＊y. (PLUR)。

② 动词第三人称单数:

＊s → ＊(SINGULAR)(THIRDPERSON);

＊es → ＊(SINGULAR)(THIRDPERSON);

* ies → * y(SINGULAR) (THIRDPERSON)。

③ 动词现在分词：

* ing → * （VING）；

* ing → * e（VING）；

* ying → * ie（VING）；

?? ing →? （VING）。

④ 动词过去分词、过去式：

* ed → *（PAST，VEN）；

* ed → * e(PAST，VEN)；

* ied → * y(PAST，VEN)；

* ?? ed → * ?（PAST，VEN）。

词性还原算法过程如算法 3.2 所示，例如，假设待分析的词形 $W=$ "boys"，$d=4$，$i=1$，$R=$ ""；W 不在词典中，从 W 中取出 1 个尾字符，"boy" + "s"；$W_2=$ "s"，$W_1'=$ "boy"；输出："boy" + "s"。

算法 3.2　词性还原算法

输入：一个单词 W；

输出：一个或多个单词，每个单词还原为原形加前后缀（可以有多个）。

算法：

1. 初始化：待分析的词形为 W，$d=W$ 的字符数，$i=1$，设输出串 $R=$ ""；

2. 到 Dict 中查找 W，如果找到，$R=W$，转入步骤 8，否则转入步骤 3；

3. 如果 $I \leqslant (d/2)$，执行步骤 4～7，否则转入步骤 8；

4. 从 W 中取出 i 个尾字符，W 成为两部分 W_1+W_2（W_2 为取出的尾字符串）；

5. 到 SuffixList 中查找 W_2，如果查到，调用规则对 W_1 进行处理，得到 W_1'，否则转入步骤 7；

6. 到 Dict 中查找 W_1'，如果找到，$R=W_1'+$ " " $+W_2$，转入步骤 8，否则转入步骤 7；

7. $i=i+1$，转入步骤 3；

8. 输出 R，结束。

然而，如果不作限制的话，词性还原可以去掉多种长度的前缀或后缀，所得到的词语原形可能会非常短，其结果是还原后的词语的语义可能非常模糊或者有歧义。例如，对于 impossibilities，可以还原词干层，如 impossibility + ies；也可以还原词根层，如 im + poss + ibil + it + ies。因此，词性还原需要做到何种程度呢？这个问题很难有一个统一的答案。一般的分析程度取决于自然语言处理系统的深度，对于不需要解决未登录词的情况，可以只分析到词干层；而如果需要解决未登录词的话，最好分析到词根层。

3.1.3　中文分词

不同于西方语言，中文的基本单元是汉字。然而，单个汉字无法表示确切的语义，需要将汉字字符串切分成一个个词语以提取文本特征，这一过程也叫作分词。相比于词条化和词形规范化，中文分词面临的问题更多、更复杂。首先，由于中文的使用习惯和语法规则，中文文本中存在大量的重叠词、离合词、词缀等情况。中文词语的重叠形式包括以下几种[1]：

（1）双字形容词的重叠形式

中文文本中的双字形容词重叠形式如表 3.1 所列。

表 3.1　双字形容词的重叠形式示例

AB 式	ABAB 式	AABB 式	A 里 AB 式
高兴	高兴高兴	高高兴兴	
明白	明白明白	明明白白	
热闹	热闹热闹	热热闹闹	
潇洒	潇洒潇洒	潇潇洒洒	
糊涂		糊糊涂涂	糊里糊涂
流气			流里流气
黏乎	黏乎黏乎	黏黏乎乎	
凉快	凉快凉快	凉凉快快	

（2）单字形容词的重叠形式

中文文本中的单字形容词重叠形式如表 3.2 所列。

表 3.2　单字形容词的重叠形式示例

A 式	AA 式	ABB 式	ABCD 式
黑	黑黑	黑压压	黑不溜秋
白	白白	白花花	白不呲咧
红	红红	红彤彤	
亮	亮亮	亮晶晶	
恶		恶狠狠	
香	香香	香喷喷	
滑	滑滑	滑溜溜	

（3）双字动词的重叠形式

中文文本中的双字动词重叠形式如表 3.3 所列。

表 3.3　双字动词的重叠形式示例

AB 式	ABAB 式	AABB 式
研究	研究研究	
讨论	讨论讨论	
哆嗦		哆哆嗦嗦
唠叨		唠唠叨叨
嘀咕		嘀嘀咕咕

（4）单字动词的重叠形式

中文文本中的单字动词的重叠形式如表 3.4 所列。

表 3.4　单字动词的重叠形式示例

V 式	VV 式	V 一 V 式	V 了 V 式	V 了一 V 式
听	听听	听一听	听了听	听了一听
想	想想	想一想	想了想	想了一想
玩	玩玩	玩一玩	玩了玩	玩了一玩
醒	醒醒	醒一醒		
试	试试	试一试	试了试	试了一试
笑	笑笑	笑一笑	笑了笑	笑了一笑
讲	讲讲	讲一讲	讲了讲	讲了一讲

（5）其他词类的重叠形式

中文还有一些其他词性的重叠形式,例如:

① 名词:哥哥,人人;山山水水,是是非非,方方面面;

② 数词:一一做了回答,两两结伴而来;

③ 量词:个个都是好样的,回回考满分;

④ 副词:常常,仅仅,的的确确。

然而,汉语的词能否重叠具有很强的个性特点,并没有统一的规则,重叠词是否合规在一定程度上取决于时代背景和上下文信息。例如"研究研究"是符合当前使用习惯的,但是"工作工作"在当前就不合适。还有些词重叠后词性发生了变化,例如,形容词重叠后一般称为状态词,个别量词重叠后可以成为其他词性(如"回回"变成副词,"个个"变成名词等)。

中文的词缀包括前缀和后缀。

（1）前　　缀

• 老鹰、老虎、老三、老王;

• 超豪华、超标准、超高速;

• 非党员。

（2）后　　缀

• 骨头、砖头、甜头、苦头、盼头;

• 桌子、椅子、孩子、票子、房子;

• 文学家、指挥家、艺术家;

• 科学性、可能性、学术性;

• 碗儿、花儿、玩儿、份儿。

中文的动词还存在离合词现象,即一个动词词语的中间插入了其他汉字,例如:

• 游泳:游了一会儿泳;

• 理发:发理了没有;

• 担心:担什么心;

• 洗澡:洗了个热水澡。

其次,在中文词语的切分过程中还会面临切分歧义和未登录词等问题[2]。而切分歧义又分为以下三种类型的歧义:

（1）交集型歧义（交叉型歧义）

字串 abc 既可切分为 ab/c，又可切分为 a/bc，其中 a，ab，c 和 bc 是词。

- 有意见：我/对/他/有/意见；总统/有/意见/他（这里"/"表示切分符号，下同）。

（2）组合型歧义（覆盖型歧义）

ab 为词，而 a 和 b 在句子中又可分别单独成词。

- 马上：我/马上/就/来；他/从/马/上/下来。
- 将来：我/将来/要/上/大学；我/将/来/上海。

（3）混合型歧义

由交集型歧义和组合型歧义自身嵌套或两者交叉组合而产生的歧义。

- 人才能：这样的/人才/能/经受/住/考验。
- 人才能：这样的/人/才能/经受/住/考验。
- 人才能：这样的/人/才/能/经受/住/考验。

据统计，中文文本中交集型切分歧义与组合型切分歧义的出现比例约为 1:22。交集型歧义字段中含有交集字段的个数为链长，交集型歧义的链长中，大部分链长为 1 和 2。根据文本的上下文信息对歧义的理解，歧义又可分为真歧义和伪歧义。真歧义是指歧义字段在不同的语境中确实有多种切分形式。例如，以下三个字串在不同的上下文中有不同的切分方式：

① "地面积"：

- 这块/地/面积/还真不小；
- 地面/积/了厚厚的雪。

② "和平等"：

- 让我们以爱心/和/平等/来对待动物；
- 阿美首脑会议将讨论巴以/和平/等/问题。

③ "把手"：

- 锌合金/把手/的相关求购信息；
- 别/把/手/伸进别人的口袋里。

对于伪歧义，歧义字段单独拿出来看有歧义，但在（所有）真实语境中仅有一种切分形式可接受，例如，以下两种歧义为伪歧义：

① "挨批评"：

- 挨/批评（√）挨批/评（×）；
- 学生/挨/批评/挥拳打老师。

② "平淡"：

- 平淡（√）平/淡（×）；
- 平淡/生活感动人。

据相关统计结果得知，中文文本切分中的歧义大部分为伪歧义。歧义是自然语言处理面临的最大问题之一，其也给文本分词带来极大的挑战。中文分词即从字符串中识别出词的过程，分词的基础是词典，即给定词典后，可以从待分词文本中切分出词典中的词语。然而，迄今也没有一个公认的、具有权威性的词典，这是分词问题所面临的第一个困难。目前，已经有许多的分词方法，且分词方法还在不断发展的过程中。最基本的分词方法包括最大匹配法和最大概率法[3]。

1. 最大匹配法

最大匹配法按照匹配方向，又分为正向最大匹配法、逆向最大匹配法和双向最大匹配法。

(1) 正向最大匹配法

正向最大匹配法每次自左往右从文本中取出最大词长度的字串，然后在词表中进行查找，如果词表存在该字串所表示的词语，则输出，否则删除字串的最后一个字，再查找词表，直到词表中存在该词语或者只剩下最后一个字符。例如，给定文本"我们在野生动物园玩"，设定最大词长为7，该方法按照以下步骤进行分词：

第1次："我们在野生动物"，扫描7字词典，无；

第2次："我们在野生动"，扫描6字词典，无；

⋮

第6次："我们"，扫描2字词典，有。

扫描中止，输出第1个词为"我们"，去除第1个词后开始第2轮扫描：

第1次："在野生动物园玩"，扫描7字词典，无；

第2次："在野生动物园"，扫描6字词典，无；

⋮

第6次："在野"，扫描2字词典，有。

扫描中止，输出第2个词为"在野"，去除第2个词后开始第3轮扫描……

(2) 逆向最大匹配法

逆向最大匹配法每次自右往左从文本中取出最大词长度的字串，然后在词表中进行查找，如果词表存在该字串所表示的词语，则输出，否则删除字串最左的一个字，再查找词表，直到词表中存在该词语或者只剩下最后一个字符。例如，给定文本"我们在野生动物园玩"，设定最大词长为7，该方法按照以下步骤进行分词：

第1次："在野生动物园玩"，扫描7字词典，无；

第2次："野生动物园玩"，扫描6字词典，无；

⋮

第7次："玩"，扫描1字词典，有。

扫描中止，输出"玩"，单字字典词加1，开始第2轮扫描：

第1次："们在野生动物园"，扫描7字词典，无；

第2次："在野生动物园"，扫描6字词典，无；

第3次："野生动物园"，扫描5字词典，有。

扫描中止，输出"野生动物园"，开始第3轮扫描……

(3) 双向最大匹配法

双向最大匹配法即从正向最大匹配法和逆向最大匹配法的切分结果中按照一定的规则选取较优的分词结果。通常，我们认为非字典词数、单字字典词数和总词数都是越少越好。在上述例子中，正向最大匹配法的最终切分结果为"我们/在野/生动/物/园/玩"，其中，两字词3个，单字字典词为2，非词典为1。逆向最大匹配法的最终切分结果为"我们/在/野生动物园/玩"，其中，五字词1个，两字词1个，单字字典词为2，非词典词为0。因此，正向匹配法的分词结果中非字典词和总词数都大于逆向最大匹配法，两种方法的分词结果中单字字典词数相等。因此,按照这一规则,我们认为逆向最大匹配法的分词结果更好,其分词结果作为双向最大匹配法的分词结果输出。

最大匹配法的分词方法简单,在早期的应用中使用比较广泛。然而,该方法还存在一些问题。首先,如何确定最大词长没有统一的标准,如果词长设定过短的话,一些长词会被错分,例如"中华人民共和国",若设定词长少于 7 的话就会被切分成多个词;而词长过长的话,会造成分词算法效率降低。其次,分词结果会掩盖分词歧义,例如"有意见分歧",正向匹配和反向匹配的分词结果不同,分别为"有意/见/分歧/"和"有/意见/分歧/"。而"结合成分子时",两种分词结果一样,即"结合/成分/子时/",这里引入了分词歧义。

最大匹配法能发现部分交集型歧义,但无法发现组合型歧义。可以对最大匹配法进行扩展,以提高其发现歧义的能力,例如增加歧义词表、规则等知识库。假设有一个字符串"个人",如果加入一个规则,即"个"前面有数量词的话,则该字符串切分结果为"个/人",否则为"个人/"。对某些交集型歧义,还可以增加回溯机制来改进最大匹配法的分词结果。例如,对于字符串"学历史知识",顺向扫描的结果是"学历/史/知识/"。通过查词典知道"史"不在词典中,于是进行回溯,将"学历"的尾字"历"取出与后面的"史"组成"历史",再查词典,看"学""历史"是否在词典中,如果在,就将分词结果调整为"学/历史/知识/"。

2. 最大概率法

最大概率法分词方法的基本思想是:假如一个待切分的汉字串可能包含多种分词结果,则将其中概率最大的词串作为该字串的分词结果。给定一个汉字串 S,其分词结果为 W,根据一元语法的独立性假设,其概率可由以下公式计算:

$$P(W \mid S) = \frac{P(S \mid W) \cdot P(W)}{P(S)} \approx P(W) \tag{3.1}$$

$$P(W) = P(w_1, w_2, \cdots, w_i) \approx P(w_1) \cdot P(w_2) \cdots P(w_i) \tag{3.2}$$

$$P(w_i) = \frac{w_i \text{ 在语料库中的出现次数 } n}{\text{语料库中的总词数 } N} \tag{3.3}$$

假设有一个汉字串"有意见分歧",各词语的出现概率如表 3.5 所列,则对于两种分词结果 W_1:有/意见/分歧/;W_2:有意/见/分歧/,其概率计算结果如下:

$$P(W_1) = P(\text{有}) \times P(\text{意见}) \times P(\text{分歧}) = 1.8 \times 10^{-9} \tag{3.4}$$

$$P(W_2) = P(\text{有意}) \times P(\text{见}) \times P(\text{分歧}) = 1 \times 10^{-11} \tag{3.5}$$

表 3.5　词语出现概率简表

词　语	概　率
有	0.018 0
有意	0.000 5
意见	0.001 0
见	0.000 2
分歧	0.000 1

则 $P(W_1) > P(W_2)$,基于该方法,分词结果为"有/意见/分歧/"。因此,最大概率法分词的主要问题是如何尽快找到概率最大的词串。在分词的过程中,可以把每个切分的词语当作一个节点,相邻的两个词语构建一条边,则分词的结果可以看作一条路径。一个字串的所有分词结果就构成了一张图,例如上述字串"有意见分歧",其分词结果所对应的图如图 3.2 所示。然后,概率最大的词串就对应于概率最大的路径,最大概率法分词就是寻找分词图中概率最大的路径。

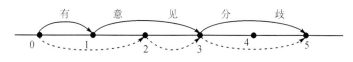

图 3.2 分词图示例

概率最大路径最直接的寻找方法就是将所有的分词路径枚举出来,计算每条路径的概率值,然后选择最大概率值所对应的路径为最终分词结果。然而,这种方法非常复杂,效率很低。我们可以将它当作一个路径规划的问题,引入一个中间变量存储从开始节点到当前节点的路径概率,例如:

$$P'(w_i) = P'(w_{i-1})P(w_i) \tag{3.6}$$

$$P'(意见) = P'(有)P(意见) \tag{3.7}$$

$$P'(有) = P(有) \tag{3.8}$$

这种改进方法减少了中间的重复计算,降低了算法的开销。此外,该改进算法引入了两个中间变量:左邻词和最佳左邻词。

① 左邻词:假设对字串从左到右进行扫描,可以得到 $w_1, w_2, \cdots, w_{i-1}, w_i, \cdots$ 若干候选词,如果 w_{i-1} 的尾字跟 w_i 的首字邻接,就称 w_{i-1} 为 w_i 的左邻词。比如上面例子中,候选词"有"就是候选词"意见"的左邻词,"意见"和"见"都是"分歧"的左邻词。字串最左边的词没有左邻词。

② 最佳左邻词:如果某个候选词 w_i 有若干个左邻词 $w_j, w_k, \cdots$,其中累计概率最大的候选词称为 w_i 的最佳左邻词。比如候选词"意见"只有一个左邻词"有",因此,"有"同时就是"意见"的最佳左邻词;候选词"分歧"有两个左邻词"意见"和"见",其中"意见"的累计概率大于"见"的累计概率,因此"意见"是"分歧"的最佳左邻词。

基于最佳左邻词,最大概率法分词算法如算法 3.3 所示。例如,对于"有意见分歧",其最大概率法分词过程如下:

① 对"有意见分歧"从左到右进行一遍扫描,得到全部候选词"有""有意""意见""见""分歧";

② 记录每个候选词的概率值,并将累计概率赋初值为 0;

③ 顺次计算各个候选词的累计概率值,同时记录每个候选词的最佳左邻词:

$P'(有) = P(有),$ $P'(有意) = P(有意)$

$P'(意见) = P'(有) \cdot P(意见)$ ("意见"的最佳左邻词为"有")

$P'(见) = P'(有意) \cdot P(见)$ ("见"的最佳左邻词为"有意")

$P'(意见) > P'(见)$

④ "分歧"是尾词,"意见"是"分歧"的最佳左邻词,分词过程结束,输出结果为" 有/意见/分歧/"。

算法 3.3 最大概率法分词算法

输入:一段文本字符串 S;

输出:分词结果。

算法:

1. 对 S 按照从左到右的顺序取出全部候选词 $w_1, w_2, \cdots, w_{i-1}, w_i, \cdots, w_n$;

2. 到词典中查出每个候选词的概率值 $P(w_i)$，记录每个候选词的全部左邻词；

3. 计算每个候选词的累计概率，同时比较得到每个候选词的最佳左邻词；

4. 如果当前 w_n 是 S 的尾词，且累计概率 $P'(w_n)$ 最大，则 w_n 就是 S 的终点词；

5. 从 w_n 开始，按照从右到左的顺序，依次将每个词的最佳左邻词输出，即为 S 的分词结果。

3.1.4　中文分词工具

中文分词是自然语言处理领域中的一个基础任务。目前已有许多成熟的中文分词工具，本节主要介绍三种流行的中文分词工具：Jieba[4]、HanLP[5] 和 THULAC[6] 的工作原理、使用方法和特点。

1. Jieba 分词

Jieba 分词是一款非常流行的中文分词工具，用 Python 语言编写，广泛应用于中文文本处理领域。Jieba 分词基于 Trie 树结构实现高效的词图扫描，构建句子中汉字构成的有向无环图（directed acyclic graph，DAG），进而使用动态规划查找最大概率路径，从而确定最终的分词结果。这种方法结合了统计模型和规则模型的优点，既考虑了词频的统计信息，也允许用户自定义规则以适应特定的分词需求。该工具具有易用性、灵活性和较高的准确率等优势，成为许多中文自然语言处理项目的首选工具。

Jieba 分词的核心特性包括三种分词模式、支持自定义词典、关键词提取和词性标注等。这些特性使得 Jieba 能够适应各种不同的中文文本处理需求。

① 三种分词模式：Jieba 提供了三种分词模式，分别是精确模式、全模式和搜索引擎模式。精确模式试图将句子最精确地切开，适用于大多数精确分词的需求；全模式则是将句子中所有可能的词语都扫描出来，速度非常快，但是不考虑语义上的准确性，因此可能会产生大量不必要的词语；搜索引擎模式是在精确模式的基础上，对长词再进行切分，以提高在搜索引擎中的召回率。

② 支持自定义词典：用户可以添加自定义词典，以此来增强 Jieba 对特定领域词汇的识别能力。这对于处理专业领域的文本尤其重要，能够有效提高分词的准确性。

③ 关键词提取：Jieba 还内置了基于 TF-IDF 算法和 TextRank 算法的关键词提取功能，方便用户从大量文本中快速提取核心关键词。

④ 词性标注：通过整合和优化不同的算法，Jieba 也能进行简单的词性标注，帮助用户了解词语在句子中的语法角色。

Jieba 分词虽易用灵活，但在处理新词、专业术语时表现不足，依赖的统计方法对上下文理解有限，可能导致歧义词处理不准确。其性能在大数据量处理时也会受限，尤其是在资源约束的环境中。但总体来说，Jieba 分词以其卓越的性能、灵活的配置和广泛的应用场景，在中文分词领域占据了重要的地位。

2. HanLP

HanLP，全名 Han language processing，是一个开源的自然语言处理（natural language processing，NLP）库，支持多种语言但以中文处理为主。它不仅提供了强大的中文分词功能，还包括词性标注、命名实体识别、依存句法分析等多种自然语言处理技术。HanLP 实现了多种分词算法，包括条件随机场（conditional random field，CRF）、深度学习模型等。它能够根据用户的需要自动选择最合适的模型，以达到高效和准确分词的目的。HanLP 以其高效率、高

准确率以及强大的功能性,在学术界和工业界均得到了广泛的应用和认可。HanLP 分词的核心优势包括以下四点:

① 多算法支持:HanLP 提供了多种分词算法,包括 CRF、感知机、深度学习模型等,用户可以根据自己的需求选择合适的算法。这些算法各有优势,能够适应不同复杂度和准确性需求的任务。

② 高性能:HanLP 不仅准确率高,而且在处理大规模文本数据时显示出极高的效率和稳定性,这得益于其优化的算法和数据结构设计。

③ 易于扩展:HanLP 设计了灵活的接口和模块化的架构,使得用户可以轻松地扩展新的功能或改进现有功能,满足特定领域的需求。

④ 丰富的功能:除了基础的分词功能,HanLP 还提供了丰富的自然语言处理功能,如词性标注、句法分析等,使得用户可以在一个统一的框架下完成多种语言处理任务。

HanLP 分词虽然功能强大、准确率高,但其复杂的配置和高计算资源消耗限制了低配环境下的应用。对初学者而言,学习曲线较陡,且在处理网络新词和特定领域文本时,可能需要额外的训练或调整。然而,HanLP 不仅在中文分词领域表现出色,其全面的自然语言处理功能也使其成为文本信息处理领域的重要工具之一。

3. THULAC

THULAC(THU Lexical Analyzer for Chinese,清华大学开放中文词法分析工具包)是由清华大学自然语言处理与社会人文计算实验室(NLP&SC Lab)开发的一个轻量级、高效率的中文词法分析工具。它主要提供中文分词和词性标注服务,旨在帮助用户快速准确地处理中文文本数据。THULAC 采用了一种基于结构化学习的模型,结合词典、n 元语法模型和条件随机场(CRF)算法,以实现高效准确的分词和词性标注。其独特的模型训练方法使得 THULAC 不仅具有高速的处理能力,还具有很高的分词准确率。由于其出色的性能和易用性,THULAC 在自然语言处理(NLP)领域受到了广泛的关注和应用。THULAC 分词的核心优势包括以下四点:

① 高效性:THULAC 拥有较高的分词速度和准确率,即便在处理大规模文本数据时也能保持良好性能,因此,它特别适用于需要快速处理大量数据的场景。

② 轻量级:与其他一些需要复杂配置的 NLP 工具不同,THULAC 为轻量级工具,能够快速部署和使用,降低了用户的使用门槛。

③ 词性标注:除了基本的分词功能外,THULAC 还提供了词性标注功能,能够为分词结果标注详细的词性信息,进一步丰富文本数据的语义。

④ 自定义词典支持:用户可以向 THULAC 添加自定义词典,以优化和调整对特定领域或术语的分词结果,增强了工具的灵活性和适用范围。

THULAC 虽然高效、轻量,但它在处理语义复杂、歧义较多的文本时的准确度可能不如一些基于深度学习的 NLP 工具。同时,它对于新兴词汇和特定领域术语的识别能力,也需要依赖用户定期更新词库来维持。不过总体来看,作为一个高效、轻量级的中文词法分析工具,THULAC 以其出色的性能和易用性在自然语言处理领域中占有一席之地。

这三种中文分词工具各有特色,Jieba 侧重于易用性和灵活性,HanLP 提供了全面的 NLP 处理能力,而 THULAC 则在保持高效和准确的同时,提供了词性标注功能。用户可以根据自己的需求和项目的特性,选择合适的分词工具。

3.2　文档模型

文本是由文字和标点组成的字符串。字或者字符组成词、词组或者短语,进而形成句子、段落和篇章。要使计算机能够高效地处理文本,就必须找到一种计算机可理解的形式化表示方法。这种表示既可以真实地反映文档的内容,又可以对不同文档进行较好地区分。当前的文本表示模型有许多种,包括布尔模型、n 元语法模型[7]、向量空间模型[8]等。

3.2.1　布尔模型

文档的布尔模型建立在经典的集合论和布尔代数的基础上。该模型将文档表示为一系列词语的集合,这些词语从文档中提取出来,不考虑词语的重要性,也不考虑词语在文档中的位置。在该模型中,用 1 或 0 来表示每个词在一篇文档中出现或者不出现,即每个词语所对应的权值为 1 或 0。该模型非常适合于文档检索,因为其可快速进行布尔逻辑运算。文档的相似度和距离值可以通过集合的运算快速得到。它的优点是简单、易理解、简洁的形式;缺点是语义匹配不准确、信息需求的能力表达不足。

3.2.2　n 元语法模型

n 元语法模型(n-gram 模型)是一种基于统计语言模型的算法,n 表示 n 个词语,n 元语法模型通过 n 个词语的概率判断句子的结构。n 元语法模型的算法思想是将文本里面的内容按照字节进行大小为 n 的滑动窗口操作,形成长度为 n 的字节片段序列,每个字节片段称为元。对所有元的出现频率进行统计,并且按照事先设定好的阈值进行过滤,形成关键元列表,也就是这个文本的向量特征空间,列表中的每一种元对应一个特征向量维度。

表 3.6 给出了 n 元语法模型的一个示例:当 $n=1$ 时,每个字成为一个元;当 $n=2$ 时,相邻的两个字组成一个元;当 $n=3$ 时,相邻的 3 个字组成一个 gram。该模型基于马尔科夫假设,第 n 个单词的出现只与前面 $n-1$ 个单词相关,而与其他任何单词都不相关,整句的概率就是各个单词出现概率的乘积。这些概率可以通过直接从语料中统计 n 个单词同时出现的次数得到。常用的是二元语法模型和三元语法模型。n 元语法模型常应用于输入法的提示、搜索引擎等。

表 3.6　n 元语法示例

语法模型	今天天气晴朗
一元语法模型($n=1$)	{今 天 天 气 晴 朗}
二元语法模型($n=2$)	{今天 天天 天气 气晴 晴朗}
三元语法模型($n=3$)	{今天天 天天气 天气晴 气晴朗}

马尔科夫假设:给定时间线上有一串事件顺序发生,假设每个事件的发生概率只取决于前 1 个或 t ($t>1$)个事件,那么这串事件构成的因果链被称作马尔科夫链。在语言模型中,第 i 个事件指的是 w,作为第 i 个单词出现。也就是说,每个单词出现的概率只取决于前 1 个或 t 个单词:

取决于前 1 个事件:　　　$P(w_i \mid w_0, w_1, \cdots, w_{i-1}) = P(w_i \mid w_{i-1})$ 　　　　　(3.9)

取决于前 t 个事件：$P(w_i \mid w_0,w_1,\cdots,w_{i-1})=P(w_i \mid w_{i-t},w_{i-t+1},\cdots,w_{i-1})$ (3.10)

当 $n=2$ 时，为二元语法模型(bi-gram)，即每个单词出现的概率只与前 1 个单词有关，整个句子出现的概率 $P(S)$ 为句子中每个单词出现概率的乘积，计算公式为

$$P(S)=P(w_1,w_2,\cdots,w_n)=P(w_1)P(w_2 \mid w_1)P(w_3 \mid w_2)\cdots P(w_n \mid w_{n-1}) \quad (3.11)$$

对于句子"今天天气晴朗"，利用二元语法模型时，该句子的概率如下：

$$P(今天天气晴朗)=P(今)P(天 \mid 今)P(天 \mid 天)P(气 \mid 天)P(晴 \mid 气)P(朗 \mid 晴)$$

$$(3.12)$$

当 $n=3$ 时，为三元语法模型(tri-gram)，即每个单词出现的概率只与前两个 $(n-1)$ 单词有关，整个句子出现的概率 $P(S)$ 计算公式如下：

$$P(S)=P(w_1,w_2,\cdots,w_n)=P(w_1)P(w_2 \mid w_1)P(w_3 \mid w_2 w_1)\cdots P(w_n \mid w_{n-1}w_{n-2})$$

$$(3.13)$$

对于句子"今天天气晴朗"，利用三元语法模型时，句子的概率：

$$P(今天天气晴朗)=P(今)P(天 \mid 今)P(天 \mid 天今)P(气 \mid 天天)P(晴 \mid 气天)P(朗 \mid 晴气)$$

$$(3.14)$$

要计算每个单词的条件概率，可以基于大量的训练语料利用极大似然估计法得到。例如，对于二元语法模型，单词的条件概率计算如下：

$$P(w_i \mid w_{i-1})=\frac{c(w_{i-1},w_i)}{\sum_{w_i} c(w_{i-1},w_i)}=\frac{c(w_{i-1},w_i)}{c(w_{i-1})} \quad (3.15)$$

其中，$c(.)$ 表示单词序列在语料数据集中出现的次数。扩展到 n-gram，条件概率的计算公式为

$$P(w_i \mid w_1,w_2,\cdots,w_{i-1})=\frac{c(w_1,w_2,\cdots,w_i)}{\sum_{w_i} c(w_1,w_2,\cdots,w_i)}=\frac{c(w_1,w_2,\cdots,w_i)}{c(w_1,w_2,\cdots,w_{i-1})} \quad (3.16)$$

假设一个语料库有三个句子："今天天气晴朗""今天是个好日子""天气阴"，则单词频率的统计如表 3.7 所列。

表 3.7 单词频率统计表

单词	今	天	气	晴	朗	是	个	好	日	子	阴	总共
频率	2	4	2	1	1	1	1	1	1	1	1	16

"今天天气晴朗"的二元语法模型概率计算如下：

$$\begin{aligned} P(今天天气晴朗)=&P(今 \mid <BOS>) \cdot P(天 \mid 今) \cdot P(天 \mid 天) \cdot P(气 \mid 天) \cdot \\ &P(晴 \mid 气) \cdot P(朗 \mid 晴) \cdot P(<EOS> \mid 朗) \\ =&\frac{c(<BOS>,今)}{c(<BOS>)} \cdot \frac{c(今,天)}{c(今)} \cdot \frac{c(天,天)}{c(天)} \cdot \frac{c(天,气)}{c(天)} \cdot \\ &\frac{c(气,晴)}{c(气)} \cdot \frac{c(晴,朗)}{c(晴)} \cdot \frac{c(朗,<EOS>)}{c(朗)} \\ =&\frac{2}{3} \times \frac{2}{2} \times \frac{1}{4} \times \frac{2}{4} \times \frac{1}{2} \times \frac{1}{1} \times \frac{1}{1} \\ =&\frac{1}{24} \end{aligned}$$

$$(3.17)$$

在实际应用中,n 元语法模型还经常用作分词的一种补充或者替代方法,即将相邻的 n 个单词当作一个词语片段,作为文本分类、聚类等任务的特征输入,并且在这些任务中取得了较好的效果。

3.2.3 向量空间模型

向量空间模型(vector space model,VSM)由 Salton 等人于 20 世纪 70 年代提出,并成功地应用于著名的 SMART 文本检索系统。VSM 概念简单,把对文本内容的处理简化为向量空间中的向量运算,并且它以空间上的相似度表达语义的相似度,直观易懂。当文档被表示为文档空间的向量时,就可以通过计算向量之间的相似性来度量文档间的相似性。在向量空间模型里,需要理解几个基本的概念:文本、特征项和特征项权重。

文本(text):指具有一定粒度的文档片段,如短语、句子、段落或整篇文章。

特征项(feature term):是向量空间模型中最小的不可再分的语言单元,可以是字、词、词组、短语等。在向量空间模型中,一段文本被看成是由特征项组成的集合,表示为 $(t_1, t_2, \cdots, t_n)$,其中 t_i 表示第 i 个特征项。

特征项权重(term weight):对于包含 n 个特征项的文本,每个特征项 t 都由某种算法赋予一个权重 w,权重表示特征项在文本中的重要性或者相关性。一个文本就可以用特征项及其对应的权重的集合表示,即 $(t_1 : w_1, t_2 : w_2, \cdots, t_n : w_n)$,简化为 $(w_1, w_2, \cdots, w_n)$。

向量空间模型假设文档符合两个约定:各特征项 t_i 互异(没有重复);各特征项 t_i 没有先后顺序关系。因此,可以将 $t_1, t_2, \cdots, t_n$ 看作一个 n 维正交坐标系,每个文本就可以表示为 n 维空间中的一个向量,其坐标值为 $(w_1, w_2, \cdots, w_n)$。通常将 $\boldsymbol{d} = (w_1, w_2, \cdots, w_n)$ 称为文本 $\boldsymbol{d}$ 在向量空间模型下的表示。如图 3.3 所示,文档 $\boldsymbol{d}_1$ 和 $\boldsymbol{d}_2$ 分别表示为向量空间中的两个 n 维向量。

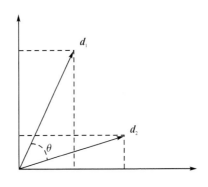

图 3.3 向量空间模型

向量空间模型的两个核心问题为:一是如何确定特征项,二是如何确定特征项的权重。对于原始文档,在进行特征项提取之前需要对其进行去停用词、词形规范化等处理。对于英文文档,还需要进行词根提取等;对于中文文档,还需要进行分词等处理。得到基本的语言单元之后,就可以确定文本表示的特征项,向量空间就确定了。接下来计算特征项的权重,每个文本就可以表示为一个向量。

　　向量空间模型是建立在一个特征项集合$(t_1, t_2, \cdots, t_n)$之上的。如果使用词语作为特征项，特征项的集合可以看作是一个词汇表（vocabulary），此时特征项也称为词项。在有些应用中，还可以利用 n 元语法模型提取的长度为 n 的字符串作为特征项。

　　确定好特征项集合后，就需要利用某种方法来计算特征项的权重$(w_1, w_2, \cdots, w_n)$。常见的特征项权重包括布尔权重、特征频率、倒文档频率、特征频率-倒文档频率和基于熵的权重等。

　　布尔（Bool）权重：表示该特征项是否在当前文本中出现，如果出现，该特征项权重就赋值为 1，否则赋值为 0。

　　特征频率（term frequency，TF）权重：表示该特征项在当前文本中出现的次数。TF 权重假设高频特征包含的信息量高于低频特征的信息量，即文本中出现次数越多的特征项，其重要性越大，通常计算方式如下：

$$\text{tf}_{ij} = N(t_i, d_j) \tag{3.18}$$

　　然而，如果完全以出现次数作为特征项的权重，会过分强调一些频率高的词，其权重会远大于平均权重，这样并不利于反映词语之间的权重关系，为了降低绝对词频值的影响，可以采用对数词频进行权重的调整：

$$f_{ij} = \log(\text{tf}_{ij} + 1) \tag{3.19}$$

　　倒文档频率（inverse document frequency，IDF）权重：文档频率（document frequency，DF）表示语料数据集中包含特征项的文档数目。一个特征项的 DF 越高，其包含的有效信息量往往越低。例如，一些常用词（"is""of""我们""他们"等）会在许多文档中出现，但是它们对于文本的信息量并没有很大的贡献。IDF 就是用来反映特征项在整个语料中重要性的全局性统计特征，计算方式如下：

$$\text{idf}_i = \log \frac{N}{\text{df}_i} \tag{3.20}$$

其中，df_i 表示特征项 t_i 的 DF 值，N 是语料中的文档总数。

　　特征频率-倒文档频率（TF-IDF）权重：综合考虑了特征项在当前文本的频率和整个语料中的文档频率，即为 TF 和 IDF 的乘积：

$$\text{tf} - \text{idf}_{ij} = \text{tf}_{ij} \cdot \text{idf}_i \tag{3.21}$$

　　TF-IDF 权重计算方法认为对区分文本最有意义的特征项应该是那些在当前文本中出现频率足够高，而在文本集合的其他文本中出现频率较低的词语。

　　基于熵（entropy）的权重：熵是信息理论中的一个概念，表示信息的不确定性，也可以理解为信息的随机性。不确定性越小，则信息量越小，熵越小，反之熵越大。因此，可以将特征项在语料中的出现情况当作一个变量的分布情况，其分布越不均匀，表示其越随机，熵值也就越大。也就是说，当一个词语只在相关的少数文本中出现比较频繁，而在其他文本中出现次数很少，那么这个词语的分布对应的熵值也越大，其权重值也应该越大，因为该词语对区分相关文本比较重要。基于熵值的权重计算方式如下：

$$e_{ij} = \log(\text{tf}_{ij} + 1.0) \cdot \left\{ 1 + \frac{1}{\log N} \sum_{j=1}^{N} \left[\frac{\text{tf}_{ij}}{\text{df}_i} \log\left(\frac{\text{tf}_{ij}}{\text{df}_i} \right) \right] \right\} \tag{3.22}$$

　　语料中每个文本的长度是不一样的，文本长度对于文本表示也会产生一定的影响。例如，将一段文本的长度扩充两倍，然后使用 TF 权重进行文本表示，虽然扩充后的文本在信息量上并没有得到增加,但新的文本向量各维度的值却几乎是原来的两倍。因此,为了减少文本长度对文本表示的影响,需要对特征向量进行规范化处理,这一过程也称为文本长度归一化。对于文本 $d = (w_1, w_2, \cdots, w_n)$,常见的长度规范化处理方法有以下几种:

(1) 1-范数规范化

$$d_1 = \frac{d}{\| d \|_1} = \frac{d}{\sum_i w_i} \tag{3.23}$$

规范后的向量落在 $w_1 + w_2 + \cdots + w_n = 1$ 的超平面上。

(2) 2-范数规范化

$$d_2 = \frac{d}{\| d \|_2} = \frac{d}{\sqrt{\sum_i w_i^2}} \tag{3.24}$$

规范后的向量落在 $w_1^2 + w_2^2 + \cdots + w_n^2 = 1$ 的球面上。

(3) 最大词频规范化

$$d_{\max} = \frac{d}{\| d \|_\infty} = \frac{d}{\max_i \{w_i\}} \tag{3.25}$$

3.3　文档相似度

文档相似度计算是用来衡量两段文本、两个查询语句、查询语句和文本之间的相似度的。在实际应用中,有许多方法可以用于计算文档之间的相似度。这些计算方法各有优缺点,需要根据具体的任务和数据特点进行选择。常用的相似度计算方法有以下几种。

1. 基于概率模型的相关度

该方法主要用于信息检索领域中候选文本与查询语句相关度的计算[9],根据相关度值可以对候选文本进行检索结果排序,对于文本 d_j 与查询语句 q,其相关度计算公式如下:

$$\mathrm{sim}(d_j, q) = \sum_i w_{iq} \cdot w_{ij} \cdot \left(\log \frac{P(k_i \mid R)}{1 - P(k_i \mid R)} + \log \frac{1 - P(k_i \mid \bar{R})}{P(k_i \mid \bar{R})} \right) \tag{3.26}$$

其中,w_{iq} 和 w_{ij} 分别表示第 i 个词语 k_i 在查询语句和文本 d_j 中的权重,最简单的方法是用布尔值 0 或 1 来表示,$P(k_i|R)$ 表示索引词 k_i 在相关文档中出现的概率,而 $P(k_i|\bar{R})$ 表示该索引词在不相关文档中出现的概率,假设用 V 表示相关文档集,V_i 表示包含索引词 k_i 的文档集,概率值计算如下:

$$P(k_i \mid R) = \frac{|V_i|}{|V|} \tag{3.27}$$

$$P(k_i \mid \bar{R}) = \frac{n_i - |V_i|}{N - |V|} \tag{3.28}$$

其中,n_i 表示包含索引词 k_i 的文档数目,N 表示文档集中的所有文档数目。在实际应用中,w_{iq} 和 w_{ij} 还有许多改进计算方法,例如考虑词频、文档频率、相关文档数等信息。此外,为了避免可能出现的零频问题(比如所有的相关文档都包含或不包含某个特定的词项),一种常用的做法是在概率计算中加上 0.5 来平滑处理:

$$P(k_i \mid R) = \frac{\mid V_i \mid + 0.5}{\mid V \mid + 1} \qquad (3.29)$$

$$P(k_i \mid \bar{R}) = \frac{n_i - \mid V_i \mid + 0.5}{N - \mid V \mid + 1} \qquad (3.30)$$

2. 基于向量空间模型的相似度计算

在向量空间模型里,常用的相似度计算方法包括基于欧氏距离、向量内积和向量夹角余弦的方法。

基于欧氏距离的方法的主要思想是两个向量的距离越大,则相似度越小,其计算方法如下:

$$\text{sim}(\boldsymbol{d}_j, \boldsymbol{d}_k) = \frac{1}{1 + \text{dist}(\boldsymbol{d}_j, \boldsymbol{d}_k)} \qquad (3.31)$$

$$\text{dist}(\boldsymbol{d}_j, \boldsymbol{d}_k) = \mid \boldsymbol{d}_j - \boldsymbol{d}_k \mid = \sqrt{\sum_i (w_{ij} - w_{ik})^2} \qquad (3.32)$$

向量内积相似度基于两个向量的内积运算来衡量两个文本的相似度,即两个文本包含相同的词语数越多,其相似度也越大,计算公式如下:

$$\text{sim}(\boldsymbol{d}_j, \boldsymbol{d}_k) = \boldsymbol{d}_j \cdot \boldsymbol{d}_k = \sum_i w_{ij} \cdot w_{ik} \qquad (3.33)$$

基于向量内积的相似度值计算结果会受到向量大小的影响,而两个向量越大并不意味着其越相似。因此,基于向量内积的相似度存在一定的不合理性。

基于余弦相似度的方法利用两个文本向量夹角的余弦值作为文本相似度的依据,向量夹角越小,则文本越相似。由于夹角的余弦值不受向量大小的影响,因此,基于夹角余弦值的相似度计算方法在实际中应用更广泛,其计算公式如下:

$$\text{sim}(\boldsymbol{d}_j, \boldsymbol{d}_k) = \frac{\boldsymbol{d}_j \cdot \boldsymbol{d}_k}{\mid \boldsymbol{d}_j \mid \cdot \mid \boldsymbol{d}_k \mid} = \frac{\sum_i w_{ij} \cdot w_{ik}}{\sqrt{\sum_i w_{ij}^2} \cdot \sqrt{\sum_i w_{ik}^2}} \qquad (3.34)$$

在基于余弦相似度的计算中,需要频繁计算文档的长度。为了降低两两文档相似度的计算量,可以先对文档向量进行单位化:

$$\boldsymbol{d}' = \frac{\boldsymbol{d}}{\mid \boldsymbol{d} \mid} = \frac{\boldsymbol{d}}{\sqrt{\sum_i w_i^2}} \qquad (3.35)$$

$$\text{sim}(\boldsymbol{d}_j, \boldsymbol{d}_k) = \frac{\boldsymbol{d}_j \cdot \boldsymbol{d}_k}{\mid \boldsymbol{d}_j \mid \cdot \mid \boldsymbol{d}_k \mid} = \boldsymbol{d}'_j \cdot \boldsymbol{d}'_k \qquad (3.36)$$

类似的相似度计算方法还有 Jaccard 相似度:

$$\text{sim}(\boldsymbol{d}_j, \boldsymbol{d}_k) = \frac{\boldsymbol{d}_j \cdot \boldsymbol{d}_k}{\mid \boldsymbol{d}_j \mid + \mid \boldsymbol{d}_k \mid - \boldsymbol{d}_j \cdot \boldsymbol{d}_k} = \frac{\sum_i w_{ij} \cdot w_{ik}}{\sqrt{\sum_i w_{ij}^2} + \sqrt{\sum_i w_{ik}^2} - \sum_i w_{ij} \cdot w_{ik}}$$

$$(3.37)$$

3. 文本序列相似度计算

前述的相似度计算方法均未考虑文本中特征词的顺序,而在语言的表达中,词语的顺序对文本的语义具有非常重要的作用,有时即使是包含同样词语的两个文本,如果词语顺序不一样,语义也可能会存在巨大的差异。因此,结合文本顺序信息的文本相似度计算成为近年的研究热点[10]。通常,两个序列的比较可以分为四种情况:

① 两条长度相近的序列相似,找出序列的差别。

② 一条序列是否包含另一条序列(子序列)。

③ 两条序列中是否有非常相同的子序列。

④ 一条序列与另一条序列逆序相似。

序列相似度是一个关于两个序列的函数,其值越大,表示两个序列越相似。而两个序列的距离越大,则表示该两序列的相似度越小。因此,也可以基于序列之间的距离来衡量序列之间的相似度。一种常用的用于计算两个序列距离的方法是海明距离,又称码距。它是信息编码中的一个概念,是指两个合法代码对应位上编码不同的位数。在计算两个字符序列的距离时,海明距离用于表示两个字符序列对应位上不同字符的个数。表 3.8 给出了两个序列 s 和 t 的海明距离计算示例。

表 3.8　序列 s 和 t 的海明距离

s	AAT	AGCAA	AGCACACA
t	TAA	ACATA	ACACACTA
海明距离 $\text{dist}(s,t)$	2	3	6

这种距离计算直接统计对应位上的字符差异值,无法反映字符序列的逆序、子序列、漂移等关系。编辑距离融合了这些信息来计算两个序列之间的距离,它主要用于计算从原串 s 转换到目标串 t 所需的最少的插入、删除和替换操作的次数。例如,假设 $s=$ "她是剧院的一明星",$t=$ "她是京剧团的明星",那么将 s 转换为 t 需要进行三次操作,分别为:插入"京",替换"院"为"团",删除"一",则 s 和 t 之间的编辑距离是 3。

3.4　本章小结

文本数据预处理是一项综合的任务,涉及数据去噪、文本信息提取、词法分析、句法分析和语法分析等工作。文本数据的预处理对后续的文本处理任务具有重要作用,预处理结果越好,则后续任务的效果越好。例如,对于文本分类、聚类等任务来说,不同的特征词的输入对分类和聚类结果来说可能不一样。因此,我们需要针对具体的任务,分析数据的特点,采用合适的数据处理方法为后续任务提供有效的特征输入。近年来,随着深度学习模型的发展,词语、短语、句子和文本的表示都有相应的基于深度学习的方法(例如分布式表示学习方法),并且其性能也得到了不断的提高。

参考文献

[1] 周小云. 现代汉语重叠式的识别及统计分析[D]. 南京:南京师范大学,2012.

[2] 韩维良. 汉语自动分词系统中切分歧义与未登录词的处理策略[J]. 青海师范大学学报(自然科学版),2004,(02):31-34.

[3] 孙茂松,邹嘉彦. 汉语自动分词研究评述[J]. 当代语言学,2001,3(1):11.

［4］江锐鹏,钟广玲.中文分词神器 Jieba 分词库的应用［J］.电脑编程技巧与维护,2023,
　　（09）:87-89＋110.

［5］张贝贝.HanLP:一触即发叩响自主创新之门［J］.软件和集成电路,2019,（Z1）:64-68.

［6］Li Z, Sun M. Punctuation asimplicit annotations for Chinese word segmentation［J］.
　　Computational Linguistics, 2009,35(4):505-512.

［7］Suen, Ching Y. n-gram statistics for natural language understanding and text processing
　　［J］. IEEE Transactions on Pattern Analysis and Machine Intelligence, 1979,1(2):164-
　　172.

［8］赵京胜,宋梦雪,高祥,等.自然语言处理中的文本表示研究［J］.软件学报,2022,33
　　（01）:102-128.

［9］张文进.文本信息检索中的概率模型［J］.情报杂志,2005,（03）:107-110.

［10］张焕炯,王国胜,钟义信.基于汉明距离的文本相似度计算［J］.计算机工程与应用,2001,
　　（19）:21-22.

第4章 文本分类

文本分类是自然语言处理(NLP)中的一个核心任务,它的目标是对文本集按照一定的分类体系或标准进行自动分类标记。为实现该目标,它需要一个已经被标注的训练文档集合,然后学习一个反映文档特征和文档类别之间关系的模型,这个学习到的关系模型也称为分类器,它可以用来对新的文档进行类别判断。文本分类不仅在信息检索、垃圾邮件过滤、新闻分类等实际应用中发挥着重要作用,也是许多更复杂语言理解任务的基础,如意图识别、关系抽取、事件检测等。文本分类的基本流程包括文本预处理、特征选择、分类器学习以及分类。其中,文本预处理可能包括分词、去除停用词等步骤,以准备文本数据用于后续的分类过程。特征选择则是从文本的原始特征中选择有利于分类的一个特征子集。常用的分类算法包括朴素贝叶斯、支持向量机(SVM)、决策树和神经网络等。本章主要介绍文本分类的基本步骤、常见的方法和评价指标。

4.1 概　述

文本分类指计算机按照一定的分类体系或标准对文本进行自动分类标记。文本分类的主要目的是在给定分类体系下,将待分类的文本分配到某个或某几个类别中。从宏观角度来看,文本分类可以近似看作一个文本映射的过程。假设给定文档集合 $D = \{d_1, d_2, \cdots, d_n\}$,类别集合 $C = \{c_1, c_2, \cdots, c_m\}$,其中 n 和 m 分别表示文档和类别的个数。文本分类就是发现文档集合和类别集合之间的映射关系: $f : D \times C \rightarrow R, R \in \{0, 1\}$, f 为文本分类器。当 $f(d_i, c_j) = 1$ 时,表示文档 d_i 属于 c_j 类;否则 $f(d_i, c_j) = 0$,表示文档 d_i 不属于 c_j 类。在网络内容安全领域,文本分类是许多研究任务的基础,例如话题检测与跟踪、情感分析、信息抽取等。

早期的文本分类以规则方法为主,这种方法往往需要专家制定分类规则,规则集的构建和维护都需要很强的专业知识,耗时耗力。随着统计机器学习方法的发展,基于监督机器学习的分类算法在文本分类任务中取得了巨大的成功,比较经典的统计机器学习文本分类算法包括支持向量机(support vector machine, SVM)、朴素贝叶斯(naive Bayes, NB)、Logistic 回归、最大熵(maximum entropy, ME)等。近年来,随着深度神经网络技术的快速发展,以卷积神经网络和循环神经网络为代表的深度学习模型在文本分类任务上得到了研究者极大的关注,在某些场景下已成为主流的文本分类方法。

基于统计机器学习的文本分类方法主要包括三个部分:文本表示、特征选择、分类器学习。本章将分别介绍这三个部分。

4.2 文本表示模型

一个准确、高效的文本表示模型是文本分类的重要基础。一个好的文本表示模型不仅需要能反映文本的内容,还需要对不同类的文本具有足够的区分能力。常用的文本表示模型有布尔模型、词袋模型和向量空间模型等。对于不同的分类算法,其需要的文本表示模型也不一样。例如,Logistic 回归、线性支持向量机等线性分类器通常采用向量空间模型,而朴素贝叶斯等生成式模型通常采用词袋模型。词袋模型和向量空间模型类似,区别在于词袋模型的元素值为整数而非实数。

文本分类中用向量空间模型表示文本主要有两个步骤:根据训练文本集合包含的词汇形成特征集合,然后以特征集合为向量的各个维度,对训练集和测试中的文本构建向量表示,向量中的每一维度的权重值根据相应的特征在该文档中的出现频率等信息进行计算。虽然向量空间模型简单高效,但是它没有考虑词项之间的顺序关系等信息,因此丢失了很多语义信息。为了提高文本分类的性能,需要利用特征工程向向量空间引入更多的语言学信息,如 n 元词序信息、句法和语义信息等。另外,对于不同的文本分类算法或者不同的分类数据,也要设计相应的有效的特征权重计算方法。

4.3　特征选择

如果直接基于训练文本集合的词汇构建向量空间模型,则向量的维度会非常高且文本向量中许多维度的值为零。此外,词项特征中的许多项对文本分类的作用非常小,甚至还会产生副作用。因此,在学习文本分类器之前,一般都需要对高维的特征空间进行降维。降维的方法主要有两种,即特征提取(feature extraction)与特征选择(feature selection)。

特征提取方法是将原始的高维稀疏的特征空间映射为低维的稠密特征空间。在统计学习研究领域,主要的特征提取方法有主成分分析(principal component analysis,PCA)和独立成分分析(independent component analysis,ICA)等。但是这些方法很少用于文本分类中。在文本信息检索、文本分类等领域,常用潜在语义索引(latent semantic indexing,LSI)进行文本降维,该方法使用文本主题代替传统的特征,通过把文本词汇向量映射到主题向量达到降维的目的,然后把两种向量表示形式结合起来使用。在自然语言处理领域,LSI 和 PCA 属于同源方法,它们的输入一样,核心处理方法都是奇异值分解(singular value decomposition,SVD)。此外,在自然语言处理领域还有类似的主题模型,例如概率潜在语义分析(probabilistic latent semantics analysis,PLSA)和潜在狄利克雷分布模型(latent Dirichlet allocation,LDA)也常用于文本分类特征降维,但这些算法的复杂度比较高,通常结合其他方法一起使用。

特征选择是指从特征空间中择优选出一部分对目标任务非常重要的特征子集。文本分类领域常见的特征选择方法包括无监督特征选择和有监督特征选择两类。前者可以应用于没有类别标注信息的数据集,此类数据常用于文本聚类等任务,主要是基于词频 TF 或者文档频率 DF 来进行特征选择。有监督特征选择需要类别标注信息,该方法选择对具体的分类问题产生重要作用的一部分特征作为特征子集,常见的方法包括互信息法(mutual information,MI)、信息增益法(information gain,IG)、卡方统计法(χ^2)等。一个好的特征选择方法不仅可以有效地对特征空间进行降维,提高分类器的效率,还可以去除冗余特征和噪声特征,提高文本分类的性能。

4.3.1　互信息法

在信息论中,假设 X 是一个离散型随机变量,其概率分布为 $p(x)=P(X=x)$,那么,X

的熵(entropy)定义为

$$H(X) = -\sum_x p(x)\log p(x) \tag{4.1}$$

熵又被称为自信息,用于度量一个随机变量的不确定性。一个随机变量的熵越大,其不确定性越大,表示该变量所需要的信息量越大;反之,熵越小,则不确定性越小,表示该变量所需的信息量也越小。

如果 X 和 Y 是一对随机变量,服从联合分布 $p(x,y) = P(X=x, Y=y)$,则可以定义 X, Y 的联合熵为

$$H(X,Y) = -\sum_x \sum_y p(x,y)\log p(x,y) \tag{4.2}$$

联合熵表示刻画一对随机变量所需的信息量。

条件熵(conditional entropy)表示在已知随机变量 X 取值的前提下,随机变量 Y 的不确定性程度。或者说,在已知 X 取值的条件下,表示 Y 还需要的额外信息量,其计算公式如下:

$$\begin{aligned} H(Y \mid X) &= -\sum_x p(x) H(Y \mid X=x) \\ &= -\sum_x \sum_y p(x,y)\log p(y \mid x) \end{aligned} \tag{4.3}$$

当且仅当 Y 的取值完全由 X 确定时,$H(Y|X)=0$;反之,当且仅当 Y 和 X 相互独立时,$H(Y|X)=H(Y)$。由上面的定义可知熵、联合熵和条件熵之间的关系为

$$H(Y \mid X) = H(X,Y) - H(X) \tag{4.4}$$

图 4.1 展现了上述各信息量之间的关系。右侧的圆形表示熵 $H(Y)$,左侧的圆形表示熵 $H(X)$,两个圆形的并集表示联合熵 $H(X,Y)$,右侧的月牙形表示条件熵 $H(Y|X)$,左侧的月牙形表示条件熵 $H(X|Y)$,两个圆形的交集就是互信息 $I(X,Y)$。

互信息反映的是两个随机变量相互关联的程度。对于离散随机变量 X 和 Y,其互信息定义为

$$I(X,Y) = \sum_{x,y} p(x,y)\log \frac{p(x,y)}{p(x)P(y)} \tag{4.5}$$

熵、条件熵和互信息之间的关系如下:

$$I(X,Y) = H(Y) - H(Y \mid X) = H(X) - H(X \mid Y) \tag{4.6}$$

两个随机变量的互信息用于衡量变量间相互依赖的程度,它可以看成是一个随机变量中包含的关于另一个随机变量的信息量,或者说是一个随机变量由于已知另一个随机变量而减少的不确定性。

$I(X,Y) = \log \frac{p(x,y)}{p(x)P(y)}$ 可以看作是随机变量 (X,Y) 取确定值 (x,y) 时的点式互信息(pointwise mutual information, PMI)。由公式(4.5)可以看出,互信息是点式互信息的期望。在文本分类中,通常用点式互信息衡量特征项 t_i 揭露类别 c_j 的信息量。

对于给定的语料,互信息的计算过程包括以下几个步骤:首先,针对每个特征项 t_i 和每个类别 c_j,统计表 4.1 中每项的数值。表中的 N_{t_i,c_j} 表示包含特征项 t_i 且属于类别 c_j 的文档频率,$N_{t_i,\bar{c}_j}$ 表示包含特征项 t_i 且不属于类别 c_j 的文档频率,$N_{\bar{t}_i,c_j}$ 表示不包含特征项 t_i 且属于类别 c_j 的文档频率,$N_{\bar{t}_i,\bar{c}_j}$ 表示不包含特征项 t_i 且不属于类别 c_j 的文档频率,$N = N_{t_i,c_j} + N_{t_i,\bar{c}_j} + N_{\bar{t}_i,c_j} + N_{\bar{t}_i,\bar{c}_j}$。然后,根据最大似然估计原理,用频率估计以下概率:

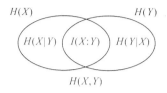

图 4.1　信息量之间的关系

表 4.1　按特征和类别统计的文档频率

特　征	类　　别	
	c_j	$\bar{c}_j$
t_i	N_{t_i,c_j}	$N_{t_i,\bar{c}_j}$
$\bar{t}_i$	$N_{\bar{t}_i,c_j}$	$N_{\bar{t}_i,\bar{c}_j}$

$$p(c_j) = \frac{N_{t_i,c_j} + N_{\bar{t}_i,c_j}}{N} \tag{4.7}$$

$$p(t_i) = \frac{N_{t_i,c_j} + N_{t_i,\bar{c}_j}}{N} \tag{4.8}$$

$$p(c_j \mid t_i) = \frac{N_{t_i,c_j} + 1}{N_{t_i,c_j} + N_{t_i,\bar{c}_j} + M} \tag{4.9}$$

$$p(c_j \mid \bar{t}_i) = \frac{N_{\bar{t}_i,c_j} + 1}{N_{\bar{t}_i,c_j} + N_{\bar{t}_i,\bar{c}_j} + M} \tag{4.10}$$

其中，M 为类别总数。为了防止出现零概率时间，$p(c_j|t_i)$ 和 $p(c_j|\bar{t}_i)$ 的估计使用了拉普拉斯平滑（Laplace smoothing）。

最后，t_i 和 c_j 之间互信息的计算如下：

$$I(t_i,c_j) = \log \frac{N_{t_i,c_j} N}{(N_{t_i,c_j} + N_{\bar{t}_i,c_j})(N_{t_i,c_j} + N_{t_i,\bar{c}_j})} \tag{4.11}$$

为了衡量特征项 t_i 对于所有类别的信息量，可以把类别 C 当作随机变量，然后对各类的互信息按概率加权平均：

$$I_{avg}(t_i) = \sum_j p(c_j) I(t_i,c_j) \tag{4.12}$$

也可以取各类中的最大值作为该特征的互信息值。特征选择就是对全部的特征项计算互信息值，按照得分进行排序，最终选择排在前面的一部分特征作为保留的特征子集。

4.3.2　信息增益法

信息增益（information gain，IG）是指在给定随机变量 X 的条件下，随机变量 Y 的不确定性减少的程度：

$$G(Y \mid X) = H(Y) - H(Y \mid X) \tag{4.13}$$

这个减少的程度用 Y 的熵 $H(Y)$ 与条件熵 $H(Y|X)$ 之间的差值表示。

在文本分类任务的特征选择中，将特征项 $T_i \in \{t_i, \bar{t}_i\}$ 看作一个服从伯努利分布（Bernoulli distribution，也称 0-1 分布）的二元随机变量，同时将类别 C 视为服从类别分布（categorical distribution）的随机变量，就可以定义信息增益为熵 $H(C)$ 与条件熵 $H(C|T_i)$ 的差值，计算公式如下：

$$G(T_i) = H(C) - H(C \mid T_i)$$

$$= -\sum_j p(c_j)\log p(c_j) - \Big[\Big(-\sum_j p(c_j,t_i)\log p(c_j \mid t_i)\Big) + \tag{4.14}$$

$$\Big(-\sum_j p(c_j,\bar{t}_i)\log p(c_j \mid \bar{t}_i)\Big)\Big]$$

信息增益考虑了 $\{t_i, \bar{t}_i\}$ 两种情形,因此可以写成互信息 $I(t_i, c_j)$ 和 $I(\bar{t}_i, c_j)$ 的加权平均:

$$G(T_i) = \sum_j p(t_i, c_j)I(t_i, c_j) + p(\bar{t}_i, c_j)I(\bar{t}_i, c_j) \tag{4.15}$$

在文本分类任务中,信息增益方法通常比互信息方法的特征选择效果更好。

4.3.3　卡方统计法

卡方(χ^2)检验是以分布为基础的一种假设检验方法,其基本思想是通过计算观察值与期望值的偏差确定假设是否成立。卡方检验常用于检测两个随机变量的独立性。

在特征选择中,定义特征项 $T_i \in \{t_i, \bar{t}_i\}$ 和类别 $C_j \in \{c_j, \bar{c}_j\}$ 分别为服从伯努利分布的二元随机变量,t_i 和 $\bar{t}_i$ 分别表示特征项 t_i 出现和不出现两种情况,c_j 和 $\bar{c}_j$ 分别表示文档类别为 c_j 和不为 c_j。

首先提出原假设:T_i 和 C_j 相互独立,即 $p(T_i, C_j) = p(T_i)p(C_j)$。对于每个特征项 T_i 和每个类别 C_j,计算如下统计量:

$$\chi^2(T_i, C_j) = \sum_{T_i \in \{t_i, \bar{t}_i\}} \sum_{C_j \in \{c_j, \bar{c}_j\}} \frac{(N_{T_i, c_j} - E_{T_i, c_j})^2}{E_{T_i, c_j}} \tag{4.16}$$

其中,N 是观察频率,E 是符合原假设的期望频率。例如,N_{t_i, c_j} 是基于样本集观测得到的特征项 t_i 出现在第 c_j 类文档中的文档频率,E_{t_i, c_j} 是指在原假设成立条件下的特征项 t_i 出现在第 c_j 类文档中的文档频率。基于表 4.1 的统计,E_{t_i, c_j} 的计算如下:

$$E_{t_i, c_j} = N \cdot p(t_i, c_j) = N \cdot P(t_i)P(c_j) = N \cdot \frac{N_{t_i, c_j} + N_{t_i, \bar{c}_j}}{N} \cdot \frac{N_{t_i, c_j} + N_{\bar{t}_i, c_j}}{N}$$

$$\tag{4.17}$$

然后,以同样的方法计算 $E_{\bar{t}_i, c_j}$、$E_{t_i, \bar{c}_j}$ 和 $E_{\bar{t}_i, \bar{c}_j}$,再代入公式(4.16),得到如下卡方统计量(χ^2 statistic)的计算式:

$$\chi^2(T_i, C_j) = \frac{N \cdot (N_{t_i, c_j} N_{\bar{t}_i, \bar{c}_j} - N_{\bar{t}_i, c_j} N_{t_i, \bar{c}_j})^2}{(N_{t_i, c_j} + N_{\bar{t}_i, c_j}) \cdot (N_{t_i, c_j} + N_{t_i, \bar{c}_j}) \cdot (N_{t_i, \bar{c}_j} + N_{\bar{t}_i, \bar{c}_j}) \cdot (N_{\bar{t}_i, c_j} + N_{\bar{t}_i, \bar{c}_j})}$$

$$\tag{4.18}$$

$\chi^2(T_i, C_j)$ 值越大,说明 T_i 和 C_j 之间的独立假设越不成立,也就是说它们的相关性越高。

同样地,对 $\chi^2(T_i, C_j)$ 按照各个类别进行加权求和或者去最大,可以计算特征项 T_i 对整个分类任务的信息量:

$$\chi^2_{\max}(T_i) = \max_{j=1,2,\cdots,M} \{\chi^2(T_i, C_j)\} \tag{4.19}$$

$$\chi^2_{\text{avg}}(T_i) = \sum_{j=1}^{M} p(c_j)\chi^2(T_i, C_j) \tag{4.20}$$

4.4　基于统计学习的文本分类算法

一篇文本经过表示处理和特征选择之后就可以基于传统的统计学习算法进行文本分类。经典的统计学习方法都可以用于文本分类,包括朴素贝叶斯模型、Logistic 回归模型、最大熵模型和支持向量机等。

4.4.1　朴素贝叶斯分类模型

朴素贝叶斯模型是基于贝叶斯定理与条件独立性假设的分类方法。对于给定的训练数据集,该模型学习样本的观测 x 和类别状态 y 的联合概率分布为 $p(x,y)$。在实际应用中,联合概率分布表示为类别的先验分布 $p(y)$ 与类条件分布 $p(x|y)$ 的乘积形式:$p(x,y)=p(y)p(x|y)$。前者可以利用伯努利分布和类别分布分别建模两类和多类分类的类别先验概率,但类条件分布 $p(x|y)$ 的估计是贝叶斯分类模型的一个难题。

在文本分类任务中,为了计算条件分布,需要对其进行一定的简化。通常的做法是忽略文本中的词序关系,假设各个特征词语的位置是可以互换的。通过该简化,可以引入类条件下词与词相互独立的假设。基于这一假设,类条件下的文本分布可以用多项式刻画。基于该假设的贝叶斯模型也称为朴素贝叶斯模型(naive Bayes model,NB),它的本质是用混合的多项式分布刻画文本分布。虽然朴素贝叶斯模型具有很强的假设条件,会损失很多语义信息,但是在文本分类任务中,仍然具有较好的性能。

下面介绍基于朴素贝叶斯模型的文本分类算法的主要步骤。

将一个文档 x 表示为一个词的序列,即

$$x=[w_1,w_2,\cdots,w_{|x|}] \tag{4.21}$$

在条件独立性假设下,$p(x|y)$ 可以具有多项分布的形式:

$$p(x \mid c_j)=p([w_1,w_2,\cdots,w_{|x|}] \mid c_j)$$
$$=\prod_{i=1}^{V} p(t_i \mid c_j)^{N(t_i,x)} \tag{4.22}$$

其中,V 是词汇表大小,t_i 是词汇表中的第 i 个特征词,$\theta_{i|j}=p(t_i|c_j)$ 表示在 c_j 类条件下 t_i 出现的概率,$N(t_i,x)$ 表示在文档 x 中 t_i 的词频。

以多类问题为例,假设类别 y 服从分类分布:

$$p(y=c_j)=\pi_j \tag{4.23}$$

根据多项分布模型假设,$p(x,y)$ 的联合分布为

$$p(x,y=c_j)=p(c_j)p(x \mid c_j)=\pi_j \prod_{i=1}^{V} \theta_{i|j}^{N(t_i,x)} \tag{4.24}$$

其中,π,θ 为模型参数。

朴素贝叶斯模型基于最大似然估计算法进行参数学习,给定训练集 $\{x_k,y_k\}_{k=1}^{N}$,模型的优化目标为以下对数似然函数:

$$L(\pi,\theta)=\log \prod_{k=1}^{N} p(x_k,y_k) \tag{4.25}$$

对优化目标求偏导,并令其等于零,可求解得到模型的参数估计值:

$$\pi_j = \frac{\sum\limits_{k=1}^{N} I(y_k = c_j)}{\sum\limits_{k=1}^{N} \sum\limits_{j'=1}^{C} I(y_k = c_{j'})} = \frac{N_j}{N} \tag{4.26}$$

$$\theta_{i|j} = \frac{\sum\limits_{k=1}^{N} I(y_k = c_j) N(t_i, \boldsymbol{x}_k)}{\sum\limits_{k=1}^{N} I(y_k = c_j) \sum\limits_{i'=1}^{V} N(t_{i'}, \boldsymbol{x}_k)} \tag{4.27}$$

从参数估计结果可以看出,在多项分布假设下,频率正是概率的最大似然估计值。例如,类别概率 π_j 的最大似然估计结果是训练集中第 j 类样本出现的频率;类条件下特征项概率的最大似然估计结果是第 j 类文档中,所有特征项中 t_i 出现的频率。为了防止零概率情况的出现,常常对 $\theta_{i|j}$ 进行拉普拉斯平滑:

$$\theta_{i|j} = \frac{\sum\limits_{k=1}^{N} I(y_k = c_j) N(t_i, \boldsymbol{x}_k) + 1}{\sum\limits_{k=1}^{N} I(y_k = c_j) \sum\limits_{i'=1}^{V} N(t_{i'}, \boldsymbol{x}_k) + V} \tag{4.28}$$

利用多项式朴素贝叶斯模型,在降维后的文本分类训练集(见表 4.2)上进行模型训练,令特征项 $t_1 =$ 开展,$t_2 =$ 新兵,$t_3 =$ 培训,$t_4 =$ 义务教育,$t_5 =$ 学科,$y=1$ 表示军事类,$y=0$ 表示教育类,可以得到如表 4.3 所列的参数估计结果。

表 4.2　降维后的文本分类训练集

序　号	原始文档	降维后的文档	类　别
train_d_1	平坝区人武部封闭式开展准新兵役前培训。	开展 新兵 培训	军事
train_d_2	武警甘肃总队甘南支队开展新兵岗前培训。	开展 新兵 培训	军事
train_d_3	国家终于开始整顿义务教育阶段校外培训乱象!	义务教育 培训	教育
train_d_4	教育部明确了义务教育阶段校外培训学科类和非学科类范围。	义务教育 培训 学科	教育
test_d_1	武警和田支队扎实做好新兵单独上岗前培训。	新兵 培训	
test_d_2	市教委规定义务教育阶段学科类校外培训机构不得留作业。	义务教育 培训 学科	

表 4.3　参数估计结果

$p(y)$	$p(y=1)=1/2$	$p(y=0)=1/2$
$p(t_i\|y)$	$p(t_1\|y=1)=3/11$ $p(t_2\|y=1)=3/11$ $p(t_3\|y=1)=3/11$ $p(t_4\|y=1)=1/11$ $p(t_5\|y=1)=1/11$	$p(t_1\|y=0)=1/11$ $p(t_2\|y=0)=1/11$ $p(t_3\|y=0)=3/11$ $p(t_4\|y=0)=3/11$ $p(t_5\|y=0)=3/11$

基于上述模型,可对表 4.2 中的测试文档进行分类。令测试文档 test_d_1 的文本表示为 $\boldsymbol{x}_1$,它与军事类和教育类的联合概率分别为

$$p(\boldsymbol{x}_1, y=1) = p(y=1) p(t_2 \mid y=1) p(t_3 \mid y=1) = 9/242 \tag{4.29}$$

$$p(\boldsymbol{x}_1, y=0) = p(y=0)p(t_2 \mid y=0)p(t_3 \mid y=0) = 3/242 \tag{4.30}$$

进一步,根据贝叶斯公式算得属于两类的后验概率:

$$p(y=1 \mid \boldsymbol{x}_1) = \frac{9/242}{9/242 + 3/242} = 0.75 \tag{4.31}$$

$$p(y=0 \mid \boldsymbol{x}_1) = 0.25 \tag{4.32}$$

因此,可以得出测试文档 test_d_1 属于军事类。

同样可以计算测试文档 test_d_2 与两个类别的联合概率:

$$p(\boldsymbol{x}_2, y=1) = p(y=1)p(t_3 \mid y=1)p(t_4 \mid y=1)p(t_5 \mid y=1) = 3/2662 \tag{4.33}$$

$$p(\boldsymbol{x}_2, y=0) = p(y=0)p(t_3 \mid y=0)p(t_4 \mid y=0)p(t_5 \mid y=0) = 27/2662 \tag{4.34}$$

后验概率为

$$p(y=1 \mid \boldsymbol{x}_2) = 0.1 \tag{4.35}$$

因此,预测测试文档 test_d_2 属于教育类。

4.4.2　支持向量机

支持向量机(support vector machine,SVM)是统计机器学习领域非常经典的分类算法。它的核心思想包括两个方面:寻找具有最大类间距的决策面;通过核函数(kernel function)在低维空间计算并构建分类面,将低维不可分问题转化为高维可分问题。SVM 具有深厚的统计学理论背景,它基于结构风险最小化理论在特征空间中构建最优分类超平面,使学习器得到了全局最优化,并且在整个样本空间的期望风险以某个概率满足一定的上界约束。基于线性核函数的支持向量机在文本分类中有着非常广泛的应用。

对于一个线性可分的两分类任务,如何找到最优的线性分类面,不同的分类器具有不同的训练准则。线性 SVM 是一种两分类任务的线性分类模型,它所采用的分类准则称为最大间隔准则(maximum margin criterion)。对于如下线性分类模型:

$$f(\boldsymbol{x}) = \boldsymbol{w}^{\mathrm{T}}\boldsymbol{x} + b \tag{4.36}$$

其线性分类面为 $\boldsymbol{w}^{\mathrm{T}}\boldsymbol{x} + b = 0$。SVM 采用最大分类间隔(maximum margin)作为模型训练准则。基于最大分类间隔准则的分类可用如下公式表示:

$$\begin{cases} \max_{\boldsymbol{w},b} \dfrac{1}{2} \|\boldsymbol{w}\|^2 \\ \text{s.t. } y_i(\boldsymbol{w}^{\mathrm{T}}\boldsymbol{x}_i + b) \geqslant 1, i=1,2,\cdots,N \end{cases} \tag{4.37}$$

该式子表明这是一个标准的二次优化问题,其目标函数是二次的,约束条件是线性的。该问题可以用任何现成的二次规划(quadratic programming)优化包进行求解。

针对该问题的特殊结构,SVM 一般通过拉格朗日对偶法将公式(4.37)所示的原问题转化为下列对偶问题以进行更加高效的求解:

$$\begin{cases} \max_{\alpha} \sum_{i=1}^{N} \alpha_i - \dfrac{1}{2} \sum_{i,j=1}^{m} y_i y_j \alpha_i \alpha_j \langle \boldsymbol{x}_i, \boldsymbol{x}_j \rangle \\ \text{s.t. } \alpha_i \geqslant 0, i=1,2,\cdots,N \\ \sum_{i=1}^{N} \alpha_i y_i = 0 \end{cases} \tag{4.38}$$

其中 $\alpha_i \geqslant 0$ 是拉格朗日乘子(Lagrange multiplier)。对偶问题符合 KKT(Karush - Kuhn - Tucker)条件,根据 KKT 条件:仅在分类边界上的样本 $\alpha_i \geqslant 0$,其余样本 $\alpha_i = 0$。由此可得分类面仅由分类边界上的样本所支撑,这也是支持向量机名字的由来。

在实际应用中,为了排除训练集中的异常点对于分类面的影响,通常定义软间隔准则,对最大分类间隔准则进行如下修正:

$$\begin{cases} \max\limits_{\boldsymbol{w},b} \dfrac{1}{2} \parallel \boldsymbol{w} \parallel^2 + C \sum\limits_{i=1}^{N} \xi_i \\ \text{s. t.}\ \ y_i(\boldsymbol{w}^{\mathrm{T}}\boldsymbol{x}_i + b) \geqslant 1 - \xi_i \\ \xi_i \geqslant 0, i = 1,2,\cdots,N \end{cases} \tag{4.39}$$

其中,ξ_i 为容错因子,C 为容错项的权重参数。其相应的对偶问题为

$$\begin{cases} \max\limits_{\boldsymbol{\alpha}} \sum\limits_{i=1}^{N} \alpha_i - \dfrac{1}{2} \sum\limits_{i,j=1}^{m} y_i y_j \alpha_i \alpha_j \langle \boldsymbol{x}_i, \boldsymbol{x}_j \rangle \\ \text{s. t.}\ \ 0 \leqslant \alpha_i \leqslant C, i = 1,2,\cdots,N \\ \sum\limits_{i=1}^{N} \alpha_i y_i = 0 \end{cases} \tag{4.40}$$

同时,SVM 引入核函数理论将低维的线性不可分问题转化为高维的线性可分问题。核函数(kernel function)定义为核数据在高维空间的内积:

$$K(\boldsymbol{x},\boldsymbol{z}) = \varphi(\boldsymbol{x})^{\mathrm{T}}\varphi(z) \tag{4.41}$$

根据公式(4.40),SVM 中样本 $\boldsymbol{x}$ 所涉及的运算均为内积运算。因此,无须知道低维到高维映射的具体形式,只需知道核函数的形式,就可以在高维空间建立线性 SVM 模型。此时,相应的对偶问题为

$$\begin{cases} \max\limits_{\boldsymbol{\alpha}} W(\boldsymbol{\alpha}) = \sum\limits_{i=1}^{N} \alpha_i - \dfrac{1}{2} \sum\limits_{i,j=1}^{m} y_i y_j \alpha_i \alpha_j K(\boldsymbol{x}_i, \boldsymbol{x}_j) \\ \text{s. t.}\ \ 0 \leqslant \alpha_i \leqslant C, i = 1,2,\cdots,N \\ \sum\limits_{i=1}^{N} \alpha_i y_i = 0 \end{cases} \tag{4.42}$$

决策函数为

$$\begin{aligned} f(x) &= \sum_{i=1}^{N} \alpha_i^* y_i \langle \varphi(\boldsymbol{x}_i), \varphi(\boldsymbol{x}) \rangle + b^* \\ &= \sum_{i=1}^{N} \alpha_i^* y_i K(\boldsymbol{x}_i, \boldsymbol{x}) + b^* \end{aligned} \tag{4.43}$$

常见的核函数包括:

① 线性核函数:$K(\boldsymbol{x},\boldsymbol{z}) = \boldsymbol{x}^{\mathrm{T}}\boldsymbol{z}$;

② 多项式核函数:$K(\boldsymbol{x},\boldsymbol{z}) = (\boldsymbol{x}^{\mathrm{T}}\boldsymbol{z} + c)^d$;

③ 径向基核函数:$K(\boldsymbol{x},\boldsymbol{z}) = \exp\left(-\dfrac{|\boldsymbol{x}-\boldsymbol{z}|^2}{2\delta^2}\right)$。

另外还有 sigmoid 核函数、string 核函数和 tree 核函数等。由于文本分类任务中特征维度很高,通常都是线性可分的,因此文本分类主要采用线性核函数。

前面介绍了利用对偶优化将原始问题转化为公式(4.42)所示的对偶问题。该问题还需要进一步求解最优参数 $\boldsymbol{\alpha}^*$。比较著名的求解方法是序列最小优化(sequential minimal optimization,SMO)算法。

4.5　性能评价指标

文本分类的性能主要采用传统分类算法的评价指标来进行评估,包括精确率、召回率和 F_1 值等。在计算这些值之前,需要在分类任务完成以后,对于每一类都统计出真正例、真负例、假正例和假负例四种情形的样本数目。

真正例(true positive,TP):模型预测属于该类,真实标签也属于该类。

真负例(true negative,TN):模型预测不属于该类,真实标签也不属于该类。

假正例(false positive,FP):模型预测属于该类,真实标签不属于该类。

假负例(false negative,FN):模型预测不属于该类,真实标签属于该类。

假设一个文本分类任务共有 M 个类别,类别标签分别为 $C_1,C_2,\cdots,C_M$。对于所有的类别统计出 TP、TN、FP 和 FN 之后,可以得到每个类的微观统计值。然后就可以计算以下几种评价指标。

1. 召回率、精确率和 F_1 值

假设 $j\in\{1,2,\cdots,M\}$ 是类别序号,可以为每一类计算以下指标:

(1) 召回率(recall)

$$R_j = \frac{\mathrm{TP}_j}{\mathrm{TP}_j + \mathrm{FN}_j} \tag{4.44}$$

(2) 精确率(precision)

$$P_j = \frac{\mathrm{TP}_j}{\mathrm{TP}_j + \mathrm{FP}_j} \tag{4.45}$$

召回率和精确率越高,说明文本分类方法性能越好,但是这两个指标值往往相互矛盾,即提高召回率可能会降低精确率,而提高精确率有可能就会降低召回率。因此,单一地追求某一指标值的提高,势必造成另一指标值的下降。因此,通常综合考虑精确率和召回率,定义一个新指标 F_1 值。

(3) F_1 值

$$F_1 = \frac{2PR}{P+R} \tag{4.46}$$

在某些应用中,为了区分召回率和精确率的不同重要性,F_1 值的计算引入了一个参数:

$$F_\beta = \frac{(\beta^2 + 1)PR}{\beta^2 P + R} \tag{4.47}$$

当 $\beta = 1$ 时,F_β 退化为标准的 F_1 值。

2. 正确率、宏平均和微平均

召回率、精确率和 F_1 值只能评估某一个类别的数据分类性能。如果需要评价整个分类任务的性能,可以使用分类正确率:

$$\mathrm{Acc} = \frac{\#\,\mathrm{Correct}}{N} \tag{4.48}$$

其中,N 为样本总数,$\#\,\mathrm{Correct}$ 为模型正确分类的样本数。

除此之外,还可以使用各类指标的宏平均(macro-average)和微平均(micro-average)评估整个分类任务的性能。宏平均是先计算各类的宏观指标(召回率、精确率),再按类平均,其计算过程如下:

$$Macro\_P = \frac{1}{C} \sum_{j=1}^{C} \frac{TP_j}{TP_j + FP_j} \tag{4.49}$$

$$Macro\_R = \frac{1}{C} \sum_{j=1}^{C} \frac{TP_j}{TP_j + FN_j} \tag{4.50}$$

$$Macro\_F_1 = \frac{2 \times Macro\_P \times Macro\_R}{Macro\_P + Macro\_R} \tag{4.51}$$

微平均是将微观(TP、TN、FP 和 FN)按类求平均后,再计算召回率、精确率和 F_1 值,其计算过程如下:

$$Micro\_P = \frac{\sum\limits_{j=1}^{C} TP_j}{\sum\limits_{j=1}^{C} (TP_j + FP_j)} \tag{4.52}$$

$$Micro\_R = \frac{\sum\limits_{j=1}^{C} TP_j}{\sum\limits_{j=1}^{C} (TP_j + FN_j)} \tag{4.53}$$

$$Micro\_F_1 = \frac{2 \times Micro\_P \times Micro\_R}{Micro\_P + Micro\_R} \tag{4.54}$$

在二分类且类别互斥的情况下,$Micro\_R$、$Micro\_P$、$Micro\_F_1$ 都与正确率 Acc 相等。

3. PR 曲线和 ROC 曲线

在分类问题中,模型进行样本类别预测本质上是基于模型输出值与阈值的比较。为了更加全面地评价分类器在不同召回率情况下的分类效果,可以通过调整分类器的阈值,将输出样本进行排序并分割为两部分,大于阈值的预测为正类,小于阈值的预测为负类,从而得到不同的召回率和精确率。如设置阈值为 0 时,召回率为 1;设置阈值为 1 时,则召回率为 0。以召回率作为横轴、精确率作为纵轴,可以绘制出精确率-召回率(precision-recall,PR)曲线。理论上讲,PR 曲线越靠近右上方越好。如果一个模型的 PR 曲线在右上方"包住"另一模型的 PR 曲线,则说明其分类性能明显优于后者。对于 PR 曲线相交的情形,可以通过计算 PR 曲线下方的面积来衡量分类的性能。面积越大,分类性能越好。还有一种更简单的方法,即 11 点平均法。该方法调整分类器的召回率分别为 0,0.1,0.2,0.3,0.4,0.5,0.6,0.7,0.8,0.9,1.0,同时记录这些点上的精确率,用这些点的平均精确率值来衡量分类的性能。

类似地,以假正率(false positive rate)作为横坐标,以真正率(true positive rate)(召回率)作为纵坐标,绘制出的曲线称为 ROC(receiver operating characteristic)曲线。ROC 曲线下的面积称为 AUC(area under ROC curve),AUC 曲线越靠近左上方越好。AUC 值越大,说明分类器性能越好。

4.6　本章小结

本章介绍的文本分类方法主要是传统的统计学习方法。近年来,随着深度学习技术的快速发展,基于深度学习的文本分类方法取得了越来越好的性能,例如基于卷积神经网络(CNN)的方法[1]、基于图卷积神经网络的方法[2]和基于 BERT 的文本分类方法[3]。本章的分类方法主要面向长文本数据,这类文本数据的内容一般都比较规范,包含的词语数量也比较多。然而,在实际应用中,我们会面临许多的短文本数据,例如论坛/BBS、留言及回复、咨询、微博、微信、手机短信和聊天记录等。与长文本相比,短文本的一些特征使得其分类变得更困难。首先,短文本数据内容较少,一般由十几个词或几个短语组成,内容稀疏,缺少上下文信息,提取有效特征困难,往往还包含许多网络用语和符号。其次,由于用户与社交平台频繁地交互,短文本的增长也非常迅速,导致其数据规模庞大、价值密度低。另外,短文本通常是口语化的语言,虽然言简意赅,但往往不遵守语法规则,有时还会包含不规则词语、拼写错误、网络流行用语以及特殊表情、符号等情况,增加了文本噪声,容易引起词汇或句法歧义[4]。为了提高分类的效果,可以借助特征工程方法来扩展短文本的特征,或者引入外部知识等信息扩充短文的内容。此外,深度学习也在短文本分类中得到了广泛应用,例如基于 CNN 的 TextCNN 的句子分类模型[5],基于循环神经网络(RNN)的短文本分类方法[6]和基于图神经网络的短文本分类方法等[7]。

参考文献

[1] Soni S, Chouhan S S, Rathore S S. TextConvoNet: a convolutional neural network based architecture for text classification[J]. Applied Intelligence, 2023, 53(10): 14249-14268.

[2] Yao L, Mao C, Luo Y. Graph convolutional networks for text classification[C]//Proceedings of the AAAI Conference on Artificial Intelligence, 2019, 7370-7377.

[3] Yu S, Su J, Luo D. Improving BERT-based text classification with auxiliary sentence and domain knowledge[J]. IEEE Access, 2019, 7:176600-176612.

[4] 淦亚婷,安建业,徐雪.基于深度学习的短文本分类方法研究综述[J].计算机工程与应用,2023,59(04):43-53.

[5] Kim Y. Convolutional neural networks for sentence classification[C]//Proceedings of the 2014 Conference on Empirical Methods in Natural Language Processing, 2014, 1746-1751.

[6] Zhou Y, Xu B, XU J, et al. Compositional recurrentneural networks for Chinese short text classification[C]//Proceedings of IEEE/WIC/ACM International Conference on Web Intelligence,2016:137-144.

[7] Yang T, Hu L, Shi C, et al. HGAT:heterogeneous graph attention networks for semi-supervised short text classification[J]. ACM Transactions on Information Systems, 2021, 39(3):32.

第5章 文本聚类

文本聚类主要依据的是著名的聚类假设:同类的文本具有较大的相似度,而不同类的文本之间的相似度较小。与文本分类不同,文本聚类由于不需要训练过程,并且不需要预先对文本进行手工标注类别,因此具有一定的灵活性和较高的自动化处理能力,已经成为对文本信息进行有效地组织、摘要和导航的重要方法。本章主要介绍文本聚类的基本概念、主要方法和评价指标。

5.1 概 述

聚类就是针对给定的样本,依据它们之间的相似度或距离,将其归并到若干个"类"或"簇"的数据分析问题。一个类是给定样本集合的一个子集。直观上,相似的样本聚集在相同的类,不相似的样本分散在不同的类。因此,样本之间的相似度或距离在这里起着非常重要的作用。

聚类是一种无监督的机器学习方法,与分类方法不同,它不需要已标注类别信息的数据作为学习的指导,主要以数据间的相似性作为聚类划分的依据,具有较高的灵活性和自动性。其次,分类通常已知类别数目,分类过程就是将不同的数据归属到所属的类别中,而聚类的类别是事先未知的,系统根据聚类准则自动确定数据的归属和类别数目。

文本聚类就是对文本数据进行聚类分析。文本聚类首先需要将文本表示为机器可计算的形式。其次,需要有效的方法衡量文本间的相似度或者距离。最后采用聚类算法对文本进行聚类。常见的聚类算法包括基于划分的方法、基于层次的方法和基于密度的方法等。不同的聚类算法从不同的角度出发,产生不同的聚类结果。但是所有的聚类算法都以相似性或者距离计算作为基础。因此,文本聚类的关键问题是如何计算文本间的相似度。

5.2 文本相似度计算

在文本聚类中,有三种常见的度量文本相似度的指标:
① 两个文本对象之间的相似度;
② 两个文本集合之间的相似度;
③ 文本对象与文本集合之间的相似度。

在文本聚类中,每个聚类算法都会用到上述一种或多种相似性度量指标。下面从样本间、簇间和样本与簇间的相似性三个方面介绍文本相似性计算方法。

5.2.1 样本间的相似性

在向量空间模型中,每个文本都被表示为向量空间中的一个向量。因此,可以基于向量的相似度来度量文本之间的相似度。

1. 基于距离的度量

最简单的文本相似度计算方法是基于距离的测量。该方法以向量空间中的两个向量之间的距离作为其相似度的度量指标,距离越小表示相似度越大。常用的距离计算方法包括欧氏距离(Euclidean distance)、曼哈顿距离(Manhattan distance)、切比雪夫距离(Chebyshev distance)、闵可夫斯基距离(Minkowski distance)、马氏距离(Mahalanobis distance)和杰卡德距离(Jaccard distance)等。

假设 a 和 b 分别为两个待比较文本的向量表示,则各种距离计算方法如下:

(1) 欧氏距离

$$d(a,b) = \left(\sum_{k=1}^{M} (a_k - b_k)^2 \right)^{1/2} \tag{5.1}$$

(2) 曼哈顿距离

$$d(a,b) = \sum_{k=1}^{M} |a_k - b_k| \tag{5.2}$$

(3) 切比雪夫距离

$$d(a,b) = \max_k |a_k - b_k| \tag{5.3}$$

(4) 闵可夫斯基距离

$$d(a,b) = \left(\sum_{k=1}^{M} (a_k - b_k)^p \right)^{1/p} \tag{5.4}$$

其中,p 是一个变参数。当 $p=1$ 时,就是曼哈顿距离;当 $p=2$ 时,就是欧氏距离;当 $p \to \infty$ 时,就是切比雪夫距离。根据变参数的不同,闵可夫斯基距离可以表示一类的距离。

2. 基于夹角余弦的度量

另一种有效的计算文本之间相似度的方法是文本向量的夹角余弦相似度(cosine similarity),余弦相似度通过计算两个向量之间夹角的余弦值来度量它们之间的相似度,计算公式如下:

$$\cos(a,b) = \frac{a^{\top} b}{\|a\| \|b\|} \tag{5.5}$$

从上面的公式可以得出,余弦相似度的取值范围为 $[-1,1]$。同时,向量的内积与它们的夹角余弦成正比。$0°$ 角的余弦值是 1,表明两个向量所指的方向相同,如果它们的长度一样,那么这两个向量就相等。其他角度的余弦值都小于 1,最小值为 -1,此时表明两个向量指向相反的方向。$90°$ 时,余弦值为 0,表明两个向量正交。当向量进行了归一化处理后,$\|a\|$ 和 $\|b\|$ 的值等于 1,余弦相似度与内积相似度 $a \cdot b$ 相等。

距离度量用于衡量空间中各点之间的绝对距离,与各个点所在的位置坐标,即数据特征向量各维度的数值直接相关。而余弦相似度衡量的是空间中两个向量的夹角,主要体现向量所指方向之间的差异,与向量的长度和距离没有直接关系。如果保持 A 点的位置不变,B 点的位置朝原方向远离或接近坐标轴原点,则 A 和 B 两点之间的距离会发生变化,而 A 和 B 两个向量的余弦相似度保持不变,这就是欧氏距离和余弦相似度之间的差别。因此,欧氏距离受到数据点之间位置的影响,尤其是数据点各维度取值大小的影响,而余弦相似度主要取决于向量的方向,和向量的长短无关。这两种度量方法因为其计算方式不同,适用的数据分析任务也不一样。通常,余弦相似度是衡量文本相似度的最为广泛的方法之一。

3. 基于概率分布的度量

前面介绍的两种文本相似度计算方法主要用于向量空间模型中的样本。然而,在某些场景中文本是通过概率分布来进行表示的,例如词项分布、基于 PLSA 和 LDA 模型的主题分布等。这些情况适用于利用基于概率分布的统计距离(statistical distance)度量两个文本之间的相似度。

统计距离计算的是两个概率分布之间的差异性,常见的计算方法包括 K-L 距离(Kullback-Leibler distance),也称 K-L 散度(K-L divergence)。在多项式分布情况下,两个分布 Q 和 P 的 K-L 距离的计算如下:

$$D_{KL}(P \parallel Q) = \sum_i P(i) \log \frac{P(i)}{Q(i)} \tag{5.6}$$

K-L 距离不具有对称性,即 $D_{KL}(P \parallel Q) \neq D_{KL}(Q \parallel P)$,因此,可以对其进行改进,使其具有对称性,即对称的 K-L 距离:

$$D_{SKL}(P \parallel Q) = D_{KL}(P \parallel Q) + D_{KL}(Q \parallel P) \tag{5.7}$$

需要注意的是,当文本长度较短时,数据的稀疏问题容易让分布刻画失去意义。基于这种概率分布的度量主要用于刻画文本集合而非单个文本,K-L 距离往往用于计算两个文本集合之间的相似度。

4. 其他度量方法

除了上面介绍的几种方法之外,还有许多其他的相似度和距离计算方法。例如,杰卡德相似系数(Jaccard similarity coefficient)也是一种常用的两个集合相似性计算方法,它也可用于文本之间的相似度计算。该方法以两个文本特征项集合 A 和 B 之间的交集与并集的比例作为文本之间的相似度:

$$J(A,B) = \frac{|A \cap B|}{|A \cup B|} \tag{5.8}$$

与杰卡德相似系数相反的概念是杰卡德距离(Jaccard distance)。杰卡德距离可用如下公式表示:

$$J_\delta(A,B) = 1 - J(A,B) = \frac{|A \cup B| - |A \cap B|}{|A \cup B|} \tag{5.9}$$

杰卡德距离用两个集合中不同元素占所有元素的比例来衡量两个集合的区分度。

上述距离计算方法衡量的是两点之间的直接距离,而没有考虑数据的分布特性。样本间的距离需要考虑样本所在的分布造成的影响。一方面,不同维度上的方差不同,进而不同维度在计算距离时的重要性不同;另一方面,不同维度间可能存在相关性,干扰距离计算。例如图 5.1 所示,圆圈表示样本分布的中心点 c,两个叉分别表示两个样本点 x 和 y。从图中可以看出,在二维空间中两个叉到样本分布的中心点间的欧氏距离相等。但是很明显,右侧的叉应该是分布内的点,左侧的叉是分布外的点,所以右侧的叉距离分布中心点的距离应该更近才合理。如果只考虑欧氏距离,中心圆点和另外两个点之间的距离相近。当数据的分布已知时,通常会用马氏距离代替欧氏距离。使用马氏距离就等同于通过数据转换的方法,消除样本中不同特征维度间的相关性和量纲差异,使得欧氏距离在新的分布上能有效度量样本到分布间的距离。

马氏距离采用以下公式度量样本到样本分布间的距离,即单向量 x 间的距离:

$$d = \sqrt{(\boldsymbol{x} - \boldsymbol{\mu})^{\top} \boldsymbol{S}^{-1} (\boldsymbol{x} - \boldsymbol{\mu})} \tag{5.10}$$

其中, μ 是样本分布的均值, S 是样本分布的协方差矩阵。以下公式度量一个分布下, 两个样本向量 $\boldsymbol{x}$ 和 $\boldsymbol{y}$ 之间的距离:

$$d = \sqrt{(\boldsymbol{x} - \boldsymbol{y})^{\top} \boldsymbol{S}^{-1} (\boldsymbol{x} - \boldsymbol{y})} \tag{5.11}$$

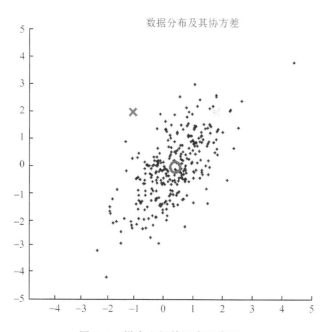

图 5.1 样本之间的距离示意图

5.2.2 簇间的相似性

在聚类的过程中, 经常需要根据簇之间的相似性来选择两个簇进行合并等处理。一个簇通常由多个相似的样本组成。簇间的相似性度量是以各簇内样本之间的相似性为基础的。假设 $d(C_m, C_n)$ 表示簇 C_m 和簇 C_n 之间的距离, $d(x_i, x_j)$ 表示样本 x_i 和样本 x_j 之间的距离。常见的簇间的相似性度量方法有如下几种:

① 最小距离法(single linkage)。取分别来自两个簇的两个样本之间的最小距离作为两个簇的距离:

$$d(C_m, C_n) = \min_{x_i \in C_m, x_j \in C_n} d(x_i, x_j) \tag{5.12}$$

② 最大距离法(complete linkage)。取分别来自两个簇的两个样本之间的最大距离作为两个簇的距离:

$$d(C_m, C_n) = \max_{x_i \in C_m, x_j \in C_n} d(x_i, x_j) \tag{5.13}$$

③ 平均距离法(average linkage)。取分别来自两个簇的两两样本之间距离的平均值作为两个簇的距离:

$$d(C_m, C_n) = \frac{1}{|C_m| \cdot |C_n|} \sum_{x_i \in C_m} \sum_{x_j \in C_n} d(x_i, x_j) \tag{5.14}$$

④ 重心法。取两个簇的重心之间的距离作为两个簇间的距离：

$$d(C_m, C_n) = d(\bar{x}(C_m), \bar{x}(C_n)) \tag{5.15}$$

其中，$\bar{x}(C_m)$ 和 $\bar{x}(C_n)$ 分别表示簇 C_m 和簇 C_n 的重心。

⑤ 离差平方和法（Ward's method）。两个簇中各样本到两个簇合并后的簇中心之间距离的平方和，相比于合并前各样本到各自簇中心之间距离平方和的增量：

$$d(C_m, C_n) = \sum_{x_k \in C_m \cup C_n} d(x_k, \bar{x}(C_m \cup C_n)) - \\ \sum_{x_i \in C_m} d(x_i, \bar{x}(C_m)) - \sum_{x_j \in C_n} d(x_j, \bar{x}(C_n)) \tag{5.16}$$

其中，$d(\boldsymbol{a}, \boldsymbol{b}) = \|\boldsymbol{a} - \boldsymbol{b}\|^2$。

除了这些方法以外，还可以用 K-L 距离等指标度量两个文本集合之间的相似性。

5.2.3 样本与簇间的相似性

样本与簇之间的相似性通常转化为样本间的相似性或簇间的相似性进行度量。例如，可以把簇表示为一个均值向量，样本和簇之间的相似性即为样本和均值向量之间的向量相似度。也可以把样本视为一个簇，这时就可以利用簇间的相似性度量方法来计算样本与簇之间的相似度。

5.3 文本聚类算法

文本聚类就是把相似的文本归到一个簇中，而不同簇的文本之间的距离较大。机器学习中的许多聚类算法都可以进行文本聚类，包括基于划分的方法、层次聚类法、基于密度的方法、基于网格的方法和基于模型的方法等，每一类方法都有一些代表性的算法。下面介绍几种常用的文本聚类算法。

5.3.1 K 均值聚类

K 均值（K-means）聚类是一种常用的基于划分的算法。该算法 1967 年由 MacQueen 提出，它的主要方法是基于样本间的相似度尽可能地将样本划分到不同的簇，簇间的样本相似度小，而簇内的样本间相似度大。对于给定的数据集 $\{x_1, x_2, \cdots, x_N\}$，K 均值聚类的目标是将这 n 个数据划分到 $K(K \leqslant N)$ 个簇中，并且簇内样本间的距离平方和要最小。这种方法简称为簇内平方和（within-cluster sum of squares，WCSS）法：

$$\arg\min_C \sum_{k=1}^{K} \sum_{x \in C_k} \|x - m_k\| \tag{5.17}$$

其中，m_k 表示第 k 个簇的中心。如果要找到一个最优的划分，需要枚举所有的划分方式，其复杂度非常大。在实际应用中，K 均值聚类标准算法（Lloyd-Forgy 方法）使用了迭代优化方法，其基本过程为：随机给定 K 个簇的初始中心点，分别计算各个样本到簇中心点的距离，将样本划分到距离簇中心点（均值）最近的簇中，并更新现有簇的中心点。经过多次迭代，重复将样本分配到距离簇中心点最近的簇，并更新簇的中心点，直至簇内的平方和最小。

假设给定的初始聚类中心点为 $m_1^{(0)}, m_2^{(0)}, \cdots, m_K^{(0)}$，算法迭代执行以下两个步骤：

① 划分。将每个样本划分到簇中,使得簇内平方和最小:

$$\arg\min_{C^{(t)}}\sum_{k=1}^{K}\sum_{x\in C_k^{(t)}}d(x,m_k^{(t)}) \tag{5.18}$$

其中,$d(x,m_k^{(t)})=\|x-m_k^{(t)}\|^2$,$t$ 表示迭代次数。该算法把样本划分到离它最近的均值点所在的簇即可。

② 更新。根据上述划分计算新的簇内样本间距离的平均值,作为新的聚类中心点:

$$m_k^{(t+1)}=\frac{1}{|C_k^{(t)}|}\sum_{x_i\in C_k^{(t)}}x_i \tag{5.19}$$

取算术平均值作为最小平方估计,进一步减小了簇内平方和。

上述两个步骤交替运行,簇内平方和逐渐减小,算法最终收敛于某个局部最小值。所以这种迭代优化算法无法保证最终能够找到全局最优解。在不同的聚类任务中,可以基于不同的距离函数进行划分。在文本距离中,通常使用文本向量间的余弦距离:

$$d(x,m_k^{(t)})=\frac{x\cdot m_k^{(t)}}{\|x\|\,\|m_k^{(t)}\|} \tag{5.20}$$

需要注意的是,这种迭代优化算法在欧氏距离度量下才能保证簇内平方和逐级减小。如果使用不同的距离函数代替欧氏距离,可能会导致算法无法收敛。综上所述,K 均值聚类算法的过程如算法 5.1 所示。

算法 5.1　K 均值聚类算法

输入:数据集 $D=\{x_1,x_2,\cdots,x_N\}$,聚类簇数 K;
输出:聚类划分 $\{C_1,C_2,\cdots,C_K\}$。
算法过程:
1. 随机选择 D 中 K 个样本作为簇中心点初始值 $\{m_1,m_2,\cdots,m_K\}$;
2. while 算法不满足收敛条件
3.   for $i=1,2,\cdots,N$
4.   for $k=1,2,\cdots,K$
5.   计算样本 x_i 到 m_k 的距离 $d(x_i,m_k)=\|x_i-m_k\|^2$;
6.   将样本 x_i 划分到最近的均值向量所在的簇 $\arg\min_k\{d(x_i,m_k)\}$;
7.   for $i=1,2,\cdots,K$
8.   更新各簇均值向量:$m_k^{\text{new}}=\frac{1}{|C_k|}\sum_{x_i\in C_k}x_i$。

K 均值聚类算法的优点主要是思想简单、易于实现、应用广泛。该算法在实际的使用中也存在一些问题。首先,算法中的聚类 K 值难以确定,该参数需要用户自己设定。K 值过大的话,容易造成同一个簇中的数据被分到不同的簇。其次,选取初始簇的中心点需要一定的经验和技巧,不同的初始值有可能会得到不同的聚类结果。第三,没有确定的准则来选择距离函数,需要根据数据的特点和任务需求选择合适的距离函数。在实际的使用过程中,可以通过模型验证方法来选择合适的 K 值和距离函数等。

5.3.2 单遍聚类

单遍聚类(single-pass clustering)算法是一种高效、简单的聚类算法[1],只需要遍历一遍数据集即可完成聚类。首先,算法从数据集中读入一个数据,并以该数据构建一个簇。然后,逐个读入一个新的数据,并计算该数据与已有簇之间的相似度。如果最大的相似度小于设定的阈值,则该数据产生一个新簇,如果相似度值大于设定的阈值,则将其合并到最相似的簇中。重复这一过程,直到数据集中的所有数据都依次处理完成。

单遍聚类需要计算样本与簇之间的相似度。可以用簇均值向量来表示簇,然后计算簇均值向量与样本向量之间的相似度;还可以将单个样本当作一个簇,利用常见的簇间相似度计算方法来计算两个簇之间的相似度。单遍聚类算法的主要步骤如算法 5.2 所示。

算法 5.2　单遍聚类算法

输入:数据集 $D = \{\boldsymbol{x}_1, \boldsymbol{x}_2, \cdots, \boldsymbol{x}_N\}$,相似度阈值 T;
输出:聚类划分 $\{C_1, C_2, \cdots, C_M\}$。
算法:
1. $M = 1$; $C_1 = \{\boldsymbol{x}_1\}$; $\boldsymbol{m}_1 = \boldsymbol{x}_1$
2. for $i = 2, 3, \cdots, N$
3. 　　for $k = 1, 2, \cdots, M$
4. 　　　　计算样本 $\boldsymbol{x}_i$ 与 $\boldsymbol{m}_k$ 之间的相似度 $s(\boldsymbol{x}_i, \boldsymbol{m}_k)$;
5. 　　　　选择与 $\boldsymbol{x}_i$ 相似度最大的 $k^* = \arg\max_k \{s(x_i, m_k)\}$;
6. 　　　　if $s(\boldsymbol{x}_i, \boldsymbol{m}_k) > T$
7. 　　　　　　将 $\boldsymbol{x}_i$ 加入 C_{k^*}: $C_{k^*} \leftarrow (C_{k^*} \cup \boldsymbol{x}_i)$;
8. 　　　　　　更新 C_{k^*} 均值向量: $m_{k^*} = \dfrac{1}{|C_{k^*}|} \sum_{x_j \in C_{k^*}} \boldsymbol{x}_j$;
9. 　　　　else
10. 　　　　　　$M = M + 1$; $C_M = \{\boldsymbol{x}_i\}$

5.3.3 谱聚类算法

谱聚类是从图论中演化出来的算法[2],后来在聚类中得到了广泛的应用。它的主要思想是把所有的数据看作空间中的点,这些点之间可以用边连接起来。距离较远的两个点之间的边权重值较低,而距离较近的两个点之间的边权重值较高,通过对所有数据点组成的图进行切图,让切图后不同的子图间边权重和尽可能地低,而子图内的边权重和尽可能地高,从而达到聚类的目的。

一般用点的集合 V 和边的集合 E 来描述一个图 G,即 $G(V, E)$,其中 V 即为数据集里面所有的点 $(v_1, v_2, \cdots, v_n)$。对于 V 中的任意两个点,可以有边连接,也可以没有边连接。w_{ij} 定义为点 v_i 和点 v_j 之间的权重。由于是无向图,所以 $w_{ij} = w_{ji}$。对于有边连接的两个点 v_i 和 v_j,$w_{ij} > 0$,对于没有边连接的两个点 v_i 和 v_j,$w_{ij} = 0$。对于图中的任意一个点 v_i,它的度 d_i 定义为和它相连的所有边的权重之和,即

$$d_i = \sum_{j \in \text{Neighbors}} w_{ij} \tag{5.21}$$

利用每个点度的定义,可以得到一个 $n \times n$ 的度矩阵 $\boldsymbol{D}$,它是一个对角矩阵,只有主对角线有值,对应第 i 行的第 i 个点的度数,定义如下:

$$\boldsymbol{D} = \begin{bmatrix} d_1 & 0 & \cdots & 0 \\ 0 & d_2 & \cdots & 0 \\ \vdots & \vdots & \ddots & \vdots \\ 0 & 0 & \cdots & d_n \end{bmatrix} \tag{5.22}$$

有不同的方法来构建这个邻接矩阵,这些方法的基本思想是:距离较远的两个点之间的边权重值较低,而距离较近的两个点之间的边权重值较高。不过这仅仅是定性的描述。一般可以通过样本数据距离度量的相似矩阵 $\boldsymbol{S}$ 来获得邻接矩阵 $\boldsymbol{W}$。构建邻接矩阵 $\boldsymbol{W}$ 的方法主要可分为三类:ε-邻近法、K 邻近法和全连接法。

① ε-邻近法设置了一个距离阈值 ε,然后用欧式距离 s_{ij} 度量任意两点 x_i 和 x_j 的距离,距离小于 ε,权值为 ε,否则为 0;

② K 邻近法利用 KNN 算法遍历所有的样本点,取每个样本最近的 k 个点作为近邻,只有和样本距离最近的 k 个点之间的 $w_{ij} > 0$;

③ 全连接法定义所有的点之间的权重值都大于 0。可以选择不同的核函数来定义边权重,常用的有多项式核函数、高斯核函数和 sigmoid 核函数。

拉普拉斯矩阵 $\boldsymbol{L}$ 是谱聚类算法的基础,有两种拉普拉斯矩阵,分别是非标准化的拉普拉斯矩阵和标准化的拉普拉斯矩阵。

1. RatioCut 切图

非标准化的拉普拉斯矩阵定义为度矩阵 $\boldsymbol{D}$ 与邻接矩阵 $\boldsymbol{W}$ 的差,表达式如下:

$$\boldsymbol{L} = \boldsymbol{D} - \boldsymbol{W} \tag{5.23}$$

其中,$\boldsymbol{D}$ 为度矩阵,$\boldsymbol{W}$ 为邻接矩阵。由于拉普拉斯矩阵是对称矩阵,所以它的所有的特征值都是实数。另外,拉普拉斯矩阵是半正定矩阵,且对应的 n 个实数特征值都大于等于 0,即对于任意的向量 $\boldsymbol{f}$,有 $\boldsymbol{f}^{\mathrm{T}} \boldsymbol{L} \boldsymbol{f} \geqslant 0$,证明如下:

$$\begin{aligned} \boldsymbol{f}^{\mathrm{T}} \boldsymbol{L} \boldsymbol{f} &= \boldsymbol{f}^{\mathrm{T}} (\boldsymbol{D} - \boldsymbol{W}) \boldsymbol{f} \\ &= \boldsymbol{f}^{\mathrm{T}} \boldsymbol{D} \boldsymbol{f} - \boldsymbol{f}^{\mathrm{T}} \boldsymbol{W} \boldsymbol{f} \\ &= \sum_{i=1}^{n} d_i f_i^2 - \sum_{i,j=1}^{n} w_{ij} f_i f_j \\ &= \frac{1}{2} \left(\sum_{i=1}^{n} d_i f_i^2 - 2 \sum_{i,j=1}^{n} w_{ij} f_i f_j + \sum_{j=1}^{n} d_j f_j^2 \right) \\ &= \frac{1}{2} \left[\sum_{i=1}^{n} \left(\sum_{j=1}^{n} w_{ij} \right) f_i^2 - 2 \sum_{i,j=1}^{n} w_{ij} f_i f_j + \sum_{j=1}^{n} \left(\sum_{i=1}^{n} w_{ij} \right) f_j^2 \right] \\ &= \frac{1}{2} \left(\sum_{i,j=1}^{n} w_{ij} f_i^2 - 2 \sum_{i,j=1}^{n} w_{ij} f_i f_j + \sum_{i,j=1}^{n} w_{ij} f_j^2 \right) \\ &= \frac{1}{2} \sum_{i,j=1}^{n} w_{ij} (f_i^2 - 2 f_i f_j + f_j^2) \end{aligned}$$

$$= \frac{1}{2} \sum_{i,j=1}^{n} w_{ij} (f_i - f_j)^2 \qquad (5.24)$$

对于无向图 G 的切图,聚类的目标可以看作是将图 $G(V,E)$ 切成相互没有连接的 k 个子图,每个子图点的集合为 $A_1, A_2, \cdots, A_k$,它们满足 $A_i \cap A_j = \varnothing$,且 $A_1 \cup A_2 \cup \cdots \cup A_k = V$。对于任意两个子图 $A, B \subset V, A \cap B = \varnothing$,定义 A 和 B 之间的切图权重为

$$W(A, B) = \sum_{i \in A, j \in B} w_{ij} \qquad (5.25)$$

那么对于 k 个子图: $A_1, A_2, \cdots, A_k$,定义切图 cut 为

$$\mathrm{cut}(A_1, A_2, \cdots, A_k) = \frac{1}{2} \sum_{i=1}^{k} W(A_i, \bar{A}_i) \qquad (5.26)$$

其中 $\bar{A}_i$ 为 A_i 的补集,即除 A_i 子集外 V 的其他子集的并集。如何切图可以让子图内的边权重之和高,子图间的边权重之和低呢? 一个自然的想法就是最小化 $\mathrm{cut}(A_1, A_2, \cdots, A_k)$,但是可以发现,这种极小化的切图存在问题,如图 5.2 所示,选择一个权重最小的边缘的点,比如 C 和 H 之间进行切图,这样可以最小化 $\mathrm{cut}(A_1, A_2, \cdots, A_k)$,但是却不是最优的切图,如何避免这种切图,并且找到类似图中的最优切图呢?

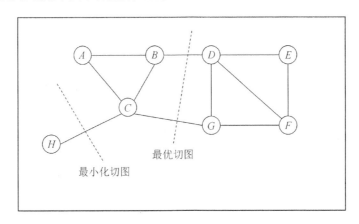

图 5.2　不同的切图

因此,需要对以上的 $\mathrm{cut}(A_1, A_2, \cdots, A_k)$ 值的计算方法进行改进,即对每个切图,不光考虑最小化 $\mathrm{cut}(A_1, A_2, \cdots, A_k)$,还同时考虑最大化每个子图点的个数,这种切图就叫作 Ratio-Cut 切图,计算方式如下:

$$\mathrm{cut}(A_1, A_2, \cdots, A_k) = \frac{1}{2} \sum_{i=1}^{k} \frac{W(A_i, \bar{A}_i)}{|A_i|} \qquad (5.27)$$

RatioCut 函数可以通过如下方式表示:引入指示向量 $\boldsymbol{h}_j \in \{h_1, h_2, \cdots, h_k\}, j = 1, 2, \cdots, k$,对于任意一个向量 $\boldsymbol{h}_j$,它是一个 n 维向量(n 为样本数),h_{ij} 为

$$h_{ij} = \begin{cases} \dfrac{1}{\sqrt{|A_j|}}, & v_i \in A_j \\ 0, & \text{其他} \end{cases}$$

$$(5.28)$$

另一方面,基于拉普拉斯矩阵,$\boldsymbol{h}_i^{\mathrm{T}} \boldsymbol{L} \boldsymbol{h}_i$ 的计算结果如下:

$$\boldsymbol{h}_i^{\mathrm{T}} \boldsymbol{L} \boldsymbol{h}_i = \frac{1}{2} \sum_{m=1}^{N} \sum_{n=1}^{N} w_{mn}(h_{im} - h_{in})^2$$

$$= \frac{1}{2} \sum_{m \in \Lambda_i; n \notin \Lambda_i} w_{mn}\left(\frac{1}{\sqrt{|A_i|}} - 0\right)^2 + \frac{1}{2} \sum_{m \notin \Lambda_i; n \in \Lambda_i} w_{mn}\left(0 - \frac{1}{\sqrt{|A_i|}}\right)2$$

$$= \frac{1}{2}\left(\sum_{m \in \Lambda_i; n \notin \Lambda_i} w_{mn}\frac{1}{|A_i|} + \sum_{m \notin \Lambda_i; n \in \Lambda_i} w_{mn}\frac{1}{|A_i|}\right) \qquad (5.29)$$

$$= \frac{1}{2}\left(\mathrm{cut}(A_i, \bar{A}_i)\frac{1}{|A_i|} + \mathrm{cut}(\bar{A}_i, A_i)\frac{1}{|A_i|}\right)$$

$$= \frac{\mathrm{cut}(A_i, \bar{A}_i)}{|A_i|}$$

对于某一个分类子图 A_i，它的 RatioCut 对应于 $\boldsymbol{h}_i^{\mathrm{T}} \boldsymbol{L} \boldsymbol{h}_i$。那么完整的 K 个子图呢？对应的 RatioCut 函数表达式为

$$\mathrm{RatioCut}(A_1, A_2, \cdots, A_k) = \sum_{i=1}^{K} \boldsymbol{h}_i^{\mathrm{T}} \boldsymbol{L} \boldsymbol{h}_i = \sum_{i=1}^{K}(\boldsymbol{H}^{\mathrm{T}} \boldsymbol{L} \boldsymbol{H})_{ii} = \mathrm{tr}(\boldsymbol{H}^{\mathrm{T}} \boldsymbol{L} \boldsymbol{H}) \qquad (5.30)$$

其中，$\mathrm{tr}(\boldsymbol{H}^{\mathrm{T}} \boldsymbol{L} \boldsymbol{H})$ 为矩阵的迹。因此，切图问题已经转化为求解最小化 $\mathrm{tr}(\boldsymbol{H}^{\mathrm{T}} \boldsymbol{L} \boldsymbol{H})$ 的问题。考虑到 $\boldsymbol{H}$ 的含义（特征向量），需要保证 $\boldsymbol{H}^{\mathrm{T}} \boldsymbol{H} = \boldsymbol{I}$，即

$$\begin{cases} \arg\min(\mathrm{tr}(\boldsymbol{H}^{\mathrm{T}} \boldsymbol{L} \boldsymbol{H})) \\ \mathrm{s.\,t.}\ \ \boldsymbol{H}^{\mathrm{T}} \boldsymbol{H} = \boldsymbol{I} \end{cases} \qquad (5.31)$$

由于 $\boldsymbol{H}$ 矩阵里面的每一个指示向量都是 n 维的，向量中每个变量的取值为 0 或者 $\frac{1}{\sqrt{A_i}}$，因此，一共就有 2^n 种取值，有 k 个子图的话就有 k 个指示向量，共有 $k \times 2^n$ 种 $\boldsymbol{H}$，找到满足上面优化目标的 $\boldsymbol{H}$ 是一个 NP – hard 问题。注意到 $\mathrm{tr}(\boldsymbol{H}^{\mathrm{T}} \boldsymbol{L} \boldsymbol{H})$ 每一个优化子目标 $\boldsymbol{h}_i^{\mathrm{T}} \boldsymbol{L} \boldsymbol{h}_i$，其中 $\boldsymbol{h}$ 是单位正交基，$\boldsymbol{L}$ 为对称矩阵，此时 $\boldsymbol{h}_i^{\mathrm{T}} \boldsymbol{L} \boldsymbol{h}_i$ 的最大值为 $\boldsymbol{L}$ 的最大特征值，最小值是 $\boldsymbol{L}$ 的最小特征值。

对于 $\boldsymbol{h}_i^{\mathrm{T}} \boldsymbol{L} \boldsymbol{h}_i$，目标是找到 $\boldsymbol{L}$ 的最小的特征值；而对于 $\mathrm{tr}(\boldsymbol{H}^{\mathrm{T}} \boldsymbol{L} \boldsymbol{H})$，目标是找到 K 个最小的特征值。一般来说 $K \ll N$，当这个问题的维度从 N 被规约到 K 之后，就可以近似地解决这个 NP – hard 的问题了。通过找到 $\boldsymbol{L}$ 最小的 K 个特征值，可以得到对应的 K 个特征向量，这些向量组成了 $\boldsymbol{H}$ 矩阵。通常会对矩阵 $\boldsymbol{H}$ 进行标准化：

$$h_{ij}^* = \frac{h_{ij}}{\sqrt{\sum_{t=1}^{K} h_{it}^2}} \qquad (5.32)$$

由于在使用维度规约的时候损失了少量信息，导致得到的优化后的指示向量 $\boldsymbol{h}$ 对应的 $\boldsymbol{H}$ 现在不能完全指示各样本的归属，因此，一般在得到 $n \times k$ 维度的矩阵 $\boldsymbol{H}$ 后还需要对每一行进行一次传统的聚类，比如使用 K 均值聚类。

2. NormalizedCut 切图

NormalizedCut 对 RatioCut 进行了改进。考虑到子图样本的个数多并不一定权重就大，在切图时也应该考虑子图间的权重大小。和 RatioCut 类似，NormalizedCut 的计算如下：

$$\mathrm{NormalizedCut}(A_1, A_2, \cdots, A_k) = \frac{1}{2} \sum_{i=1}^{k} \frac{W(A_i, \bar{A}_i)}{\mathrm{vol}(A_i)} \qquad (5.33)$$

其中,$\mathrm{vol}(A_i)=\sum_{i\in A}d_i$,除此之外,NormalizedCut 和 RatioCut 几乎完全一样。由于在 NormalizedCut 中,$\boldsymbol{H}^{\mathrm{T}}\boldsymbol{H}\neq\boldsymbol{I}$,因此需要对矩阵 $\boldsymbol{H}$ 做一个变换,使之为标准正交基:$\boldsymbol{H}=\boldsymbol{D}^{-\frac{1}{2}}$,推导如下:

$$\boldsymbol{H}^{\mathrm{T}}\boldsymbol{DH}=\sum_{i=1}^{K}h_{ij}^2d_j=h_{ij}^2\sum_{i=1}^{K}d_j=\frac{1}{\mathrm{vol}(A_i)}\sum_{i=1}^{K}d_j=\frac{1}{\mathrm{vol}(A_i)}\mathrm{vol}(A_i)=1 \qquad (5.34)$$

令 $\boldsymbol{H}=\boldsymbol{D}^{-1/2}\boldsymbol{F}$,于是优化目标变成

$$\begin{cases}\arg\ \min(\mathrm{tr}(\boldsymbol{F}^{\mathrm{T}}\boldsymbol{D}^{-1/2}\boldsymbol{LD}^{-1/2}\boldsymbol{F}))\\ \mathrm{s.\,t.}\ \ \boldsymbol{F}^{\mathrm{T}}\boldsymbol{F}=\boldsymbol{I}\end{cases} \qquad (5.35)$$

其中,$\boldsymbol{D}^{-1/2}\boldsymbol{LD}^{-1/2}$ 又称为标准化的拉普拉斯矩阵。之后的流程就和 RatioCut 一致了。NormalizedCut 可以理解为对拉普拉斯矩阵进行了一次正则化操作。所以理论上来说,标准化的拉普拉斯矩阵使用 RatioCut 的效果应该和非标准化的拉普拉斯矩阵使用 NormalizedCut 的效果一致。谱聚类算法如算法 5.3 所示。

算法 5.3　谱聚类算法

输入:数据集 $X=\{x_1,x_2,\cdots,x_N\}$,降维维度 K_1,相似矩阵生成方式,聚类簇数 K_2;

输出:聚类划分 $C=\{C_1,C_2,\cdots,C_{K_2}\}$。

算法:

1.根据输入的相似矩阵生成方式构建数据集的相似矩阵 $\boldsymbol{S}$;

2.根据相似矩阵 $\boldsymbol{S}$ 构建邻接矩阵 $\boldsymbol{W}$,构建度矩阵 $\boldsymbol{D}$;

3.计算出拉普拉斯矩阵 $\boldsymbol{L}$;

4.构建标准化后的拉普拉斯矩阵 $\boldsymbol{D}^{-\frac{1}{2}}\boldsymbol{LD}^{-\frac{1}{2}}$(可选);

5.计算 $\boldsymbol{D}^{-\frac{1}{2}}\boldsymbol{LD}^{-\frac{1}{2}}$ 最小的 K_1 个特征值各自对应的特征向量 $\boldsymbol{f}$;

6.将特征向量 $\boldsymbol{f}$ 组成的矩阵 $\boldsymbol{F}$ 按行标准化,得到 $N\times K_1$ 维特征矩阵 $\overline{\boldsymbol{F}}$;

7.将 $\overline{\boldsymbol{F}}$ 中的每一行作为一个 K_1 维的样本,共 N 个样本,用选定的聚类方法进行聚类,聚类簇数为 K_2;

8.得到簇划分 $C=\{C_1,C_2,\cdots,C_{K_2}\}$。

5.3.4　层次聚类

　　层次聚类(hierarchical clustering)方法将数据进行逐层的聚类[3],高一层的簇数比低一层的簇数更少,每一层都是数据集的一个划分,聚类过程的结束产生数据集的一棵聚类树状结构。按照聚类树的生成方式可分为自底向上的聚合式层次聚类(agglomerative hierarchical clustering)和自顶向下的分裂式层次聚类(divisive hierarchical clustering)两种。

　　聚合式层次聚类方法初始时将每个数据都视为一个单独的簇,然后每次合并所有簇中最相似的两个簇形成一个新簇,直至所有的样本都合并进入一个簇或者满足终止条件时结束。

　　聚合式层次聚类算法中簇的合并需要用到簇之间的相似性,可以利用最小距离法、最大距离法、平均距离法等计算两个簇之间的距离,选择距离值最小的两个簇进行合并。相应的,在层次聚类中这些距离计算方法分别称为单链接法(single linkage)、全链接法(complete linkage)和平均链接法(average linkage)。聚合式层次聚类算法过程如算法 5.4 所示。

算法 5.4　聚合式层次聚类算法

输入:数据集 $D=\{\boldsymbol{x}_1,\boldsymbol{x}_2,\cdots,\boldsymbol{x}_N\}$,聚类簇数为 K;

输出:聚类划分 $C=\{C_1,C_2,\cdots,C_M\}$。

算法:

1. for $i=1,2,\cdots,N$

2. $C_i=\{\boldsymbol{x}_i\}$

3. for $i=1,2,\cdots,N$

4. 　for $j=1,2,\cdots,N$

5. 　计算两两簇之间的距离 $d(C_i,C_j)$

6. while size$(C)>K$

7. 　查找距离值最小的两个簇 C_{i^*} 和 C_{j^*}

8. 　for $k=1,2,\cdots,\text{size}(C_k)$

9. 　　if $k\neq i^*$ and $k=j^*$

10. 　　　更新簇间距离值 $d(C_k,C_{i^*}\cup C_{j^*})$

11. 　簇集合 C 中删除 C_{i^*} 和 C_{j^*}

12. 　簇集合 C 中添加 $C_{i^*}\cup C_{j^*}$

13. 　更新簇集合 C 中各簇标号,记录各簇包含样本标号

假设有一个数据集 $D=\{a,b,c,d,e\}$,各样本数据之间的距离如表 5.1 所列,利用聚合式层次聚类对其进行层次聚类,聚类过程中各步骤中间结果如图 5.3 所示。

表 5.1　样本数据及距离示例

样本点	a	b	c	d	e
a	0	0.4	2	2.5	3
b	0.4	0	1.6	2.1	1.9
c	2	1.6	0	0.6	0.8
d	2.5	2.1	0.6	0	1
e	3	1.9	0.8	1	0

聚合式层次聚类方法的终止条件可以根据实际情况设定,例如:设定一个最小距离阈值 D,如果最相近的两个簇的距离已经超过 D,则它们不需要再合并,聚类终止;限定簇的个数 k,当得到的簇的个数已经达到 k,则聚类终止。这种层次聚类算法比较简单,但一旦一组对象被合并,下一步的处理将在新生成的簇上进行。已进行完的处理不能撤销,聚类之间也不能交换对象。增加新的样本对结果的影响较大,需要重新进行层次聚类。假定在开始的时候有 n 个簇,在结束的时候有 1 个簇,则在主循环中有 n 次迭代,在第 i 次迭代中,必须在 $n-i+1$ 个簇中找到最靠近的两个聚类。另外算法必须计算所有对象两两之间的距离,因此这个算法的复杂度为 $O(n^2)$,该算法对于 n 很大的情况是不太适用的。

分裂式层次聚类采用自顶向下的方式进行,其过程与聚合式层次聚类过程相反,初始时所有的样本都被聚到一个类,然后逐次按照某个准则选择一个类进行分裂,直到所有的样本都自

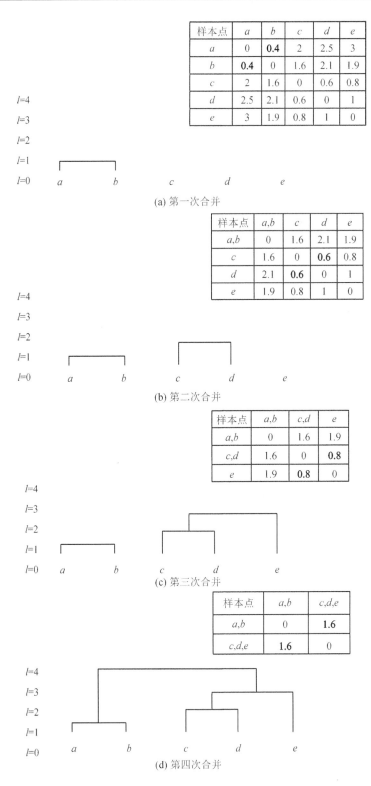

样本点	a	b	c	d	e
a	0	**0.4**	2	2.5	3
b	0.4	0	1.6	2.1	1.9
c	2	1.6	0	0.6	0.8
d	2.5	2.1	0.6	0	1
e	3	1.9	0.8	1	0

(a) 第一次合并

样本点	a,b	c	d	e
a,b	0	1.6	2.1	1.9
c	1.6	0	**0.6**	0.8
d	2.1	0.6	0	1
e	1.9	0.8	1	0

(b) 第二次合并

样本点	a,b	c,d	e
a,b	0	1.6	1.9
c,d	1.6	0	**0.8**
e	1.9	0.8	0

(c) 第三次合并

样本点	a,b	c,d,e
a,b	0	**1.6**
c,d,e	1.6	0

(d) 第四次合并

图 5.3 聚合式层次聚类过程

成一个类,或者分裂的过程达到设定的阈值为止。被分裂的簇可以选择直径 $d_{\max}(C_i)$ 或者平均相异度 $d_{avg}(p,C_i)$ 最大的簇:

$$d_{\max}(C_i) = \max_{p \in C_i, q \in C_i} |p - q| \tag{5.36}$$

$$d_{avg}(p,C_i) = \frac{1}{n_i} \sum_{q \in C_i} |p - q| \tag{5.37}$$

p 为簇 C_i 的中心,分裂式层次聚类算法的核心问题包括两个:每一步如何选择一个簇进行分裂,以及选择一个簇后如何进行分裂。在算法 5.5 中,每次都是根据簇的直径来选择待分裂的簇。选择一个待分裂的簇后,再选择该簇中与其他点平均相异度最大的一个点作为新簇 splinter group 的第一个对象,其他数据对象如果与新簇 splinter group 的平均距离更小,则被分配到新簇中,否则还是保留在旧簇中。

算法 5.5　分裂式层次聚类算法

输入:包含 N 个对象的数据集;
输出:满足终止条件的若干个簇。
算法:
1.将所有对象整个当成一个初始簇
2.Repeat
3.　在所有簇中挑出具有最大直径的簇 C
4.　找出 C 中与其他点平均相异度最大的一个点 p,并把 p 放入 splinter group,剩余的放在 old party 中
5.　Repeat
6.　　在 old party 里选择一个点 q,计算 q 到 splinter group 中的点的平均距离 D_1,计算 q 到 old party 中的点的平均距离 D_2,保存 $D_2 - D_1$ 的值
7.　　选择 $D_2 - D_1$ 取值最大的点 q',如果 $D_2 - D_1$ 为正,则把 q' 分配至 splinter group 中
8.　　Until 没有新的 old party 的点被分配给 splinter group
9.　splinter group 和 old party 为被选中的簇分裂成的两个簇,与其他簇一起组成新的簇集合
10.　End

同样地,用分裂式层次聚类算法对表 5.1 所列的数据进行聚类,初始时 5 个数据样本属于同一个簇,然后聚类过程如下:

① 选择直径最大的簇,即为初始的簇。然后,根据如下计算选择最大簇中平均相异度最大的点:

$$\begin{cases} d_{avg}(a,\text{Set}) = 1.58, & d_{avg}(b,\text{Set}) = 1.2 \\ d_{avg}(c,\text{Set}) = 1, & d_{avg}(d,\text{Set}) = 1.24 \\ d_{avg}(e,\text{Set}) = 1.34 \end{cases} \tag{5.38}$$

因此,平均相异度最大的点为 a,splinter group 包含 a,old party group 为 b,c,d,e。在 old party 里选择一个点 q,计算 q 到 splinter group 中的点的平均距离 D_1,计算 q 到 old party 中的点的平均距离 D_2,保存 $D_2 - D_1$ 的值,计算结果如下:

$$\begin{cases} D_1(b)=0.4, & D_2(b)=1.8, & D_2(b)-D_1(b)=1.4 \\ D_1(c)=2, & D_2(c)=1, & D_2(c)-D_1(c)=-1 \\ D_1(d)=2.5, & D_2(d)=1.2, & D_2(d)-D_1(d)=-1.3 \\ D_1(e)=3, & D_2(e)=1.2, & D_2(e)-D_1(e)=-1.8 \end{cases} \tag{5.39}$$

因此,b 被分配到 splinter group 中。然后,再从 old party 里选择一个点 q,计算 q 到 splinter group 中的点的平均距离 D_1,计算 q 到 old party 中的点的平均距离 D_2,保存 D_2-D_1 的值,计算结果如下:

$$\begin{cases} D_1(c)=1.8, & D_2(c)=0.7, & D_2(c)-D_1(c)=-1.1 \\ D_1(d)=2.3, & D_2(d)=0.8, & D_2(d)-D_1(d)=-1.5 \\ D_1(e)=2.5, & D_2(e)=0.9, & D_2(e)-D_1(e)=-1.6 \end{cases} \tag{5.40}$$

由于 D_2-D_1 均为负值,因此没有新的 old party 中的数据被分配给 splinter group,第一次分裂结束,如图 5.4 所示。

② 从 $\{a,b\}$ 和 $\{c,d,e\}$ 两个簇中选择直径最大的簇 $\{c,d,e\}$ 进行分裂,得到两个新簇 $\{c,d\}$ 和 $\{e\}$;

③ 从 $\{a,b\}$,$\{c,d\}$ 和 $\{e\}$ 三个簇中选择直径最大的簇 $\{c,d\}$ 进行分裂,得到两个新簇 $\{c\}$ 和 $\{d\}$;

④ 从 $\{a,b\}$,$\{c\}$,$\{d\}$ 和 $\{e\}$ 四个簇中选择直径最大的簇 $\{a,b\}$ 进行分裂,得到两个新簇 $\{a\}$ 和 $\{b\}$,所有簇都只包含一个数据样本,聚类结束,最终的聚类层次结果如图 5.5 所示。

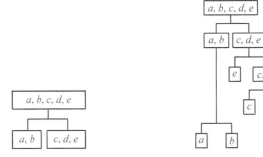

图 5.4　第一次分裂层次结构　　　　图 5.5　分裂式层次聚类结果

5.3.5　密度聚类

密度聚类方法的指导思想是,只要一个区域中的样本点的密度大于某个阈值,就把它加到与之相近的聚类中去。这类算法能克服基于距离的算法只能发现"类球形"的聚类的缺点,可发现任意形状的聚类,且对噪声数据不敏感。但计算密度单元的计算复杂度大,可以借助空间索引来降低计算量。同时,它对数据维数的伸缩性较差。此外,这类方法需要扫描整个数据库,每个数据对象都可能引起一次查询,因此当数据量大时会造成频繁的 I/O 操作。当前,基于密度的聚类代表算法有 DBSCAN[4](density-based spatial clustering of applications with noise)、OPTICS[5](ordering points to identify the clustering structure)等。

DBSCAN 是一个比较有代表性的基于密度的聚类算法。与划分和层次聚类方法不同,它将簇定义为密度相连的点的最大集合。它能够把具有足够高密度的区域划分为簇,并可在有

"噪声"的空间数据库中发现任意形状的聚类。DBSCAN 算法定义了几个重要的概念：

定义 5.1　对象的 ε-邻域：给定数据对象在半径 ε 内的区域。

定义 5.2　核心对象：如果一个数据对象的 ε-邻域至少包含最小数目 MinPts 个数据对象，则称该数据对象为核心对象。

例如，在图 5.6 中，$\varepsilon=1\ \text{cm}$，MinPts$=5$，则 q 是一个核心对象。

定义 5.3　直接密度可达：给定一个对象集合 D，如果 p 在 q 的 ε-邻域内，而 q 是一个核心对象，那么对象 p 从对象 q 出发就是直接密度可达的。

例如，在图 5.6 中，$\varepsilon=1\ \text{cm}$，MinPts$=5$，q 是一个核心对象，对象 p 从对象 q 出发是直接密度可达的。

定义 5.4　密度可达：如果存在一个对象链 $p_1, p_2, \cdots, p_n, p_1=q, p_n=p$，对 $p_i \in D (1 \leqslant i \leqslant n)$，$p_{i+1}$ 是从 p_i 关于 ε 和 MinPts 直接密度可达的，则对象 p 是从对象 q 关于 ε 和 MinPts 密度可达的。

例如，在图 5.7 中，$\varepsilon=1\ \text{cm}$，MinPts$=5$，q 是一个核心对象，若 p_1 是从 q 关于 ε 和 MitPts 直接密度可达的，p 是从 p_1 关于 ε 和 MitPts 直接密度可达的，则对象 p 是从对象 q 关于 ε 和 MinPts 密度可达的。

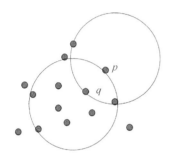
图 5.6　核心对象示意图

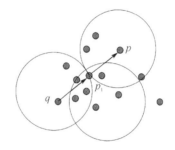
图 5.7　密度可达示意图

定义 5.5　密度相连：如果对象集合 D 中存在一个对象 o，使得对象 p 和 q 是从 o 关于 ε 和 MinPts 密度可达的，那么对象 p 和 q 是关于 ε 和 MinPts 密度相连的。

定义 5.6　噪声：一个基于密度的簇是基于密度可达性的最大的密度相连对象的集合。不包含在任何簇中的对象被认为是"噪声"。

例如图 5.8 中，$\varepsilon=1\ \text{cm}$，MinPts$=4$。数据样本 N 为噪声点。A 和其他灰色样本为核心样本，B 和 C 为非核心样本，且 B 和 C 都是从 A 密度可达的，即 B 和 C 是密度相连的。所以 B，C 和 A 等核心样本形成一个簇。

DBSCAN 通过检查数据集中每个对象的 ε-邻域来寻找聚类。如果一个点 p 的 ε-邻域包含多于 MinPts 个对象，则创建一个 p 作为核心对象的新簇。然后，DBSCAN 反复地寻找从这些核心对象直接密度可达的对象，这个过程可能涉及一些密度可达簇的合并。当没有新的点可以被添加到任何簇时，该过程结束。DBSCAN 聚类算法如算法 5.6 所示。

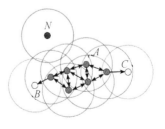
图 5.8　DBSCAN 算法示意图

算法 5.6 DBSCAN 聚类算法

输入:包含 n 个对象的数据集,半径 ε,最少数目 MinPts。

输出:所有生成的簇,达到密度要求。

1. Repeat
2.   判断输入点是否为核心对象;
3.   if 抽出的点是核心点
         找出所有从该点密度可达的对象
4.   Until 所有输入点都判断完毕
5. Repeat
6.   针对所有核心对象的 ε-邻域所有直接密度可达点,找到最大密度相连对象集合,中间涉及一些密度可达对象的合并
7.   Until 所有核心对象的 ε-邻域都被遍历

例如给定一个包含 12 个样本的数据集,每个数据由二维特征描述,特征取值情况如表 5.2 所列。根据所给的数据对其进行 DBSCAN 算法计算,以下为算法的步骤(设 $n=12$,用户输入 $\varepsilon=1$ cm,MinPts$=4$):

表 5.2 二维数据集示例

序 号	特征 1	特征 2
1	1	0
2	4	0
3	0	1
4	1	1
5	2	1
6	3	1
7	4	1
8	5	1
9	0	2
10	1	2
11	4	2
12	1	3

首先,根据表 5.2 可检测出核心对象及其可达对象,检测结果如表 5.3 所列。然后,根据密度可达关系形成簇,如表 5.4 所列。样本 4 可达样本 10,样本 10 可达样本(4,9,10,12),因此样本 4 的可达点和集合与样本 10 的可达点的集合是密度相连的,这两个可达点的集合可以合并为一个簇。最终的聚类结果{1,3,4,5,9,10,12}为一个簇,而{2,6,7,8,11}为一个簇。

表 5.3　核心点可达点检测结果

序　号	特征 1	特征 2	ε-邻域点的个数	是否为核心点	核心点可达点的集合
1	1	0	2	×	
2	4	0	2	×	
3	0	1	3	×	
4	1	1	5	√	1,3,4,5,10
5	2	1	3	×	
6	3	1	3	×	
7	4	1	5	√	2,6,7,8,11
8	5	1	2	×	
9	0	2	3	×	
10	1	2	4	√	4,9,10,12
11	4	2	2	×	
12	1	3	2	×	

表 5.4　密度可达形成的簇结果

序　号	特征 1	特征 2	ε-邻域点的个数	是否为核心点	核心点可达点的集合
4	1	1	5	√	1,3,4,5,10
7	4	1	5	√	2,6,7,8,11
10	1	2	4	√	4,9,10,12

在 DBSCAN 算法中,有两个初始参数 ε(邻域半径)和 minPts(E 邻域最小点数)需要用户手动设置输入,并且聚类的类簇结果对这两个参数的取值非常敏感,不同的取值将产生不同的聚类结果,较小的 ε 将建立更多的簇,而较大的 ε 将吞并较小的簇建立更大的簇,其实这也是大多数其他需要初始化参数聚类算法的弊端。为了克服 DBSCAN 算法这一缺点,OPTICS 算法(ordering points to identify the clustering structure)被提出来。OPTICS 并不显式产生聚类簇,而是生成一个增广的簇排序(比如,以可达距离为纵轴,样本点输出次序为横轴的坐标图),这个排序代表了各样本点基于密度的聚类结构,从此排序中可以得到基于任何参数 ε 和 minPts 的 DBSCAN 算法的聚类结果。

定义 5.7　核心距离:只有核心对象才能定义核心距离。对象 p 的核心距离是指使 p 成为核心对象的最小 ε。

例如,在图 5.9 中,$\varepsilon=2$ cm,MinPts$=5$,q 是一个核心对象,q 的核心距离不是 2 cm,而是 R。

定义 5.8　可达距离:对象 q 到对象 p 的可达距离是指 p 的核心距离和 p 与 q 之间欧几里得距离之间的较大值。如果 p 不是核心对象,则 p 和 q 之间的可达距离没有意义。

例如,在图 5.10 中,$\varepsilon=2$ cm,MinPts$=5$,q 是一个核心对象,则对象 s 到对象 q 的可达距离为多少? 对象 t 到对象 q 的可达距离又是多少?

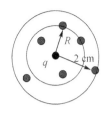
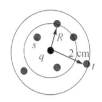

图 5.9　核心距离示意图　　　　　　　图 5.10　可达距离示意图

引用 OPTICS 算法 5.7 得到结果队列后,使用如下方法得到最终的聚类结果:

① 从结果队列中按顺序取出点,如果该点的可达距离不大于给定半径 ε,则该点属于当前类别,否则至步骤②。

② 如果该点的核心距离大于给定半径 ε,则该点为噪声,可以忽略,否则该点属于新的聚类,跳至步骤①。

③ 结果队列遍历结束,则算法结束。

算法 5.7　OPTICS 算法

输入:样本集 D,邻域半径 ε,给定点在 ε 邻域内成为核心对象的最小邻域点数 MinPts
输出:具有可达距离信息的样本点输出排序
1.创建一个有序队列(有序队列用来存储核心对象及该核心对象的直接可达对象,并按可达距离升序排列)和一个结果序列(结果序列用来存储样本点的输出次序)。
2.如果所有样本集 D 中所有点都处理完毕,则算法结束。否则,选择一个未处理(不在结果序列中)且为核心对象的样本点,找到其所有直接密度可达样本点,并把该核心对象放入结果序列。检查这些密度直接可达的点,如果该样本点不存在于结果序列中,则将其放入有序队列中,并按可达距离排序。
3.如果有序队列为空,则跳至步骤 2;否则,从有序队列中取出第一个样本点(可达距离最小的样本点)进行拓展,并将取出的样本点保存至结果序列中(如果它不在结果序列中)。然后进行以下处理:
①判断该拓展点是否是核心对象,如果不是,回到步骤 3,否则找到该拓展点所有的直接密度可达点;
②判断该直接密度可达样本点是否已经存在结果序列中,是则不处理,否则进行下一步;
③如果有序队列中已经存在该直接密度可达点,并且新的可达距离小于旧的可达距离,则用新可达距离取代旧可达距离,有序队列重新排序;
④如果有序队列中不存在该直接密度可达样本点,则插入该点,并对有序队列重新排序。
4.算法结束,输出结果队列中的有序样本点。

上面的算法处理完后,可以得到输出结果序列、每个节点的可达距离和核心距离。以可达距离为纵轴、样本点输出次序为横轴进行可视化,如图 5.11 所示。

例如,给定如表 5.5 所列的数据集示例,设 $n=12$,$\varepsilon=2$,MinPts$=4$,对其实施 OPTICS 算法,步骤如下:

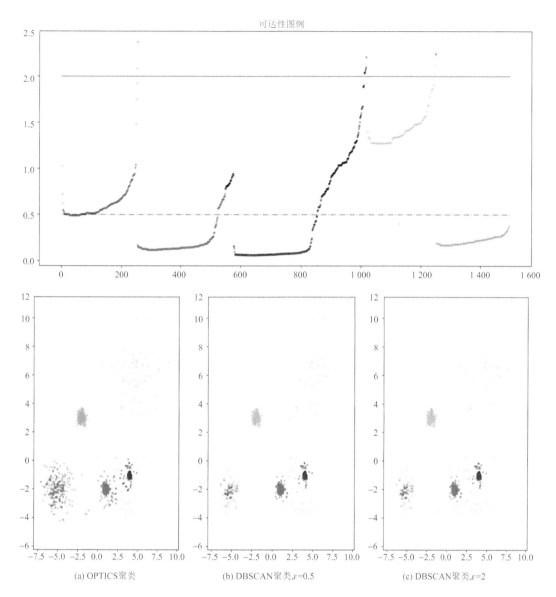

图 5.11　OPTICS 算法输出结果可视化

表 5.5　数据集示例

序　号	特征 1	特征 2
1	1	0
2	2	0
3	2	2
4	1	1
5	2	1
6	3	2

序　号	特征 1	特征 2
7	7	8
8	8	8
9	8	10
10	9	10
11	10	10
12	9	9

① 创建两个队列,有序队列为空集,结果序列为空集。

② 样本 1 是核心对象,核心距离为 2,因此把样本 1 作为选择的核心对象,把样本 1 放入结果序列,其直接密度可达的点包括样本{2,4,5}。

③ 检查这些密度直接可达的点,如果该样本点不存在于结果序列中,则将其放入有序队列中,并按可达距离排序;样本{2,4,5}的可达距离都是 2;排序后,有序队列为{2,4,5}。

④ 从有序队列中取出第一个样本点进行拓展,并将取出的样本点保存至结果序列中。

⑤ 有序队列为{2,4,5},结果序列为{1}。

⑥ 拓展样本 2,它是核心对象,把它放入结果序列,样本 2 的核心距离是 $\sqrt{2}$;计算它所有直接可达的点,包括对象{1,3,4,5},其中 1 在结果序列中,跳过;3 添加到有序队列;{4,5}更新它们的可达距离;{3,4,5}的可达距离分别是 2,$\sqrt{2}$,$\sqrt{2}$。

⑦ 按可达距离进行排序,有序队列为{4,5,3},结果序列为{1,2}。

⑧ 拓展样本 4。

⑨ 有序队列为{4,5,3},结果序列为{1,2}。

⑩ 拓展样本 4,它是核心对象,把它放入结果序列,样本 4 的核心距离是 $\sqrt{2}$;计算它所有直接可达的点,包括对象{1,2,3,5},其中 1,2 在结果序列中,跳过;5,3 在有序队列中,更新{5,3}的可达距离;{5,3}的可达距离分别是 $\sqrt{2}$,$\sqrt{2}$。

⑪ 按可达距离进行排序,有序队列为{5,3},结果序列为{1,2,4}。

⑫ 拓展样本 5。

⑬ 有序队列为{5,3},结果序列为{1,2,4}。

⑭ 拓展样本 5,它是核心对象,把它放入结果序列,样本 5 的核心距离是 1;计算它所有直接可达的点,包括对象{1,2,3,4,6},其中 1,2,4 在结果序列中,跳过;3 在有序队列中,更新{3}的可达距离;添加样本{6}到有序队列;{3,6}的可达距离分别是 1,$\sqrt{2}$。

⑮ 按可达距离进行排序,有序队列为{3,6},结果序列为{1,2,4,5}。

⑯ 拓展样本 3。

⑰ 有序队列为{3,6},结果序列为{1,2,4,5}。

⑱ 拓展样本 3,它是核心对象,把它放入结果序列,样本 4 的核心距离是 $\sqrt{2}$;计算它所有直接可达的点,包括对象{2,4,5,6},其中 2,4,5 在结果序列中,跳过;6 在有序队列中,更新{6}的可达距离。

⑲ 按可达距离进行排序,有序队列为{6},结果序列为{1,2,4,5,3}。

⑳ 拓展样本 6。

㉑ 有序队列为{6},结果序列为{1,2,4,5,3}。

㉒ 拓展样本 6,它不是核心对象,把它放入结果序列。

㉓ 有序队列为空集,结果序列为{1,2,4,5,3,6}。

5.4　聚类评估

对聚类算法性能的评估也叫聚类有效性分析。常用的聚类性能评估方法根据数据标注信息与否分为两种:基于外部标准(external criteria)的评估,即比较聚类结果与人工标注数据的一致性;基于内部标准(internal criteria)的评估,即比较聚类结果的分布与形态评估结果的优劣。

5.4.1　基于外部标准的评估

基于外部标准的评估方法是指人工标注了数据聚类标签的前提下,将聚类算法运行结果与人工标注信息进行对比,从而对聚类结果做出评估。

对于数据集 $D=\{d_1,d_2,\cdots,d_n\}$,假设人工标注聚类信息为 $P=\{P_1,P_2,\cdots,P_m\}$,其中 P_i 表示一个聚类族,即标注上哪些数据样本属于这一个簇。聚类算法运行结果是 $C=\{C_1,C_2,\cdots,C_k\}$,其中 C_i 表示聚类算法的一个聚类簇。对于 D 中任意两个不同的样本 d_i 和 d_j,根据它们隶属于 C 和 P 的情况,可以定义四种关系:

① SS:d_i 和 d_j 在 C 中属于相同簇,在 P 中也属于相同簇;

② SD:d_i 和 d_j 在 C 中属于相同簇,在 P 中属于不同的簇;

③ DS:d_i 和 d_j 在 C 中属于不同的簇,在 P 中属于相同簇;

④ DD:d_i 和 d_j 在 C 中属于不同的簇,在 P 中也属于不同的簇。

记 a,b,c,d 分别表示 SS,SD,DS,DD 四种关系的数目,可得出以下评价指标:

(1) Rand 系数(Rand index)

$$RS=\frac{a+d}{a+b+c+d} \tag{5.41}$$

(2) Jaccard 系数(Jaccard index)

$$JC=\frac{a}{a+b+c} \tag{5.42}$$

(3) FM 系数(Fowlkers and Mallows index)

$$FMI=\sqrt{\frac{a}{a+b}\cdot\frac{a}{a+c}} \tag{5.43}$$

这三个评价指标的取值范围均为[0,1],值越大表明 C 和 P 一致性的程度越高,聚类算法的结果 C 越好。这些指标主要考察聚类算法的宏观性能,在传统的聚类有效性分析中使用较多,但在文本聚类研究中并不多见。

为了对聚类结果进行更加微观的评估,可以针对人工聚类标注中的每一簇 P_i 和聚类算法结果中的每一簇 C_j 定义以下微观指标:

(1) 精确率(precision)

$$P(P_i,C_j)=\frac{|P_i\cap C_j|}{|C_j|} \tag{5.44}$$

（2）召回率（recall）

$$R(P_i, C_j) = \frac{|P_i \bigcap C_j|}{|P_i|} \tag{5.45}$$

（3）F_1 值

$$F_1(P_i, C_j) = \frac{2 \cdot P(P_i, C_j) \cdot R(P_i, C_j)}{P(P_i, C_j) + R(P_i, C_j)} \tag{5.46}$$

对于人工标注聚类标准中的每个簇 P_i 定义 $F_1(P_i) = \max_j \{F_1(P_i, C_j)\}$，然后可以导出反映聚类算法整体性能的宏观 F_1 值指标：

$$F_1 = \frac{\sum_i |P_i| \cdot F_1(P_i)}{\sum_i |P_i|} \tag{5.47}$$

公式（5.46）和式（5.47）能更加丰富地刻画算法各簇聚类结果与人工标注聚类标准之间的一致性程度，是一种较常使用的基于外部标准评估文本聚类算法性能的方法。

5.4.2　基于内部标准的评估

基于内部标准的聚类性能评估方法不需要外部人工标注信息，该方法主要考察聚类算法运行结果本身的分布结构。其主要思路是：簇间越分离（相似度越低）越好，簇内越凝聚（相似度越高）越好。

常用的内部评价指标有轮廓系数（silhouette coefficient）、I 指数、Davies - Bouldin 指数、Dunn 指数、Calinski - Harabasz 指数、Hubert 统计量和 Cophenetic 相关系数等，这些指标大多同时包含凝聚度（cohesion）和分离度（separation）两种因素。

轮廓系数（silhouette coeficient）最早由 Peter J. Roussceuw 于 1986 年提出，是一种常用的基于内部标准的聚类评估。对于数据集中的样本 d，假设 d 所在的簇为 C_m，计算 d 与 C_m 中其他样本的平均距离：

$$a(d) = \frac{\sum_{d' \in C_m, d' \neq d} \text{dist}(d, d')}{|C_m| - 1} \tag{5.48}$$

再计算 d 与其他簇中样本的最小平均距离：

$$b(d) = \min_{C_j : 1 \leqslant j \leqslant k, j \neq m} \left\{ \frac{\sum_{d' \in C_j} \text{dist}(d, d')}{|C_j|} \right\} \tag{5.49}$$

其中 $a(d)$ 反映的是 d 所属簇的凝聚度，值越小表示 d 与其所在的簇越凝聚；$b(d)$ 反映样本 d 与其他簇的分离度，值越大表示 d 与其他簇越分离。

在此基础上数据样本 d 的轮廓系数计算过程为

$$SC(d) = \frac{b(d) - a(d)}{\max\{a(d), b(d)\}} \tag{5.50}$$

对所有样本的轮廓系数求平均值，即为聚类算法整体轮廓系数：

$$SC = \frac{1}{N} \sum_{i=1}^{N} SC(d_i) \tag{5.51}$$

轮廓系数值域为 $[-1, 1]$，该值越大说明聚类算法性能越好。

5.5　本章小结

　　对于大部分文本聚类算法来说,文本表示及其相似度计算都会在一定程度上影响聚类结果的优劣。传统的文本聚类算法主要采用向量空间模型进行文本表示及相似度计算,这种表示方法往往存在高维、稀疏、相似度计算性能有限等问题。因此,在实际应用中,一般都会对文本表示进行维度约减,包括特征选择(如文档频率等),以及降维(如主成分分析、潜在语义分析和话题分析等)等。此外,一般聚类算法的复杂度都比较高,如何有效进行数据流聚类也是聚类算法需要解决的一个重要问题。

参考文献

[1] Guha S, Meyerson A, Mishra N, et al. Clustering data streams: theory and practice [J]. IEEE Transactions on Knowledge & Data Engineering, 2003, 15(3):515-528.

[2] Ng A Y, Jordan M I, Weiss Y. On Spectral Clustering: Analysis and an algorithm[C]. Proceedings of the 14th International Conference on Neural Information Processing Systems, 2001, 849-856.

[3] Zhao Y, Karypis G. Evaluation of hierarchical clustering algorithms for document datasets[C]. Proceedings of the 11th International Conference on Information and Knowledge Management, 2002, 515-524.

[4] Ester M, Kriegel H P, Sander J, et al. A density-based algorithm for discovering clusters in large spatial databases with noise [C]. Proceedings of the Second International Conference on Knowledge Discovery and Data Mining, 1996, 226-231.

[5] Ankerst M, Breunig M M, Kriegel H P, et al. OPTICS: ordering points to identify the clustering structure[C]. Proceedings of ACM SIGMOD International Conference on Management of Data, 1999, 49-60.

第6章　网络舆情分析

　　网络舆情分析是网络内容安全的重要研究内容和应用需求。网络舆情分析是指对互联网进行信息监测、舆情态势分析、舆论环境研究、网络危机处置等。有效的舆论造势可以鼓舞民心，激励斗志，产生强大的凝聚力。本章主要介绍网络舆情的基本概念、特点和主要分析方法。

6.1　网络舆情基本概念

　　舆情是指属于社会范畴中的个人和团体所构成的公众，对自己关心的各种社会公共事务在一定时间段内所持有的多种情绪意愿、意见和态度的总和。舆情往往借助于一些特定的社会事件，在其发生、发展和变化的过程中反映出社会民意倾向及对执政者政治取向的一种描述和反映，也反映了民众对自身利益需求的一种诉求和表达。网络舆情是指在互联网背景之下，众多网民关于社会（现实社会、虚拟社会）各种现象、问题所表达的信念、态度、意见和情绪表现的总和，或简言之为网络舆论和民情。通过互联网络来深入了解和分析舆情的产生、演化、发展及变化的规律，对于深入了解当下社会发展过程中存在的社会热点、问题与矛盾等均具有十分重要的作用，并且长期以来受到了学术界、工业界及政府机构的广泛关注。

　　传统的社会舆情主要存在于民间，即存在于大众的思想观念和日常街头巷尾的议论之中，大众的思想观念难以捕捉，那些口头议论稍纵即逝。因此，传统舆情的获取只能通过社会明察暗访、民意调查等方式进行，这种信息获取方式效率低、样本少、容易产生判断偏差且耗费巨大。随着互联网技术，尤其是社交网络技术与应用的发展，越来越多的民众通过互联网将个人意见和对事件的看法以信息发布的方式发表到不同的应用平台上，网络舆情通过多种媒介传播，如新闻评论、博客留言、论坛、QQ、微信、抖音等，在许多情况下能比传统舆情造成更广和更深的影响。

6.2　网络舆情的形成

　　网络舆情通过多种网络媒体进行传播，它的形成有两个关键要素，即信源和网民。信源主要是指现实生活中或网络中产生的一些能够引起舆情的事件，实际中并不是每个事件都会产生舆情，容易引起舆情的事件主要有以下几种：

　　① 针对社会不公平现象批评行政不作为的事件；
　　② 针对关乎多数公众利益的决议或政策进行热议的事件；
　　③ 由网络谣言引发的群体性事件；
　　④ 讨伐社会丑恶现象的舆情事件等。

　　社会问题、个人意见、重大事件、社会心理、意见领袖引导是当今网络舆情的五大因素。在一些事件发生后，众多网民如果感兴趣的话，会发表大量的意见，其中部分意见领袖会参与其中，造成事件的发酵和进一步传播，进而产生重大舆情事件。网络舆情具有"滚雪球"效应，它靠一批热心网友和著名人物的发帖、跟帖、转帖来造就。因此网民是舆情的传播者,没有网民舆情是无法传播和发展的。网民是社会群体中分化出来的新群体,他们与现实生活中的舆情主体发生交叉和重构。在舆情事件中,网民会持有多种情绪、态度和意见,其核心是社会政治态度。通常,网民是对民生、公民权利、公共治理最敏感、最敢言也最擅说话的人群。因此,"网络舆论"可作为现实民意的风向标和参照系。

由于网络媒体不同于传统报纸、电视等媒体,网络舆情信息载体表现形式多样,主要包含文本、图像、视频和音频等不同形式。舆情分析人员可以从网络舆情信息的这些载体形态来收集舆情信息。

（1）文　本

文本是互联网最常见的一种数据形式,因此,文本也是网络舆情最重要的载体之一。例如,各大门户网站的网页新闻、微博、微信、及时通信软件等都通过文字内容传播信息。

（2）图片和视频

相比文本,图片和视频更能将现场情景形象地再现在人们的眼前,更具有说服力和视觉冲击感。随着社交媒体和通信技术的发展,这些多媒体数据在舆情信息传播中的作用也越来越重要。然而,数字化图片处理技术的发展使得网民可以轻易地将各种不同的图片嫁接在一起,达到以假乱真的地步,使人真假莫辨。因此,对这些数据还需要使用一些真实性验证等技术,以获取可靠的舆情信息。

（3）网络行为

网络的虚拟性和匿名性使网民并无经济学意义上的成本约束,再加上网络伦理约束的缺乏,"网络暴民"和"匿名专制"的产生也顺理成章,网民的行为对舆情的传播和发展也具有重要作用。根据传播学的"沉默的螺旋"理论,当人们看到自己赞同的观点时会积极参与,而发现某一观点无人问津时,即使赞同也会保持沉默,这样就会使一方观点越来越鼓噪而另一方却越来越沉默,从而导致"假真理"和"假民意"盛行,因此,我们必须对那些"恶搞式回帖"、炒作、抹黑等不良行为保持足够警惕。

6.3　网络舆情的特点

随着互联网技术尤其是社交网络应用的飞速发展,网络媒体已被公认为是继报纸、广播、电视之后的"第四媒体"。网络成为反映社会舆情的主要载体之一。网络环境下舆情信息的主要来源有新闻评论、论坛、博客、微博、即时通信工具、手机移动 App 等。信息的传播方式由传统的用户被动接收信息到目前的人人都是信息制造者和传播者。这种开放的、自由的信息交互方式,决定了当前的网络舆情具有以下特点。

1. 直接性

网络舆情不像报纸、杂志和电视,要经过报选题、采访、编辑、审稿、发布或者播放等几个环节,而网民发帖,就没有中间环节,很直接,随意性很强,网络舆情发生以后,网民可以直接通过网站论坛、微信、QQ 空间、博客、社交媒体等载体立即发表意见,做到下情上达,民意表达渠道更加畅通,特别是微博、微信、QQ、抖音等工具的应用,互联网发展到自媒体时代,人人都是"发言人"。

2. 突发性

网络舆情事件无法预测,突然发生,网络舆论的形成往往非常迅速,事件的发生和发展往往出乎人的预料,一个热点事件的存在加上一种情绪化的意见,就可以成为点燃一片舆论的导火索。

3. 偏差性

互联网舆情是社情民意中最活跃、最尖锐的一部分,但网络舆情还不能等同于全民立场。随着互联网的普及,新闻跟帖、论坛、博客、社交媒体的出现,使得互联网网民有了空前的话语权,可以较为自由地表达自己的观点与感受。由于发言者身份隐蔽,并且缺少规则限制和有效监督,网络自然成为一些网民发泄情绪的空间。如果网民缺乏自律,就会导致某些不负责任的言论产生,例如热衷于揭人隐私、妖言惑众、反社会倾向、偏激和非理性、群体盲从与冲动等。某些人由于在现实生活中遇到挫折、对社会问题认识片面等,会利用网络来宣泄自己的情绪。因此在网络上更容易出现庸俗、灰色等言论。

4. 随意性和多元化

"网络社会"所具有的虚拟性、匿名性、无边界和即时交互等特性,使网络舆情在价值传递、利益诉求等方面呈现多元化、非主流的特点。加上传统"审核人"作用的削弱,各种文化类型、思想意识、价值观念、生活准则、道德规范都可以找到立足之地,有积极健康的舆论,也有庸俗和灰色的舆论,以致网络舆论内容五花八门、异常丰富。网民在网上或隐匿身份,或现身说法,纵谈国事,嬉怒笑骂,交流思想,关注民生,多元化的交流为民众提供了宣泄的空间,也为搜集真实舆情提供了素材、带来了挑战。

5. 隐蔽性

互联网是一个虚拟的世界,虽然很多网站需要注册,但是很多用户不愿意提供真实信息,因此,网络发言者身份隐蔽,并且缺少规则限制和有效监督,网络自然成为一些网民发泄情绪的空间。

6.4　网络舆情的发展

网络舆情监测数据显示,每个舆情热点议题平均存在时间为 16.8 天,大多数集中在两周以内,如果不节外生枝,存活时间不超过 15 天。如果当事人或单位回应不当引发新一波关注,可持续到 21 天左右。微信、微博、头条等社交媒体是网民首发热点问题的主要发源地,占总体的 73.5%,其次是知乎、地方论坛,达到 20.6%。通常情况下,网络舆情包含舆情发生、发酵、发展、高涨、回落等不同阶段:

① 发生期。舆情处于初期阶段,主要由个别网民在微博、短视频、论坛、微博、社交媒体等平台上进行传播和转发而暴露出来。短时间内,舆情事件不会引发公众的广泛关注。但由于网络特性,信息传播速度快,传播范围广,以及事件焦点未形成,导致舆情事件在此阶段具有较大的随机性。

② 发酵期。在此阶段,各大媒体积极参与传播,易出现信息源较多、事件发展多元化、舆论导向转变概率增加等情况。

③ 发展期。当舆情事件获得一定的关注后,网民对该事件已经形成了初步规模的看法、

态度和情绪。此时,针对舆情事件的倾向性话题就会出现,这些话题会带动更多的围观,进而导致事件的关注程度、传播范围和影响规模不断扩大。加之一些大型媒体和机构开始关注,势必将舆情的影响进一步扩大。

④ 高涨期。这个阶段也是舆情态势最为剧烈的阶段,舆情已经表现出体量大、负面情绪高涨或极端、危害性和冲击性都最大的特点。体量巨大,也就意味着网络上有关该舆情事件的信息海量,各类小道消息、谣言也充斥其中。在无法辨认真伪的情况下,网民极易被这些信息所吸引,网络舆论也极易被误导和转移风向。此外,随着事件的不断发展,新的线索也会被挖掘出来,公众的观察视角、立场也会随之变化,进而导致新的舆情产生。出现新的舆情的原因,还可能是舆情主体的处理方式不当激化公众情绪,也可能是新的事件细节曝光引发新的话题。而这些就使事件可能进入舆情波动期。

⑤ 回落期。随着时间推移、相关部门介入或舆情主体进行处理,网络对舆情事件的关注就逐渐减少,进而舆情进入了消散期或回落期。之所以成为回落期,是因为事后极有可能因为一些信息的出现使事件的热度再次提升,甚至再次出现舆情波动。因此,舆情事件的事后处理也非常重要。

6.5　网络舆情分析的主要技术

网络舆情分析是一个比较宽泛的研究任务,涉及的技术包括不同的领域和方向,从大数据技术、机器学习等到自然语言处理和复杂网络等,根据不同的应用目的,其所需的技术会有不同程度的差异。本节主要介绍常用的 5 类技术:网络数据采集、舆情事件检测、舆情评估、事件跟踪和分析处理。

6.5.1　网络舆情数据采集

网络舆情分析的对象是互联网中发布的数据,因此,网络数据采集是网络舆情分析的第一步,包含数据的爬取、数据的存储和清洗等相关技术。网络数据的采集主要通过网络爬虫来实现。当前,有许多开源的网络爬虫工具,用户可以根据自己的需求进行二次开发,常用的网络爬虫有 Heritrix、Nutch 和 Labin 等。网络爬虫的介绍请参见本书的第 2 章。还有许多的社交媒体网站提供了数据下载 API,例如微博、Twitter、Flickr 等。为了保护网站用户隐私数据等,通常这些 API 只支持部分字段和数据的下载。

要进行有效的网络舆情分析,舆情数据的规模需要足够大。因此,需要性能强大的数据库进行舆情数据的存储。然而,网络舆情的许多原始数据是非结构化的,例如文本、用户关系、图像、视频和声音等。仅靠结构化数据库还不足以有效地支持这些数据的存储和访问。可以利用一些文件系统存储这些数据,例如分布式文件存储数据库 MongoDB、图数据库 Neo4j 等。

通常网络爬虫爬取的数据中,大部分是没有舆情价值的。舆情分析不能直接在这些数据上进行,在分析之前需要进行数据的过滤和信息提取等处理。互联网数据中,大部分是关于日常生活、娱乐、广告等数据,这些数据对舆情事件分析没有什么价值。数据过滤就是从爬取的原始数据中筛选出具有舆情价值的数据。可以借助基于规则、文本分类等方法进行数据的过滤。此外,爬取的原始网页中还包括大量的 HTML 标识符、URL 链接、广告等信息,需要从网页中抽取出正文信息、图片、视频等数据。这里需要对网页的结构进行分析,而不同网站其网页设计模板不一样,因此,信息提取也是一项非常复杂的工作。

6.5.2　舆情事件检测

　　网络中的许多信息都是无关舆情的。事件检测就是要发现网络中传播的信息中发生的热点事件,这些事件可能对应的是现实生活中的事件,也可能仅是网络中讨论的事件。事件检测技术主要包括第 7 章中介绍的话题检测与跟踪(TDT)的相关技术,其中包括在线事件检测和离线事件检测方法(或话题回溯检测)。

　　在线事件检测就是实时地发现网上出现的新事件,主要利用了 single-pass 聚类算法。该算法利用向量空间模型表示一条报道(文本数据),按顺序处理输入的文本报道,即计算新报道与所有已知话题之间的相似度。报道与话题的相似度为报道与话题中心向量或平均向量之间的相似度,如果相似度值高于预设的合并-分裂阈值,就将报道归为最相似的那个话题,否则就建立一个表示新话题的类簇。这样反复执行,直到所有的数据都处理完,整个过程只读取数据一遍。相比传统的聚类算法,single-pass 聚类算法的复杂度为 $O(n)$,n 为数据样本数量,其在动态聚类和速度上表现较好,非常适合在线事件检测。但是该算法在时效性和精度方面存在不足,还有许多可改进之处。例如考虑到事件的生命周期信息,一篇新报道属于很久以前发生的一个事件的概率很低,在判断文本数据是否属于一个旧事件的时候可以加上时间跨度的因素。

　　离线的话题回溯检测的主要任务是从过去所有已经产生的报道中检测出未被识别出的话题。在 TDT 早期的研究当中,话题回溯检测主要采用一种基于平均分组的层次聚类算法。该方法采用了分而治之的策略,将新闻报道流按时间顺序平均切分成若干集合,在每个集合中进行自底向上的层次聚类,再将相邻的类簇聚合成新的类簇,反复迭代这一过程直到满足给定的条件为止,最终的输出为具有层次关系的话题类簇。该算法的复杂度为 $O(mn)$,其中 n 为文档集合中的文档数量,m 为子集的大小。

　　这些事件检测算法都是以文档为主要处理对象,采用向量空间模型进行文档表示,核心任务是计算文档间的相似度。重点是检测新报道属于已有话题中的哪一个,或者是否讨论新话题,但不能判断话题是否具有突发性。而在社交媒体数据流中,文档内容简短,向量空间模型难以产生有效的表示。其次,话题的发生和传播速度非常快,需要分析话题的突发性和突发期。因此,当前的事件检测主要研究基于突发特征词的检测方法。

6.5.3　网络舆情评估

　　网络舆情的评估是网络舆情分析的一个重要任务,舆情的评估需要从多个方面多个层次进行综合评估。我国网络舆情安全指标体系的评估主要采用多级模糊综合评判模型。建立模型的程序通常包含 5 步:① 确定对象集和因素集;② 确定评估等级;③ 确定权重集;④ 对每个因素做出单因素评判;⑤ 模糊综合评估。

1. 确定评估对象集

　　对象集的确定需要分析影响舆情事件发展和传播的主要因素,这些因素通常包括传播扩散、民众关注、内容敏感性、民众情感倾向等方面,每一类因素都包括相应的因素子集。表 6.1 展示了舆情评估因素的一个示例,实际中可以根据分析目标和要求设计相应的因素集。

表 6.1　舆情评估因素示例

因素类别	因素名称	因素子集
传播扩散	事件传播量	传播数量值、传播量变化值等
	网络地理区域分布	事件网络地理区域扩散程度值等
民众关注	新闻通道舆情事件关注度	累计发布新闻数量、发布新闻数量变化率、累计浏览数量、浏览量变化率、累计评论数量、评论量变化率、累计转载数量、转载量变化率等
	论坛通道舆情事件关注度	累计发布帖子数量、发帖量变化率、累计点击数量、点击量变化率、累计跟帖数量、跟帖量变化率、累计转载数量、转载量变化率等
	博客/微博客/社交类网站舆情事件关注度	累计发贴数量、发贴数量变化率、累计阅读数量、阅读量变化率、累计评论数量、评论量变化率、累计转载数量、转载量变化率、传播路径长度等
	其他通道舆情事件关注度	其他通道舆情事件关注度值
内容敏感性	内容敏感性	舆情事件关键词、舆情事件类别等
态度倾向	民众情感倾向性	正面情绪占比、正面情绪比率变化值、负面情绪占比、负面情绪比率变化值等

2. 确定舆情评估等级

第二步就是确定舆情的评估等级,即对舆情的整体安全态势做出量化评分。我国网络舆情的安全预警级别为五级,即绿、蓝、黄、橙、红。这五个级别对应的舆情危险等级为安全、较安全、临界、较危险和危险。对于"临界""较危险"和"危险"这 3 个舆情危险等级应尤为警惕,应针对不同的舆情等级采取对应的措施,可采取的预警应对措施涵盖以下 4 个方面:

① 舆情疏导:如官方通告、网站专题、专家访谈、权威媒体评论等;

② 新闻发布:如发言人专访、专题新闻发布、召开新闻发布会等;

③ 媒体联动:如中央重点新闻网站、地方重点新闻网站、国内主要商业门户网站、国内有重要影响力的论坛以及社交网络媒体之间的媒体联动;

④ 处置手段:如追查信源、谣言追溯、水军处置、查封网站、屏蔽频道、追究法律责任等。

3. 确定评估指标权重集

第三步为评估指标权重集的确定。权重是以数值形式体现被评价事物总体中诸因素相对重要程度的量值,反映了各因素在评估中对最终评估目标所起作用的大小程度,体现了单项指标在整个评估指标体系中的重要性。确定权重的方法很多,其中有一种常用的层次分析法[1],它是系统工程中对非定量事件做定量分析处理的一种简便方法,可通过以下步骤进行权值确定:

① 建立层次结构模型:用层次分析法处理问题时,首先要把问题层次化。根据问题的性质和要求达到的总目标,将问题分解为不同的组成因素,并根据因素间的相互关联影响以及隶属关系将各因素按不同层次聚集组合,形成一个多层次的分析结构模型。最终,把总的分析转换为相对权值确定或排序的问题,即最底层因素相对于最高层因素的相对重要性权值或相对优劣次序的排序问题。

② 各层次中两两因素的对比分析:为了能反映每一层各因素的相对权重,由评判者(一

人或多人采取背靠背的方式)将各个因素予以两两对比,建立判断矩阵 A,矩阵中的每个元素值是相应的两个因素相对于评判对象重要性的比例标度,其取值常用 1～9 的比例标度来表示。

③ 计算被比较元素的相对权重:得到某一标准层的两两因子比较矩阵 A 后,需要对该准则下的各个因子的相对权重进行计算,并进行一致性检验。常用的计算方法有幂法、和法及根法。其中,幂法较精确,后两种方法较近似。在精度要求不高,且要求计算简便时,应采用根法,具体步骤为:a. 将矩阵中的元素按行相乘;b. 对得到的乘积分别开 n 次方(n 为矩阵 A 的阶);c. 将方根向量归一化得排序权向量 W;d. 进行一致性判断,具体过程如下:

首先计算矩阵的最大特征根 $\lambda_{\max}$,再计算一致性指标 CI:

$$CI = \frac{\lambda_{\max} - n}{n - 1} \tag{6.1}$$

其中,n 为矩阵 A 的阶。然后计算一致性比例 CR:

$$CR = \frac{CI}{RI} \tag{6.2}$$

该方法给出了 RI 的值[1],如表 6.2 所列。

表 6.2   RI 取值表

n	1	2	3	4	5	6	7	8	9
RI	0	0	0.58	0.90	1.12	1.24	1.32	1.41	1.45

当 CR<0.10 时,该判断矩阵的一致性被认为是可接受的,否则应对判断矩阵进行适当修正。若判断能通过一致性检验,则步骤 c 得到的排序权向量即为各指标的权重;若不能通过,则需要重新设置判断矩阵进行计算,直至通过为止。

基于层次分析法,我国网络舆情安全模型中各评估指标的权重如表 6.3 所列,该表对社交媒体网站和移动 App 的因素指标刻画不多,例如舆情事件传播路径、参与人物影响力、民众情感倾向性分布、民众年龄段分布、学历分布、职业分布等。在实际的舆情事件评估中,可以根据具体的任务要求和领域特点设计相应的评估指标和权值。

4. 确定评估指标隶属度

在集合理论中,对于任何一个元素来说,其隶属关系只有两种,即属于某集合或者不属于某集合。然而,在模糊集合理论中,由于存在模糊性,论域中的元素对于一个模糊子集的关系就不再是"属于"和"不属于"的关系,而是变为对该模糊集的隶属程度的大小即隶属度,取值在 0 与 1 之间。在进行模糊评估的时候,如何建立各个因素对应各个评估等级的隶属程度的大小,是整个评估的关键问题。由于模糊数学本来就是解决难以用完全定量的方法来解决的问题,而且确定隶属函数的方法尚不完全成熟,还不能达到像概率分布的确定那样的成熟阶段,所以,隶属函数的确定不可避免地受到不同程度的人为主观性的影响,但是无论其受到主观性的影响如何,都是对客观现实的一种逼近。评判隶属函数是否符合实际,主要看它是否正确地反映了元素隶属集合到不属于集合这一变化过程的整体特性,而不在于单个元素的隶属度数值如何确定。

表 6.3　RI 取值表

评估对象	一级指标	权重	二级指标	权重	三级指标	权重
网络舆情安全	传播扩散	0.08	流量变化	0.5	流通量变化值	1
			网络地理区域分布	0.5	网络地理区域分布扩散程度	1
	民众关注	0.245	论坛通道舆情信息活性	0.453	累计发布帖子数量	0.229
					发帖量变化率	0.229
					累计点击数量	0.042
					点击量变化率	0.042
					累计跟帖数量	0.078
					跟帖量变化率	0.078
					累计转载数量	0.151
					转载量变化率	0.151
			新闻通道舆情信息活性	0.185	累计发布新闻数量	0.229
					发布新闻数量变化率	0.229
					累计浏览数量	0.042
					浏览量变化率	0.042
					累计评论数量	0.078
					评论量变化率	0.078
					累计转载数量	0.151
					转载量变化率	0.151
			博客/微博客/社交类网站舆情信息活性	0.290	累计发布文章数量	0.158
					发布文章数量变化率	0.158
					累计阅读数量	0.078
					阅读量变化率	0.078
					累计评论数量	0.054
					评论量变化率	0.054
					累计转载数量	0.098
					转载量变化率	0.098
					交际广泛度	0.224
			其他通道舆情信息活性	0.072	其他通道舆情信息活性值	1
	内容敏感	0.483	舆情信息内容敏感性	1	舆情信息内容敏感程度	1
	态度倾向	0.192	民众态度情感倾向性	1	舆情信息态度倾向程度	1

对于我国网络舆情安全评估模型来说,在确定了评估因素集、评估集和各评估指标的权重集之后,就要对每个因素进行单因素评判,得到单因素评估向量,从而建立模糊隶属度矩阵,以

确定评估指标的隶属度。在本模型中,30个三级评估指标可归结为两类指标:一类是较容易用数值来刻画的指标,如流通量变化值、累计发布帖子/新闻/博文数量、累计点击浏览/阅读数量及变化率、累计回帖/评论数量及变化率、累计转载数量及变化率等。而另外一类是模糊性指标,即无法用数值来表示的指标,除上述指标之外,其余的评估指标都属于模糊性指标。

对于第一类可用数值来表示的指标,可利用模糊控制中常用的隶属函数的确定方法,根据经验预先建立模糊综合评估隶属度子集表,从而使得所建立的评估模型能够适应任何时候、任何评估人员的需要,具有较强的客观性、实时性和可操作性。例如,对于每一评估指标,首先由不同的语言变量对其优劣程度进行模糊化评判,即可借鉴模糊控制原理,把输入模糊化,把输入量视为语言变量,语言变量的档次因指标而异,语言变量的隶属度函数可以是连续形式的函数,也可以是离散的量化等级函数。因此,可以以各档次语言变量为矩阵的列,以5个评估等级——安全、较安全、临界、较危险、危险为矩阵的行,直接根据专家的经验和概率分布的原理构造得出隶属度模糊子集表。

对于第二类不能或难以用数值表征的指标,由于它们具有一定的模糊性,各指标语言变量的档次较难区分,如针对"舆情信息内容敏感程度"这一指标来说,不同的评估者对舆情信息内容敏感程度的看法不尽相同:"非常敏感""比较敏感""一般敏感""无所谓""不敏感"的划分界限就具有了一定的模糊性。那么,对于这一类指标,可以像第一类指标那样在预先构造隶属度子集的基础上,进一步采用模糊优化技术得到较为接近真实情况的隶属度。

6.6　网络谣言

互联网平台尤其是社交媒体平台的开放性和便捷性为人们提供了自由表达的空间,但这也间接为虚假信息的传播提供了理想场所,虚假信息的广泛传播会给社会生活和经济发展等方面带来极大的威胁。网络谣言是网络舆论的一种畸变形态,与传统谣言既有相关性又不完全相同。广义的谣言是指"社会中出现并流传的未经官方公开证实或者已经被官方证伪了的信息",涵盖了传闻、流言及小道消息等多个概念,在事后有时也会被证明是与事实相符的。狭义的谣言是指没有事实根据的或凭空虚构的虚假信息。网络谣言作为谣言的一种新型传播形式,在当前网络谣言治理的环境中,可在狭义的谣言定义基础上,将网络谣言定义为"在互联网中传播的、没有事实根据或凭空捏造的虚假信息"。与传统谣言相比,网络谣言的传播速度更快、周期更短、波及范围更广、表现形式更多样、隐蔽性更强,相应地其带来的社会风险及危害也更大,治理难度也有所上升。

任由谣言传播很容易误导公众的思想和情绪,导致公众对某个事件的看法产生偏差,从而影响公众的判断和决策;还有一些恶意的谣言散布者甚至会利用谣言制造社会矛盾和对立,破坏社会的和谐。例如,在新冠疫情的"双黄连事件"中,谣言的广泛传播促使大量市民排队抢购双黄连,增加了疫情扩散的风险。再如"粮食短缺,赶紧囤粮""新冠抗体可使人免受'二次感染'"等谣言信息广为散布,这无疑会误导群众,一定程度上影响社会秩序。因此,如何准确、快速地自动识别谣言是亟须解决的问题。

6.6.1　网络谣言的类型及成因

网络上的谣言类型多种多样,其传播的目的、特点和手段也是不尽相同的。按照传播谣言

的行业领域,网络谣言可以分为以下几类:

1. 政治谣言

政治谣言是指个人或集团出于政治目的在没有事实依据或信息失真的情况下恶意编造、歪曲事实,并在互联网中大量散播,以此来诬陷、诽谤、攻击政治人物或政治体制的谣言。此类谣言多为政治集团利益斗争的产物,常常具备以下特征:

① 其攻击对象往往具备重要的地位;

② 此类谣言习惯运用"内幕""黑幕""揭露""震惊"等字眼来博人眼球,具备一定的蛊惑性和煽动性;

③ 此类谣言易与民族矛盾、宗教冲突、社会焦虑情绪等叠加,进而引发群体愤怒,严重危害政治安全和社会稳定。

2. 经济谣言

经济谣言是指针对经济政策或者经济实体的不实信息,造谣者试图以此干扰经济秩序或企业经营,并达到为己方牟利的目的。随着市场经济的快速发展,此类谣言常见于企业恶意竞争中,网络的可匿名特征为此类谣言的传播提供了可乘之机。

3. 军事谣言

军事谣言是指针对军事活动的谣言,造谣者通常带有一定的政治目的。在媒体对军事的宣传报道中,因为各种各样的原因,出现了一些错误和偏差。这些错误和偏差,随着时间的流逝,就逐渐变成了各种军事谣言。这些军事谣言乍一看起来还挺真实,但其实却是错误的,给不少读者造成了误导。还有一些军事谣言是某些组织或个人为了达到某一目的而特意制造的。

4. 社会民生谣言

社会民生谣言是指与社会民生息息相关的谣言,在公共安全领域较为多发。此类谣言较于其他类型谣言,具备爆发频率更高、欺骗性更强、更易反复、更难治理等特征,是日常生活中最常见的谣言类型。例如"反季蔬菜没营养还不安全""发生地震马上往户外逃""生猪 140 天饲养周期内用 34 种抗生素"等。

5. 自然现象谣言

自然现象谣言是指与自然界或自然规律有关的谣言,如"15 亿光年外的神秘信号来自外星人"这一信息就是典型的自然现象谣言。由于自古以来,自然灾害经常给人类社会造成重大损失,因此与自然灾害相关的谣言更容易让普通民众相信。自然灾害谣言往往带有封建迷信色彩或伴有离奇传说,比如"天泛红光""云象异常"等。这种带有"神秘感"的猜测,抓住了网友们的好奇心。这种小道消息通过社交媒体在相对亲密的关系中传播,并迅速扩散,满足民众好奇心。

网络谣言的成因十分复杂,与外部环境、媒体行业规范、公民素养等因素密不可分,其造成的危害也不一而足。谣言产生的主要因素包括以下几点:

① 外部环境:国际局势错综复杂,政治谣言作为各方博弈的"攻心利器",在舆论场上屡见不鲜。政治谣言经互联网快速传播扩散,不明真相的群众一旦受到煽动和蛊惑会使舆情激化,相关风险将更易蔓延到线下,诱发更大的危机。自媒体的兴盛,使民众在政治表达上获得了前

所未有的便利；然而，这也为政治谣言的传播提供了便利。

② 社会治理中也不可避免地出现了某些诸如"落实依法行政不力"等公共管理失范现象，群体焦虑情绪易被放大。在一些重大舆情事件中，涉事主体因舆情素养不足，在应对舆情时未能做到信息公开、直面质疑、主动回应，也可能导致谣言滋生。

③ 商业竞争激烈，部分谣言制造者和传播者为了攫取更多的经济利益，不惜触犯法律利用谣言进行恶意竞争，扰乱社会及市场秩序，甚至可能引发社会恐慌。

④ 媒体行业规范发生变化。在人人皆有"话筒"的全媒体时代，信息发布主体门槛进一步降低。部分媒体为在市场竞争中取得优势，未能严守新闻职业操守及行业规范，导致报道失实，更有甚者受到利益驱使刻意捏造新闻，为自己牟利。部分新闻记者业务能力素养不足，致使新闻失实、谣言滋生。

⑤ 传播学者克罗斯曾在著名谣言传播公式"$R=I\times A$"的基础上，将其发展为"$R=I\times A/C$"，即谣言的强度＝事件的重要性×事件信息的模糊性÷公众批判能力。公民素养也是决定网络谣言产生及发酵程度的重要原因之一，即涉事主体信息公开程度越高，公民素养越高（识别信息真实性的能力越强），谣言产生的可能性就越小，谣言强度越弱。

6.6.2　网络谣言的特征

虽然网络谣言表现形式复杂多样，难以辨别，但是还是可以通过分析谣言的内容特点、产生机理和传播形式等方面，对谣言的辨别提供一些支持。

1. 从发布主体层面进行分析

通常，信息被"转手"（例如转载、转发等）的次数越多，越容易失真，而一手信源往往更有助于辨析真伪。一手信源通常涵盖某一事件中的当事人或目击者，例如，某信息、文章、图片、视频的最早发布者及原始作者，以及各机构中的官方网站、账号或者新闻发言人。找到一手信源后，可以进一步分析以下几个方面：

① 一个事件中，当事人是否具备独立思考能力，是否与事件利益相关？

② 一条信息的原始发布者是否具备一定的专业性，其过往的信息发布立场是相对中立还是长期对某对象持固有态度？

如果事件当事人是无法独立思考的障碍人士，或者是利益相关方，或者其专业程度比较低，再或者长期抹黑某一客体，那么当事人所阐述的信息可信度将大打折扣。在实际舆情工作中，我们接触到的信源多为二手信源，那么什么样的二手信源更可信？

通常来讲，中央媒体由国务院、中宣部等部门直管，其权威性、公信力要远高于其他类型媒体；其次是具有采编报道资质、采编人员经过专业培训的市场化媒体；最后是支持用户生产内容的各类自媒体。总体来说，中央媒体可信度＞市场化媒体可信度＞自媒体可信度。

2. 从信息内容层面进行分析

通常，网络谣言的信息内容在表达准确度、清晰度、逻辑性等方面存在一些欠缺，可以从下几个方面对网络信息内容进行分析来辅助网络谣言的辨别。

（1）发生时间、发生地点、人物是否清晰具体且具备可回溯性

部分媒体在报道时常使用"据悉""据了解""记者从有关部门了解到""有关人士表示"等匿名信源，此方式虽在一定程度上有助于保护、尊重新闻线人，但也给捏造虚假信源的不法分子

提供了可乘之机。还有部分媒体在报道时使用"日前""近日""某地"等模糊信息,也会对信息真实性造成干扰,对于此类消息,公众还需多加警惕,并结合文章中其他信息来仔细甄别真伪。此外,如果文章中包含的发生时间、发生地点、人物等信息清晰、具体且可回溯,则可通过多方核查来证实相关信息的真实性。

（2）信源是否多元、均衡

在新闻报道工作中,记者要遵循的一个重要原则是"平衡原则",即为确保报道的客观真实性,要求新闻记者要尽可能保障当事各方均享有同样的话语权,以免报道出现偏颇或者失实。由此可倒推,一篇文章中,如果信源比较单一,那么涉及利益冲突或者出现认知偏差的可能性较大,信息失衡、失真的概率将大幅增加。

（3）核查物证

在辨别信息真伪时,除了核查信源,还可通过对文章中出现的图片、视频、语音等信息进行反查来达到辨别信息真实性的目的。例如,可以通过谷歌、百度等搜索引擎实现对图片的反向搜索,或通过 EXIF 查看器查看有无图片的处理痕迹信息,也可将照片、视频中的地标（建筑物上字符、街道名、车牌号）与谷歌、百度街景进行对比,检查照片及视频中的行人衣着和口音、季节、当地习俗、方言等信息是否矛盾。

（4）内容是否具备逻辑性、有无前后矛盾

一条信息如果明显违反认知逻辑或与常识存在矛盾之处,则是谣言的可能性较大。2018年 8 月,"×××市场制售卫生纸馒头"的视频在网络上疯狂传播,视频显示,馒头经溶解搅拌后产生疑似卫生纸的残留物。然而稍有常识的人都会知道,卫生纸和馒头的口感相差非常大,用掺了卫生纸的面粉做馒头,从技术层面上来讲几乎没有可行性。除此之外,馒头的成本相对低廉,而市售纸浆价格、制假所必需的化学制剂等物品的价格远高于馒头本身的成本,这就明显不符合市场逻辑和生活常识,因此也可以由此辨别出其"谣言"的本质。

6.6.3　网络谣言的检测

由于互联网中数据量规模的巨大,仅靠人工很难快速地检测出其中的谣言,因此,利用现代信息处理技术自动检测网络谣言是一项非常重要的工作。在 6.6.2 节,已经分析了网络谣言的一些特征,可以基于这些特征,利用机器学习、自然语言处理等技术进行检测。从某种程度来说,谣言检测可以当作一个分类问题,即对给定的信息输入,用训练好的分类器预测其是否为谣言。当前,已经有许多的谣言检测方法被提出来,按照检测方法的不同可以分为基于统计机器学习的方法和基于深度学习的方法,按照所使用的特征不同,可以分为基于文本内容的方法、基于用户信息的方法和基于传播结构的方法。

1. 基于文本内容的谣言检测方法

在信息内容层面,网络谣言会表现出一些固有的特征,这些特征有许多是文本内容方面的。基于文本内容的谣言检测方法主要是研究如何挖掘谣言的文本内容特征,基于这些特征设计有效的分类器进行谣言检测。例如,Sun 等[2]提取了描述事件的动词数、包含事件动词的消息比例、是否包含强消极词以及包含强消极词的消息比例 4 种新的文本特征,并利用决策树分类算法进行谣言检测。Chua 等[3]研究了语言在谣言检测中的作用,使用统计工具对文本内容的可理解性、情绪、时间、细节、写作风格、主题六大类特征进行量化,并利用逻辑回归算法进行谣言分类。这类方法均需要进行手工特征提取,其性能严重依赖于特征选取的质量,对人的经验要求很高。

随着深度学习方法的发展,深度神经网络可以更好地挖掘特征,降低了对人工特征选取的依赖。因此,基于深度学习的检测方法得到了越来越多的关注。例如,有一种方法使用预训练模型 BERT(bidirectional encoder representations from transformer,BERT)向量化微博原文[4],再把得到的语义特征输入到循环卷积神经网络中实现谣言检测。文本卷积神经网络(TextCNN)与注意力机制也被结合起来进行谣言检测[5],该方法通过注意力机制对 TextC-NN 学习到的文本表示进行加权输出,提取更为显著的微博文本特征。

2. 基于用户信息的谣言检测方法

基于用户信息的谣言检测方法主要通过考虑参与消息传播的用户特征来辅助谣言的识别。社交媒体平台的用户主页通常提供了用户信息,包括个人简介、地理位置、粉丝数、关注数等,这些信息可以当作文本内容的补充。例如,Liang 等[6]在原有文本特征的基础上新增了 5 种基于用户行为的新特征,即发布者平均每天的粉丝数量、发布者平均每天的发布数量、可能的微博来源、评论中持怀疑态度的帖子比例以及试图纠错的帖子数量,然后再利用机器学习分类算法进行谣言检测。Li 等[7]分析了谣言的各种语义,强调了用户在谣言传播中的作用,挖掘了谣言与非谣言在吸引受众、由谁传播、哪类用户与之互动以及如何随时间演变等方面的差异。通过加入更多的特征,这些方法能够在一定程度上提高谣言检测的性能。

3. 基于传播结构的谣言检测方法

基于传播结构的谣言检测方法重点关注的是谣言事件与非谣言事件传播特征之间的差异,根据传播结构的建模类型可分为基于传播序列的方法、基于传播树的方法以及基于传播图的方法。

基于传播序列的方法是将消息的传播结构按照时间顺序建模为一个传播序列,挖掘消息传播过程中的时序特征,进而识别谣言。例如,Ma 等[8]基于消息传播过程的时序特性,利用循环神经网络来捕获事件中转发(或评论)帖子在语义上的变化,这也是第一次引入深度学习模型进行谣言检测的研究。

基于传播树的方法是根据转发或评论关系将消息的传播结构建模为一棵传播树来检测谣言。例如,Ma 等[9]将信息的传播结构分别建模为自顶向下的消息传播树和自底向上的消息传播树,并提出了一种树形结构的递归神经网络(RvNN)来捕捉源帖的语义信息和传播结构信息,进而实现谣言检测。

基于传播图的方法主要是将消息的传播结构建模为传播图进行谣言检测,包括同质图和异质图。例如,有一种方法基于消息传播树中蕴含的层间依赖关系与层内依赖关系,利用多关系图卷积网络共同建模两种关系,以捕获更多的传播结构特征[10]。这种方法只关注到消息的局部传播,即认为每个事件都是独立的,没有考虑到事件与事件之间的关联,忽略了全局结构信息。另一种方法则考虑到事件的全局结构特征[11],构建了一个联合全局与局部关系的异构网络来捕获消息传播的局部语义关系和全局结构信息,取得了良好的效果。

6.7　网络水军

传统的网络"水军"以获取收益为主要诉求,受雇于公关公司或者营销公司,在短时间内通过大量发帖、转帖、回帖等方式满足雇佣者建构舆论、制造荣誉或恶意抹黑的特定需求,是互联网这个时代的背景与商业需求结合的产物,也是网络营销的常用手段之一。对于水军这个群体组织来说,他们组织结构较为松散,按需而来,事尽而散。该特性也给网络"水军"的治理带来了一定难度。

随着人工智能、自然语言处理等信息处理机技术的发展,机器人"水军"也应运而生,"僵尸粉"就是其中最为典型的代表。对比传统"水军",机器人"水军"扩散速度更快、传播量更大、覆盖面更广,具有病毒性传播的特质,对我国网络空间治理构成了一定的挑战。

6.7.1　网络水军的危害

借助于互联网平台,网络"水军"的运作模式并不复杂,通常由需求方、中介方和服务提供方共同构成一条完整的产业链。企业、电商等利益主体需求方提出品牌炒作、产品营销、口碑维护、危机公关、捏造负面新闻、诋毁竞争对手等需求。公关公司、网络推广公司等中介承接需求后按照客户意图制作帖子,并大批量雇佣"水军"。社会上的闲散人员接受雇佣后,根据公关公司安排多人为一组,利用空余时间密集发帖、转帖、点赞、投票等,在自己负责的信息渠道疯狂传播,以此干扰舆论场导向,试图在舆论场上形成"沉默的螺旋"。

互联网背景下诞生的机器人"水军"运作,省去了雇佣人工的环节,为水军的发展提供了非常便利的条件和更少的经济投入。需求方提出需求后,拥有技术手段的公关公司作为需求承接方和服务提供方,会直接通过技术手段进行运作,也有部分公关公司外包给其他技术公司来执行。

网络"水军"作为虚假信息的主要传播者和操纵者,对于舆论生态的危害不可小觑,主要体现在以下几个方面:

① 助推谣言滋生,易煽动网民负面情绪,进而对社会稳定构成威胁;

② 制造大量网络噪声,干扰正常的舆论秩序,易触发"沉默的螺旋"形成网络暴力,使得持相反观点的网民畏惧发声,进而侵蚀网民的言论自由;

③ 大量利用网络"水军"进行不公平竞争会干扰正常的社会生产秩序,进而导致社会经济受损;

④ 可能会由此产生敲诈勒索等犯罪行为。

"沉默的螺旋"是由知名学者伊丽莎白·诺尔-诺依曼提出的著名大众传播理论,它是指人们在表达自己想法和观点的时候,如果看到自己赞同的观点受到广泛欢迎,就会积极参与进来,这类观点就会越发大胆地发表和扩散;而发觉某一观点无人或很少有人理会(有时会有群起而攻之的遭遇),即使自己赞同它,也会保持沉默。意见一方的沉默造成另一方意见的增势,如此循环往复,便形成一方越来越强大,另一方越来越沉默的螺旋发展过程。

6.7.2　网络水军的分类

根据网络"水军"运作的目的,可将网络"水军"细分为营销类"水军"、公关类"水军"以及抹黑类"水军"。

① 营销类"水军"是指出于营销目的,反复传播有利于提升需求方及需求方产品美誉度和影响力信息的"水军"。由于其目的是提高美誉度,因此,在此类"水军"传播的信息中,通常正向词汇较多,传播频次也较高。

②公关类"水军"是指在危机事件发生后,部分涉事主体组织人员到舆论场中对一些有损其形象的言论进行驳斥、攻击甚至通过恶意举报诱导社交平台删帖的"水军"。此类"水军"传播的信息内容同质化程度较高,攻击性也相对更强,即大量传播包含其生成内容的帖子,对人的眼球进行轰炸,影响民众的判断力。

③抹黑类"水军"则是指出于攻击竞争对手的目的,造谣诽谤、恶意攻击抹黑竞品企业或商家等的"水军"。此类水军传播的信息中,负面情感倾向的语言居多。

6.7.3　网络水军的特征

根据网络"水军"的类型及特征,无论是何种"水军",在其运作过程中都是有迹可循的,公众可从文本内容特征、账号信息特征及用户关系特征三个维度来识别网络"水军"。

1. 文本内容特征

网络"水军"在运作过程中发布的文本内容多具备以下特征:

①"水军"群体发布的信息往往具有强烈的情感倾向,以期对受众产生直接干扰。

②出于控制成本、寻求商业利益最大化的目的,"水军"群体活动多以评论、转发、点赞为主,主动发布的原创帖文数量并不多,一般文本同质化程度较高。

③部分"水军"群体发布的信息中包含大量商业广告或者垃圾信息,诱导受众行为进而攫取商业价值。

2. 账号信息特征

"水军"群体的账号信息通常具备以下几个特征:

①账号创建时间通常较短,性别、学历、地域等深层次用户信息通常处于空白状态。

②账号名称较为随机,账号名称中包含"无意义字符串"等情况在一些典型案例中较为常见。

③账号活动时间通常较为集中,如某些账号在几天内突然密集发布大量雷同信息,在其他时间段则相对沉寂,那么该账号就存在是"水军"账号的可能性。

3. 用户关系特征

在实际应用中,正常用户的账号通常用于常规社交活动,与家属、亲朋、同事之间的"互关"概率、互动频次等要远高于"水军"账号。相对而言,"水军"账号往往会大范围关注正常账号,正常状态的账号"回关"概率则比较低,因此"水军"账号与其他用户之间的关系紧密度会远低于正常账号。其次,在社交媒体中,"水军"账号的"粉丝"数很少,或者"水军"账号的"粉丝"还是水军。

尽管"水军"在运作过程中会暴露出诸多痕迹和特征,但随着技术升级,"水军"运作的隐蔽性和复杂性均有所增加。在实际舆情工作中,要想准确识别"水军",还应更大程度地依靠技术力量,同时结合上述特征和实际语境综合分析,以提升判断的准确性。

6.7.4　网络水军的检测

虽然"水军"行为隐蔽、组织结构松散,但是可通过分析水军的特征及其行为规律,基于机器学习、数据挖掘等算法设计相应的检测算法对"水军"进行自动检测。当前"水军"的检测算法多种多样,按照水军特征,检测算法可分为以下 3 类。

1. 基于内容特征的水军识别

基于内容特征的检测算法主要分析水军发布的信息内容本身，通过文本分类、意见挖掘等自然语言处理等方法区分水军言论和正常言论。早期，水军言论具有比较明显的可识别特征，包括情感倾向（正向情感词或负向情感词非常多）、URL 模式、特殊关键词等。例如，有一种方法通过单个发帖是否带有强烈的情感倾向判断是否为水帖，并对其进行人工标注建立训练语料，进而训练一个支持向量机来学习水帖特征，从而检测未知的水军[12]。另一种方法通过分析多个发帖的相似性判断水帖，即如果用户发表或转发的内容重合度超过一定阈值则可判定为水军[13]。还有一种方法将博主所发微博中含有第一人称的比例作为识别水军的一个重要特征[14]。随着网络的发展，水帖的特征不再明显，基于内容特征的检测遇到的挑战也越来越多。因此，一些基于短文本分类、向量化学习的方法被提出。基于内容特征的水军检测具有较大的局限性，仅通过内容分析刻画水军特征已经无法满足现今水军检测的要求。目前，基于内容特征的识别主要用于与其他特征相结合进行综合检测。

2. 基于行为特征的水军检测

基于行为特征的水军检测主要基于用户的注册、关注、转发和评论等行为，从多维度刻画用户特征，再进行水军检测。基于行为特征，大多采用有监督算法进行检测。常见的有监督算法有支持向量机、朴素贝叶斯、决策树、逻辑回归等。李涛等[15]提出了一种基于支持向量机的水军检测方法，引入了事件参与度、二阶关联性（社交圈内部用户会互相关注）、关系紧密度（互粉比例）、引导工具使用率（话题符号"♯"和外部链接 URL）4 个新的特征，与基于微博账号的 11 个特征（好友数、原创比等）组合，形成 3 组对比实验，结果表明仅使用新特征即可使模型精确度提高 6% 并减少 50%～60% 的耗时。

这些静态行为特征在实际的水军识别中存在一定局限性，李岩等[16]在静态行为特征的基础上结合时间规律信息构造了 9 个动态行为特征，包括动态粉丝关注比、动态聚类系数、动态 PageRank 值以及动态微博相关特征。水军用户为了提高利益用户的影响力或提高自己的中心性以逃避检测，通常会关注大量与其不相识的用户，导致其关注数较高但粉丝数较小。从时间序列上来说，正常用户由于较强的社交性，粉丝/关注数量变化较大，导致其波动率较高；而水军用户由于在社交网络中大部分时期处于潜伏状态，当受到利益驱动时才会产生关注利益用户等行为，导致其波动率较小。动态粉丝关注比就用来刻画水军的这一特征，水军用户的动态粉丝关注比与正常用户相比较小，在 $t, t+1, \cdots, t+n$ 时间段内，动态粉丝关注比的计算过程如下：

$$\text{DEFR} = \frac{\text{std}(\text{DFF}_{\text{diff}})}{\text{mean}(\text{DFF}_{\text{diff}}) + 1} \tag{6.3}$$

$$\text{DFF}_{\text{diff}} = \ln(FF(t+i)) - \ln(FF(t+i-1)), \quad i = 1, 2, \cdots, n-1, n \tag{6.4}$$

$$\text{FF}(t) = \frac{\text{Fans}(t)}{\text{Followers}(t)} \tag{6.5}$$

$$\text{mean}(\text{DEF}_{\text{diff}}) = \frac{\sum_{i=1}^{N} \text{DEF}_{\text{diff}}}{N} \tag{6.6}$$

$$\text{std}(\text{DEF}_{\text{diff}}) = \sqrt{\frac{1}{N} \sum_{i=1}^{N} [\text{DEF}_{\text{diff}} - \text{mean}(\text{DEF}_{\text{diff}})]^2} \tag{6.7}$$

其中，Fans(t)表示t时刻用户的粉丝数，Followers(t)表示t时刻用户的关注数。

聚类系数用于衡量某一时刻用户的传递行为，表示用户的邻居之间互相认识的实际数量占可能数量的比例。正常用户节点的邻居都是熟人，他们之间相互认识，彼此连接，所以聚类系数相对较大；而水军用户节点的邻居大都互不相识，邻居之间相连较少，聚类系数相对较小。与水军用户的动态粉丝关注比类似，动态聚类系数衡量了在$t-n\sim t$时刻聚类系数的波动率：正常用户由于较强的社交性，社交关系变动频繁，故动态聚类系数波动较大；而水军用户长期潜伏，社交性较弱，当受到利益驱动时才会产生关注利益用户等行为，且利益用户互相之间并无关联，致其动态聚类系数波动较小。因此水军用户的动态聚类系数与正常用户相比较小。

由于粉丝关注比的极其不对称性以及较低的粉丝影响力，通常水军用户的PageRank值比正常用户小。与水军用户的动态粉丝关注比类似，动态PageRank值衡量了在$t-n\sim t$时刻的PageRank值的波动率：由于水军用户潜伏在社交网络中，很少与正常用户建立社交联系，加上粉丝的影响力较低，导致其PageRank值一直较小，波动也较小；正常用户由于社交性较强，中心性变化较大，PageRank值波动较大。故水军用户的动态PageRank值与正常用户相比较小。

同样的，对于微博的数量（Tweet number，TN）、微博字符的平均长度（Tweet length，TL）、微博的平均评论数（Tweet comment，TC）、平均点赞数（Tweet attitude，TA）、平均转发数（Tweet repost，TR）以及微博转发占比（retweet ratio，RR）这些特征值，也可以计算其动态变化情况。正常用户由于具有较强的交流、分享特性，微博相关特征的波动较大；水军用户长期潜伏并短期内因提高话题热度、操作话题等目的才发布微博，微博相关特征的波动较小。

这9个动态特征可以和静态特征结合进行水军识别。动态行为特征的引入提高了水军检测的准确率。这些基于行为特征的水军检测方法在很大程度上依赖于行为特征的提取，然而，由于雇主对水军严格的质量要求，水军的行为也越发与真实用户相似，随着水军伪装程度的增加，一些行为特征已经不足以区分水军和正常用户。

3. 基于网络特征的水军检测

基于网络特征的水军检测主要是基于用户之间的网络关系进行分析。在社交网络中，用户网络的拓扑特征不易受用户行为改变，因此，网络水军难以掩饰这些结构特征，并且水军之间的联系较普通用户之间的联系更加紧密，因此基于网络特征的水军检测取得了一定的成功。

一些方法假定水军的可疑度是能够传播的[17]，首先给定若干用户节点为水军的概率，再基于用户的关系网络结构，利用信息传播模型计算所有用户的水军概率。通过用户网络关系不仅能够识别单个水军，还可以找出隐藏的水军集团。例如，通过种子用户扩展得到疑似水军集合。叶施仁等[18]通过水军粉丝背包搜索间接的粉丝，为避免从真实用户的粉丝扩散到真实世界，对待扩展用户按照已经成为粉丝的次数进行排序，使得最有可能是水军的用户得到优先搜索，从而得到包含大量疑似水军的用户集合。在此集合上运用社区划分算法来识别水军集团。该方法对比了以真实用户和水军用户为种子得到的用户集，发现后者的用户重复率较高，并且对比社区检测结果，后者的水军比例明显高于前者。

基于网络特征的方法已经成为水军检测的主要途径之一，该方法不仅可以挖掘出行为趋近正常的水军用户，还能发现水军集团，从而更有效地控制水军发展。但仅从这一特征识别水军仍会出现正常用户误判，因此，还需结合信息内容特征和行为特征综合分析。

6.8　本章小结

网络舆情具有突发、传播速度快且范围广、影响因素众多、动态变化等特点。因此,对网络舆情安全态势进行综合分析已经成为了一项极其复杂的系统工程。当前网络舆情分析主要利用大数据技术、机器学习和自然语言处理等方法进行分析。网络舆情分析是时代发展的需要,可以防范误导性舆论危害社会,把握和保障正确舆论的导向。然而,随着互联网技术和人工智能相关技术的快速发展,网络舆情分析面临的问题也越来越多。例如,人工智能内容生成技术的发展,使得虚假信息和机器人水军更容易产生,也更难检测,给舆情分析带来了极大的困难。网络舆情分析需要结合多领域知识、多技术手段进行综合考虑,这些都需要更深一步地研究和不断地探索。

参考文献

[1] Saaty T L. The analytic hierarchy process[J]. Agriculture Economics Review,1980,70(804):10-21236.

[2] Sun S Y, Liu H Y, He J, et al. Detecting event rumors on sina weibo automatically[C]. Proceedings of the Web Technologies and Applications 15th Asia-Pacific Web Conference,2013:120-131.

[3] Chua A, Banerjee S. Linguistic predictors of rumor veracity on the Internet[C]. Proceedings of International Multi Conference of Engineers and Computer Scientists,2016:387-391.

[4] 李悦晨,钱玲飞,马静. 基于 BERT-RCNN 模型的微博谣言早期检测研究[J]. 情报理论与实践,2021,44(7):173-177.

[5] 潘德宇,宋玉蓉,宋波. 一种新的考虑注意力机制的微博谣言检测模型[J]. 小型微型计算机系统,2021,42(8):1780-1786.

[6] Liang G, He W, Xu C, et al. Rumor identification in microblogging systems based on users' behavior[J]. IEEE Transactions on Computational Social Systems,2015,2(3):99-108.

[7] Li Q, Liu X, Fang R, et al. User behaviors in newsworthy rumors:a case study of Twitter[C]. Proceedings of the 10th International AAAI Conference on Web and Social Media,2016,10(1):627-630.

[8] Ma J, Gao W, Mitra P, et al. Detecting rumors from microblogs with recurrent neural networks[C]. Proceedings of the 25th International Joint Conference on Artificial Intelligence,2016:3818-3824.

[9] Ma J, Gao W, Wong K F. Rumor detection on twitter with tree-structured recursive neural networks[C]. Proceedings of the 56th Annual Meeting of the Association for Computational Linguistics,2018:1980-1989.

[10] 胡斗,卫玲蔚,周薇,等. 一种基于多关系传播树的谣言检测方法[J]. 计算机研究与发

展,2021,58(7):1395-1411.

[11] Yuan C, Ma Q, Zhou W, et al. Jointly embedding the local and global relations of heterogeneous graph for rumor detection[C]. Proceedings of the 2019 IEEE International Conference on Data Mining, 2019: 796-805.

[12] 张炜,郑中华,高威,等. 一种网络水军的探测与判定方法:201210050176[P]. 2012-08-08.

[13] Bhattarai A, Rus V, Dasgupta D, et al. Characterizing comment spam in the blogosphere through content analysis[C]. IEEE Symposium on Computational Intelligence in Cyber Security, Nashville, 2009: 37-44.

[14] 袁旭萍,王仁武,翟伯荫. 基于综合指数和熵值法的微博水军自动识别[J]. 情报杂志, 2014,33(7):176-179.

[15] 李涛,王渔樵,肖智婕. 社交网络水军识别的特征发现[J]. 计算机工程与设计,2019,40(5):1214-1217.

[16] 李岩. 社交网络水军识别及其在营销信息传播模型中的应用研究[D]. 浙江:浙江财经大学,2019.

[17] Krestel R, Chen L. Using co-occurence of tags and resources to identify spammers[C]. Proceeding of 2008 ECML/PKDD Discovery Challenge Workshop, 2008: 38-46.

[18] 叶施仁,叶仁明,朱明峰. 基于网络关系的微博水军集团发现方法[J]. 计算机工程与应用,2017,53(6):96-100.

第7章 话题检测与跟踪

随着互联网和社交媒体的快速发展,人们每天接受的信息呈现出爆炸性状态。这些海量的数据既给人们带来了丰富的信息,也给人们快速获取有用的信息造成困扰。因此,为了方便人们组织和分析这些海量的数据,可以按照数据所反映的话题信息进行组织和汇总,并持续追踪用户感兴趣的话题。话题检测与跟踪(Topic Detection and Tracking,TDT)技术主要用于自动识别新闻媒体和社交媒体数据流中的新话题,并对已知话题进行跟踪,从而可以为用户有效地掌握网络舆情动向和重大事件提供极大的便利。

7.1 话题检测与跟踪概述

话题检测与跟踪研究最初于 1996 年由美国国防高级研究计划署(DARPA)提出,该计划旨在开发一种新技术,在没有人工干预的情况下自动判断新闻数据流的主题。1997 年,DARPA、马萨诸塞大学(University of Massachusetts)、卡内基梅隆大学(Carnegie Mellon University)等机构的研究者对 TDT 开展了一些基础性研究工作,这些研究后来被称为 TDT1997 或 TDTPilot[6]。这期间的研究内容主要是如何在数据流(包括文本和语音)中检测话题相关的信息,例如检测出讨论同一话题的信息片段,判断数据流中相邻两个事件的边界,发现新出现的事件以及跟踪历史事件的再现信息。这些研究者们建立了一个用于话题检测与跟踪研究的预研语料库 TDT Pilot Corpus①,该语料收集了 1994 年 7 月 1 日到 1995 年 6 月 30 日之间约 16 000 篇新闻报道,主要来自路透社新闻专线和 CNN 新闻广播的翻录文本。

最初的 TDT 研究主要由评测驱动。从 1998 年开始,在 DARPA 支持下美国国家标准与技术研究院(NIST)每年举办 TDT 相关技术评测会议。该评测会议作为 DARPA 资助的跨语言信息检测、抽取和摘要项目(translingual information detection,extraction and summarization,TIDES)支持的会议之一,得到了越来越多的关注,许多著名研究机构、大学和公司都积极参与。TDT1998 是首次公开的评测,其评测任务包括新闻报道切分、话题检测和话题跟踪,并加入了汉语语料。1999 年,TDT1999 新增了两项任务,即首次报道识别(first story detection,FSD)和关联检测(link detection,LD)。2002 年,TDT2002 在 TDT Pilot Corpus 的基础上加入了阿拉伯语料,同时将文本过滤、语音识别、机器翻译和文本分割等自然语言处理技术列入研究内容。2004 年,TDT2004 取消了新闻报道切分任务,并增加了两项任务,即有监督的自适应话题跟踪和层次话题检测任务。2004 年的 TDT2004 为最后一次 TDT 评测会议,但 TDT 语料一直都是公开的,语言数据联盟(linguistic data consortium,LDC)②提供了 TDT 相关评测与实验的数据。

本节以下部分主要介绍 TDT 的相关术语、任务、语料和评估方法。

---

① https://catalog.ldc.upenn.edu/LDC98T25.
② https://www.ldc.upenn.edu/.

7.2　术　语

报道(story)：指新闻文章或者新闻电视广播中的片段，至少包含一个完整的句子。通常情况下，一篇报道只描述一个话题，但是也有些报道涉及多个话题。

事件(event)：最初的 TDT 研究(TDT Pilot,1996—1997)将话题定义为"事件"。事件是指发生在特定时间和地点的事情，涉及某些人和物，并且可能产生某些必然的结果。例如"2008 年 8 月 8 日，第 29 届夏季奥林匹克运动会在国家体育场隆重开幕"是一个事件，它具备时间、地点、物体对象等基本元素，而泛指的奥运会则不是。此外，事件包括可预期事件(如"流行病传播")和突发事件(如"车祸事故")。从 TDT2 开始，话题的定义有了更加广泛的含义，它不仅包含由最初事件引起或导致发生的后续事件，同时还包含与其直接相关的其他事件或活动。直到 TDT5 话题都一直沿用以下定义。

话题(topic)：一个话题由一个种子事件或活动以及与其直接相关的事件或活动组成。因此，也可以认为话题是一个相关事件的集合，或者是若干对某事件相关报道的集合。例如，"3·21 东航客机事故"是一个话题，"2022 年 3 月 21 日 14 时 38 分许，一架东航波音 737-800客机在广西壮族自治区梧州市藤县埌南镇莫埌村神塘表附近山林坠毁"是该话题的核心事件，随后的搜救、事故调查等活动都与这一种子事件直接相关，因此它们也是"3·21 东航客机事故"这一话题的组成部分。根据话题的定义，一篇报道只要论述的事件或活动与一个话题的种子事件有着直接的联系，那么这篇报道就与该话题相关。虽然 TDT 研究的对象从种子事件扩展为相关性外延的话题，但话题的外延并不是无限的，例如，关于"2022 年第一季度，五家航空公司大亏 221 亿元"的报道与"3·21 东航客机事故"的话题并不相关。

主题(subject)：TDT 中的主题是对一类事件或话题的概括，它涵盖多个类似的具体事件，或者根本不涉及任何具体的事件，主题比话题的含义更广。例如"空难事故"是一个主题，而"3·21 东航客机事故"是该主题下的一个具体的话题。语言学中的"话题"含义上与 TDT 中的"主题"更加类似，也是表示多个类似事件的概括，不涉及具体的事件，而 TDT 中的"话题"包含具体的事件及其相关报道。此外，自然语言处理中的主题模型(topic model)中的"主题(topic)"与 TDT 中的"主题"和"话题"概念也不相同。在 TDT 中，"话题"和"主题"都与具体的事件相关，表现为一系列事件或对事件的概括，而主题模型中的"主题"则表示文本中词项所蕴含的潜在语义，它是语义相近的词项组成的一个集合。

7.3　任　务

NIST 为 TDT 研究设立了五项基础性的研究任务，包括面向新闻广播类报道的切分任务；面向已知话题的跟踪任务；面向未知话题的检测任务；对未知话题首次相关报道的检测任务和报道间相关性的检测任务。

7.3.1　报道切分

报道切分(story segmentation task,SST)的主要任务是将原始数据流切分成具有完整结构和统一主题的报道(见图 7.1)。例如，一段新闻广播包括对地方政务、体育赛事和教育活动的分类报道,SST 要求系统能够模拟人对新闻报道的识别,将这段新闻广播切分成不同话题的报道。SST 面向的数据流主要是新闻广播,因此切分的方式可以分为两类:一类是直接针对音频信号进行切分;另一类则是将音频信号翻录为文本形式的信息流进行切分。由于在实际情况中大部分数据片段本身就具备良好的区分性,故 TDT2004 撤销了该任务。

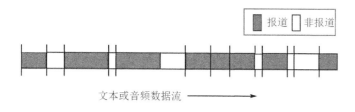

图 7.1　报道切分任务

7.3.2　话题检测

话题检测(topic detection task,TD)的主要任务是从数据流中检测出系统预先未知的新话题(见图 7.2)。TD 的特点在于系统欠缺话题的先验知识,因此,TD 系统需要在对所有话题毫不了解的情况下构造话题的检测模型,并且该模型不能独立于某一个话题特例。TD 系统必须预先设计一个善于检测和识别所有话题的检测模型,并根据这一模型检测陆续到达的报道流,从中鉴别最新的话题;同时还需要根据已经识别到的话题,收集后续与其相关的报道。虽然

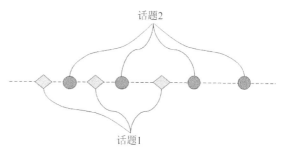

图 7.2　话题检测任务

一篇报道通常只涉及一个话题,有时一篇报道也会涉及多个话题,并且这些话题之间具有层次关系。针对这一问题,TDT2004 首次定义了层次话题检测任务,该任务将话题组织为层次结构。

7.3.3　首次报道检测

在话题检测任务中,新话题的识别都要从检测出该话题的第一篇报道开始,首次报道检测任务(first story detection task,FSD)就是面向这种应用产生的(见图 7.3)。FSD 的目标是从具有时间顺序的报道流中自动检测出首次讨论某个未知话题的报道。FSD 与 TD 面向的问题基本类似,但是 FSD 输出的是一篇报道,而 TD 输出的是一类相关于某一话题的报道集合,此外,FSD 与早期 TDT Pilot 中的在线检测任务(on-line detection)的目标类似。TDT2004 将FSD 改名为新事件检测(new event detection,NED)。

7.3.4　话题跟踪

话题跟踪(topic tracking task,TT)的主要任务是跟踪已知话题的后续报道(见图 7.4)。这里的已知话题没有明确的描述,而是通过若干篇先验的相关报道隐含地给定。通常话题跟踪开始之前,NIST 为每一个待测话题提供 1~4 篇相关报道对其进行描述。同时 NIST 还为

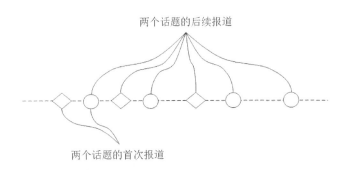

图 7.3　首次报道检测任务

话题提供了相应的训练语料,从而辅助跟踪系统训练和更新话题模型。在此基础上,TT 逐一判断后续数据流中每一篇报道与话题的相关性并收集相关报道,从而实现跟踪功能。

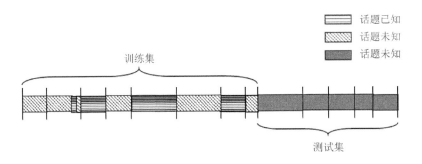

图 7.4　话题跟踪任务

7.3.5　关联检测

关联检测(link detection task,LD)的主要任务是裁决两篇报道是否论述同一个话题。与 TD 类似,对于每一篇报道,不具备事先经过验证的话题作为参照,每对参加关联检测的报道都没有先验知识辅助系统进行评判。因此 LD 系统需要设计一种不依赖于特定的两篇报道的检测模型,在没有明确话题作为参照的情况下,自动地分析报道论述的话题,并通过对比两篇报道的话题模型判断其相关性。一个性能优越的 LD 可以提高 TDT 中其他各项任务的性能,例如 TD 与 TT 等。

7.4　语　料

LDC 为 TDT 研究提供了五期语料,包括 TDT Pilot Corpus、TDT2、TDT3、TDT4 和 TDT5。TDT 语料是选自大量新闻媒体的多语言新闻报道集合。其中 TDT5 只包含文本形式的新闻报道,而其他语料同时包含文本和广播两种形式的新闻报道。

TDT 评测最早使用的语料是 TDT pilot corpus(简称 TDT - Pilot)。TDT - Pilot 收集了 1994 年 7 月 1 日到 1995 年 6 月 30 日之间约 16 000 篇新闻报道,这些报道主要来自路透社新闻专线和 CNN 新闻广播的翻录文本。TDT - Pilot 的标注没有考虑话题的定义,而是由标注人员从整个语料中人工识别涉及多个领域的 25 个事件作为检测与跟踪对象。TDT2 包括 1998 年前 6 个月的中英文两种语言形式的新闻报道,在这些报道中 LDC 人工标注了 200 个英文话题和 20 个中文话题。TDT3 包括 1998 年 10 月至 12 月中文、英文和阿拉伯文三种语言的新闻报道,LDC 对这些报道人工标注了 120 个中文和英文话题,并对阿拉伯文的报道选择了部分话题进行标注。TDT4 收集了 2000 年 10 月到 2001 年 1 月英文、中文和阿拉伯文三种语言的新闻报道,LDC 对三种语言的报道标注了 80 个话题。TDT5 收集了 2003 年 4 月到 9 月的英文、中文和阿拉伯文三种语言的新闻报道,LDC 人工标注了 250 个话题,其中 25% 的话题同时具有三种语言的表示形式,其他话题则包含了三种语言的报道,并且不同话题中三种语言报道的比例都是一样的。此外,TDT5 中每种语言的话题都来自该语言当地媒体的报道。

　　LDC 根据报道与话题的相关性对所有语料进行标注。主要的不同之处在于 TDT2 与 TDT3 采用三类标注形式,而 TDT4 与 TDT5 采用两种标注形式。前者使用"YES""BRIEF"和"NO"作为报道与话题相关程度的标识。当报道论述的内容与话题绝对相关时标注为"YES",报道与话题相关的内容低于全部内容的 10% 则标注为"BRIEF",否则标注为"NO"。TDT4 与 TDT5 只采用"YES"和"NO"对报道与话题是否相关进行标注。其中,相关报道不仅需要与话题的核心内容相关,同时还需要包含话题的部分信息。但是,报道与话题相关的内容并没有 TDT2 和 TDT3 中要求的长短之分,只要存在相关信息都被标注为"YES"。

7.5　评　测

　　话题检测与跟踪技术是以评测驱动的方式发展起来的,NIST 为 TDT 建立了完整的评测体系。由于 TDT 各个子任务的研究方向不同以及历届评测语料标注方案的差异,各子任务所采用的评测方法、参数和步骤可能都不相同。但是各个子任务的评测标准都是建立在系统漏报率和误报率基础之上的。与二分类方法的评价类似,漏报率和误报率用混淆矩阵形式来定义,如表 7.1 所列。检验 TDT 系统性能时,评测体系可以根据阈值或平滑系数的变化绘制检测错误权衡图(detection error tradeoff,DET)。图 7.5 是某任务评测中的一个 DET 曲线示例,其横轴表示系统误报率,纵轴表示漏报率。越靠近 DET 坐标系左下角的曲线对应的系统性能越好,即漏报和误报的综合代价相对较小。综合漏报率和误报率的综合量化评测指标 C_{Det} 的计算如下:

$$C_{\text{Det}} = C_{\text{MD}} P_{\text{MD}} P_{\text{target}} + C_{\text{FA}} P_{\text{FA}} P_{\text{non-target}} \tag{7.1}$$

其中,P_{MD} 和 P_{FA} 分别是漏报和误报的条件概率,C_{MD} 和 C_{FA} 分别是漏报和误报的代价系数,P_{target} 表示目标话题的先验概率,$P_{\text{non-target}} = 1 - P_{\text{target}}$。$C_{\text{MD}}$、$C_{\text{FA}}$ 和 P_{target} 都是预定义的参数。P_{MD} 和 P_{FA} 的计算如下:

$$P_{\text{MD}} = \frac{\#\,\text{missed\_detections}}{\#\,\text{targets}} \tag{7.2}$$

$$P_{\text{FA}} = \frac{\#\,\text{false\_alarms}}{\#\,\text{non\_targets}} \tag{7.3}$$

通常都是采用归一化的 C_{Det} 作为系统的评价指标:

$$(C_{\text{Det}})_{\text{Norm}} = \frac{C_{\text{Det}}}{\min\{C_{\text{MD}} \cdot P_{\text{target}}, C_{\text{FA}} \cdot P_{\text{non\_target}}\}} \tag{7.4}$$

表 7.1　TDT 评测混淆矩阵

系统预测结果	实际标注值	
	目标(target)	非目标(non – target)
是	正确(correct)	误报(false alarm)
否	漏报(missed detections)	正确(correct)

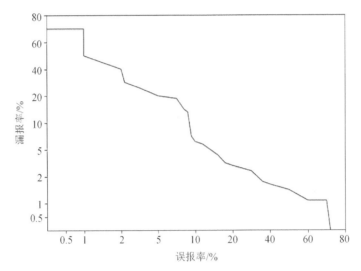

图 7.5　DET 曲线示例

7.6　话题表示与关联检测

　　话题在表示为计算机能够处理的表达形式之前需要进行许多预处理操作,常见的预处理包括分词、过滤停用词、提取关键词等。由于话题主要由文本形式的报道组成,因此,话题表示模型主要采用文本表示模型。常用的模型分为向量空间模型和语言模型。

　　向量空间模型是话题发现与跟踪最常用的文本表示模型之一,它将一篇报道当作一篇文档,而不考虑词语在文档中的顺序关系,一篇文档用一个向量来表示,词项的权重通常采用词频–倒文档频率(TF – IDF)方法及其变体来计算。由于向量空间模型忽略了词语顺序、句法和部分语义信息,故该模型在文本相似度计算、分类、聚类等任务中的性能受到影响。在现实的报道中,命名实体和一些重要的语义概念往往对确定该报道所属的话题具有重要的意义。因此,为了提高向量空间模型的表示能力,可以将命名实体信息和语义概念信息加入多向量空间中[2],进而提高 TDT 任务的性能。

　　TDT 中的相似性通常包括三个方面:报道与报道的相似度、话题与报道的相似度和话题与话题的相似度。与这三个相似度对应的是两篇文本、一篇文本与一个文本集合、两个文本集合之间的相似度。

　　报道和报道之间的相似度计算在话题检测与跟踪任务中也称为关联检测,其目标是判断给定的两篇报道是否讨论同一个话题。关联检测方法首先基于向量空间模型将报道表示成一个向量,然后使用向量余弦距离计算方法计算两个报道向量之间的相似度,最后将相似度与设定的阈值进行比较。如果相似度大于阈值就认为该两篇报道讨论同一话题,否则认为它们不讨论同一话题。除了余弦距离计算方法之外,还可以采用欧氏距离、皮埃尔逊相关系数等方法计算两个向量之间的相似度。

　　一篇报道和一个话题之间相似度计算的核心问题还是向量之间的相似度,这个相似度计算有两种方法:一种方法是计算报道与构成该话题的所有报道之间的相似度,每对报道之间的相似度计算都是一次关联检测的过程;另一种方法是将话题表示成一个中心向量,该中心向量通常为话题中所有报道的中心向量,该中心向量也称为话题模型,然后报道与话题的相似度计算就转换为报道向量与话题中心向量之间的相似度计算。

　　还有一类方法利用语言模型来表示报道和进行关联检测。语言模型是一种描述自然语言生成的概率模型,在信息检索和文本挖掘中具有广泛的应用。如果用 T 和 S 分别表示话题和报道,则由贝叶斯公式可得出:

$$P(T \mid S) = \frac{P(T)P(S \mid T)}{P(S)} \propto P(T)P(S \mid T) \tag{7.5}$$

即话题 T 在给定报道 S 的条件下的后验概率 $P(T|S)$ 与话题 T 的先验概率和话题 T 条件下报道 S 的条件概率的乘积 $P(T)P(S|T)$ 成正比。假设报道 S 中的词项 t_i 在给定话题条件下是相互独立的,则有

$$P(T \mid S) \propto P(T) \prod_i P(t_i \mid T) \tag{7.6}$$

其中,$P(t_i|T)$ 为词项 t_i 在话题 T 中出现的概率。

　　语言模型为报道与话题或报道与报道之间提供了一种相似度计算方法。可以用语言模型把不同话题的文本集合 T_j 表示为不同的词项分布。一元语言模型都是假设词项之间是相互独立的,该模型可表示为

$$P(S \mid T_j) = \prod_i P(t_i \mid T_j) \tag{7.7}$$

其中,t_i 表示词表中的第 i 个词语。基于最大似然估计可以得到:

$$P(t_i \mid T_j) = \frac{|t_i^j|}{|T_j|} t_i \tag{7.8}$$

其中,$|t_i^j|$ 表示 t_i 在话题 T_j 中的词频,$|T_j|$ 表示话题 T_j 中的词频总数。

　　为了避免由于数据稀疏问题造成 $P(t_i|T)$ 出现零概率以致 $P(S|T)=0$ 的问题,一般需要对上述概率值进行平滑处理,即

$$P_{\text{smooth}}(t_i \mid T) = \lambda P(t_i \mid T) + (1-\lambda)P(t_i \mid \text{GE}) \tag{7.9}$$

其中,$P(t_i|\text{GE})$ 为词项 t_i 在通用语料中的概率估计值。TDT 任务中报道是按时间顺序出现的,新的报道可能会出现历史报道中未曾出现过的词项,因此基于通用语料计算的概率值可以降低该问题的影响程度,可以把它当作该词项的先验知识。

　　对于一个新出现的报道 S,可以用以下公式的计算结果来判断哪个话题 T_j 最有可能产生新的报道 S:

$$\underset{j}{\text{argmax}} \frac{P(S \mid T_j)}{P(S)} = \underset{j}{\text{argmax}} \prod_i \frac{P(t_i \mid T_j)}{P(t_i)} = \underset{j}{\text{argmax}} \sum_i \log \frac{P(t_i \mid T_j)}{P(t_i)} \tag{7.10}$$

可以定义 $D(S, T_j) = \sum_i \log \frac{P(t_i \mid T_j)}{P(t_i)}$ 作为报道 S 和话题 T_j 之间的相似度。

如果将报道和话题都看作是词项的分布,则可以利用分布间的相似度度量指标 K-L 距离计算报道与话题之间的相似度:

$$D_{KL}(T \parallel S) = -\sum_i P_T(t_i \mid T) \log \frac{P(t_i \mid S)}{P(t_i \mid T)} \tag{7.11}$$

如果将待比较的两篇报道当作两个词项分布,也可以利用上述 K-L 距离进行关联检测。K-L 距离还可以用于两个话题之间的相似度计算[3]。

7.7　话题检测

话题检测的目标是从连续的报道数据流中检测出新话题或者此前没有定义的话题。系统对于话题的主题内容、发生时间和报道数量等信息是未知的,也没有可以用于学习的标注样本。从这一角度来看,话题检测是一个无监督的学习任务,通常采用聚类算法来实现。因此,话题检测可以看作是文本聚类算法的一种改进和扩展。传统的文本聚类方法以所有给定的文本集为处理对象,不考虑文本之间的顺序关系。而话题检测处理的对象是按时间排序的报道数据流,具有明确的时间顺序关系。此外,数据流中的话题往往是动态演化的,不同的时间段话题的讨论内容可能不一样。因此,这些都是传统的聚类算法用于话题检测时需要解决的问题。

话题检测通常分为在线检测(online detection)和回溯检测(retrospective detection)两种。在线话题检测的输入是实时的报道数据流,当前时刻的后续报道是不可见的,在每个新报道出现时,要求系统能够在线判断该报道是否属于一个新的事件。回溯话题检测的输入是包含所有时刻的完整数据集,要求系统离线地判断数据集中的报道所属的事件,并相应地将整个数据集分成若干个事件片段。在线检测的关键在于能够及时地从实时报道流中检测出新的事件,而回溯检测的目的是从已有的新闻报道数据集中发现以前未标识的话题。

7.7.1　在线话题检测

在线话题检测任务是从实时报道数据流中检测出新的话题。因为新话题的信息是不能预知的,所以不能定义明确的查询语句检索历史报道,而是要求系统在每篇报道出现时就能够实时决策。通常,新话题的在线检测采用增量式的在线聚类算法。

一种常用的增量式聚类是单遍聚类算法(single-pass slustering)。该算法利用向量空间模型表示报道,以报道中的词或短语作为特征项,特征的权重采用 TF-IDF 或其变体进行计算。然后,按顺序处理输入的报道,即计算新报道与所有已知话题之间的相似度。报道与话题的相似度为报道与话题中心向量或平均向量之间的相似度,如果相似度值高于预设的合并-分裂阈值,就将报道归为最相似的那个话题,否则就建立一个表示新话题的类簇。这样反复执行,直到所有的报道都处理完,整个过程只读取数据一遍,相比传统的聚类算法,其复杂度大大降低。这种算法最后形成一个数据的扁平聚类,簇的个数取决于合并-分裂阈值的大小。

在 TDT 的早期研究中,许多话题检测方法都采用单遍聚类算法[4,5]。针对报道数据流的特点,这些方法对传统的文本表示及相似度计算做了一些改进。每篇报道的内容被表示为一个查询,查询的特征项是动态变化的,是由数据流中所有已出现文档的前 n 个高频词组成的。随着时间的变化,以前所有的查询表示都需要在新的特征项上更新一遍。如果一个报道触发了某个已有的查询,即它们的相关性值大于对应的阈值,则认为这篇报道讨论了被触发查询对应的话题,否则,认为这篇报道讨论了新话题。

假设 $\boldsymbol{q}$ 是一个查询(query),$\boldsymbol{q}$ 是由一组特征项组成的,相应的基于这些特征项可以为每个报道建立相应的表示 $\boldsymbol{d}$,然后就可以计算查询 $\boldsymbol{q}$ 和报道 $\boldsymbol{d}$ 之间的相关性:

$$\mathrm{eval}(\boldsymbol{q},\boldsymbol{d})=\frac{\sum_i w_i \cdot d_i}{\sum_i w_i} \tag{7.12}$$

其中,w_i 表示查询特征项 q_i 的权重,d_i 是特征项 q_i 在报道表示中对应的权重。

由于未来的报道在实时环境下是未知的,需要根据一个辅助语料 c 来计算 IDF,这个辅助语料要与当前检测的文本数据流属于同一个领域,计算方法如下:

$$d_i=0.4+0.6 \cdot \mathrm{tf}_i \cdot \mathrm{idf}_i \tag{7.13}$$

$$\mathrm{tf}_i=\frac{t_i}{t_i+0.5+1.5 \cdot \dfrac{\mathrm{dl}}{\mathrm{avg\_dl}}} \tag{7.14}$$

$$\mathrm{idf}_i=\frac{\log \dfrac{|c|+0.5}{\mathrm{df}_i}}{|c|+1} \tag{7.15}$$

其中,t_i 表示特征 q_i 在报道 $\boldsymbol{d}$ 中的词频,dl 为报道 $\boldsymbol{d}$ 的长度,avg_dl 为辅助语料中的平均文档长度,df_i 为特征 q_i 在 c 中的文档频率,$|c|$ 为语料 c 包含的文档数。查询中特征 q_i 对应的权重是所有已出现报道中的 tf_i 的平均值。

进一步的研究表明,新闻报道的时间特征有助于提高在线话题检测的性能,数据流中时间接近的报道更有可能讨论相同的话题。因此,可以在阈值模型中增加时间惩罚因子,当第 j 篇报道与第 i 个查询($i<j$)进行比较时,相应的阈值定义如下:

$$\theta(\boldsymbol{q}^{(i)},\boldsymbol{d}^{(j)})=0.4+p \cdot (\mathrm{eval}(\boldsymbol{q}^{(i)},\boldsymbol{d}^{(j)})-0.4)+\mathrm{tp} \cdot (j-i) \tag{7.16}$$

其中,$\mathrm{eval}(\boldsymbol{q}^{(i)},\boldsymbol{d}^{(j)})$ 为查询 $\boldsymbol{q}^{(i)}$ 的初始阈值,p 是初始阈值的权重参数,tp 为时间惩罚因子的权重参数。

单遍聚类算法对数据的输入顺序非常敏感,一旦数据的顺序发生改变,聚类结果可能会发生很大的改变。但是在 TDT 任务中,数据流中的报道顺序是确定的。由于单遍聚类算法具有原理简单、计算复杂度低、支持在线运算的优点,因此它非常适合大规模新闻报道数据流的实时话题检测。该检测算法还有几个方面可以改进,例如建立更好的报道表示形式,提出更有效的相似度计算方法,更合理地利用报道的时间顺序信息。

7.7.2　话题回溯检测

话题回溯检测的主要任务是从过去所有已经产生的报道中检测出未被识别出的话题。在 TDT 早期的研究当中,话题回溯检测主要采用一种基于平均分组的层次聚类算法[5,6]。该方法采用了分而治之的策略,将新闻报道流按时间顺序平均切分成若干集合,在每个集合中进行自底向上的层次聚类,再将相邻的类簇聚合成新的类簇,反复迭代这一过程直到满足给定的条件为止,最终的输出为具有层次关系的话题类簇。该算法由于复杂度较高,所以只适合于话题回溯检测,不适用于在线话题检测。

7.8　话题跟踪

话题跟踪的主要任务是对特定话题进行追踪,即给定与特定话题相关的少量报道,检测出新闻报道流中与该话题相关的后续报道。从信息检索的角度,话题跟踪与信息过滤所要解决的问题非常类似。因此,可以采用信息过滤中的查询方法进行话题跟踪。首先,利用话题的训练语料建立查询器,该训练语料以待跟踪的话题的少量相关报道作为正例样本,其他的报道作为负例样本。然后计算查询器与后续报道之间的相似度,通过相似度和阈值的比较来判断该报道是否属于待跟踪的话题。在实际应用中,通常有两种构建查询器的方法:一种方法是基于语言模型,这种方法往往需要大规模的背景语料进行模型的训练;另一种方法是基于向量空间模型,该方法的核心问题是如何利用向量空间模型更有效地表示待跟踪的话题,主要的解决方案包括基于相关反馈(relevance feedback)建立查询、基于浅层句法分析技术进行特征抽取、对不同特征进行加权。基于相关反馈的查询器的构造只利用了相关报道,并设定了两个阈值:查询阈值 t_1 和查询器调整阈值 t_2,$t_1 < t_2$。具体的构造过程如下:

① 将训练集中出现的非停用词 w 按其对应的 $r \cdot \mathrm{idf}(w)$ 值由高到低排序,其中 r 为包含词 w 的相关报道数量,$\mathrm{idf}(w)$ 为词 w 的倒排文档频率。

② 取前 n 个词组成查询向量 q,查询向量第 k 维对应的词语的权重取值为 $q(w_k) = \mathrm{tf}(w_k) \cdot \mathrm{idf}(w_k)$,$\mathrm{tf}(w_k)$ 为所有相关报道中 w_k 的平均 tf 值。

新闻报道的特征向量也为构建查询器时选择的 n 个词语所组成的。对应查询器中的第 k 维,新闻报道向量的第 k 维的权重值为

$$d(w_k) = 0.4 + 0.6 \cdot \mathrm{tf}(w_k) \cdot \mathrm{idf}(w_k) \tag{7.17}$$

新闻报道 d 和查询器 q 的相似度采用加权求和方法计算:

$$\mathrm{sim}(q,d) = \frac{\sum_k q(w_k) \cdot d(w_k)}{\sum_k q(w_k)} \tag{7.18}$$

如果当前报道和话题的最新报道时间差距过大,则直接认为该报道不属于待跟踪话题。如果相似度值 $\mathrm{sim}(q,d)$ 大于阈值 t_1,则认为报道属于待跟踪话题,且还大于阈值 t_2 的话,查询器需要吸收该报道的重要特征信息;否则认为该报道与待跟踪话题不相关。

从文本分类角度,话题跟踪任务可以定义为与跟踪话题相关(正例)和不相关(负例)两种类别的报道。利用较少的正例样本和大量负例样本就可以构建一个分类训练集,通过学习一个线性的分类器对新的报道进行类别预测。因此常见的分类方法都可以用于话题跟踪,例如 K -近邻算法、Rocchio 算法和决策树等。

K -近邻方法以增量的方式建立由正例和负例样本构成的训练集。当新的报道出现时,计算其与训练集每个样本之间的相似度,根据相似度来找出 K 个距离最相近的样本,最终基于距离最近的 K 个训练样本投票决定新报道是否属于待跟踪的话题。该方法的缺点是类别不平衡问题对算法有较大影响,即负例样本数远大于正例样本数。但是它不要求对词语和文档有很多的先验知识。对这种方法的改进工作包括对正例和负例样本分别构建 K -近邻模型,一个用于计算新报道与话题相关的训练样本之间的相似度 S^+,另一个用于计算新报道与话题不相关的训练样本之间的相似度 S^-,最后基于两者的线性加权综合判定该报道是否属于

待跟踪的话题。

　　还有一些基于决策树的话题跟踪方法,这些方法的最大缺点就是只能输出"是"或"否"的判断结果,不能输出一个实数型的可信度值,因此不能产生有效的 DET 评估曲线。后续的工作包括对报道和话题的表示方法进行改进,例如引入时间、地点、人物等新闻要素,还包括基于集成学习方法将多个弱跟踪器组合成一个强跟踪器。

　　由于构建话题模型的初始训练数据过于稀疏,且不具备被跟踪话题的先验知识,因此可能会使得基于初始样本得到的话题模型不够充分和准确。同时,话题是动态发展的,在话题发展一段时间以后模型往往无法进行有效的跟踪。所以,有学者提出了自适应话题跟踪(adaptive topic tracking,ATT)方法,根据时间变化动态地调整模型。

　　ATT 研究主要依靠系统的"伪"标注修改话题跟踪模型,建立动态的话题特征,同时对特征权重进行动态调整,并进行增量式的模型学习。Dragon 公司[7] 和 UMass[8] 都是最早尝试无监督 ATT 研究的机构,前者把认为相关的报道嵌入到训练语料中,并基于语言模型构造新的话题模型。而后者则将所有先验报道的质心作为话题模型,并将先验报道与话题模型相关度的平均值作为阈值,后续跟踪过程中每次检测到相关报道时,都将其嵌入到训练语料中,并根据上述方法重新估计话题模型和阈值。ATT 以自学习的方式,逐步加入伪标注样本进行模型学习和修正,弥补了由于初始的训练样本稀疏和话题动态演变所造成的话题跟踪模型缺陷,从而提高了跟踪话题模型的能力。但是 ATT 的自学习模块完全基于伪标注样本产生跟踪的反馈,不加鉴别地用于话题模型的更新,容易在话题模型中引入大量不相关的信息,从而导致话题漂移,影响后续话题跟踪的性能。

7.9　突发话题检测

　　随着 Web 技术尤其是社交媒体的快速发展和普及,许多社会舆情事件都会在网络上产生并快速传播,这些事件的发生往往具有很强的突发性,并且事件相关的数据更加复杂和庞大,这些都给传统的 TDT 技术带来了许多挑战。新闻报道和社交媒体的数据流中包含天然的时序信息,通过对这种时序信息的分析,可以观察到话题是何时发生的,何时爆发的,又是何时衰退的。突发话题检测就是指从文本数据流中检测出随时间迅速发展的突发性话题,也称为突发事件检测(bursty/breaking event detection)。

　　传统的 TDT 中的话题检测与突发话题检测面临的场景和所采用的解决方法不同。传统的话题检测以文档为主要处理对象,采用向量空间模型进行文档表示,核心工作是计算文档间的相似度。重点是检测新报道属于已有话题中的哪一个,或者是否讨论新话题。不能判断话题是否具有突发性。而在社交媒体数据流中,文档内容简短,向量空间模型难以产生有效的表示。其次,话题的发生和传播速度非常快,需要分析话题的突发特征和突发期。根据突发特征识别的顺序,突发话题检测方法可分为以文档为中心(document-pivot)和以特征为中心(feature-pivot)的两种方法[9]。前者首先通过文档聚类进行话题检测,然后对话题进行突发性评估。后者首先检测出突发特征,再将突发特征进行聚类以检测突发话题。这两种方法都要进行突发状态的识别。前者通常针对聚类后的话题进行突发状态识别,而后者针对特征进行突发状态识别。

7.9.1　突发状态识别

Kleinberg 算法[10]是一个著名的用来检测突发状态的算法。该算法利用自动机模拟数据流中文档的到达时间,以识别一段有限时间内高强度的突发特征或突发话题。算法的核心思想是通过自动机模拟词语或者话题的状态以及状态之间的转换,不同状态表示词的不同出现频率,状态之间的转换表示"突发"的产生或者消亡。通过对文本流中相邻文本之间的时间间隔建模,获得最优的时间间隔序列,从而可以发掘出消息文本所对应的状态。

在这种方法中,文本流被组织成文档序列 $D=\{D_1,D_2,\cdots,D_n\}$,其中 D_i 表示在第 i 个时间片内的文本,对于特征词项 w,统计 w 在每个时间片内的频率 $r_{w,i}$,生成序列 $r_w=\{r_{w,1}, r_{w,2},\cdots,r_{w,n}\}$。这里假设序列是由二元状态自动机生成的。因此,问题就转换为由已知的观察序列求解隐含的状态序列,该问题即为隐马尔科夫问题。其中,隐含的状态包含突发状态和正常状态两种。最终利用状态序列求解方法为特征词在每个时间片上标注相应的隐含状态,即突发期和正常期。

根据以上思路,首先采用指数分布模拟文档的到达时间。两个相邻文档 i 和 $i+1$ 的间隔 x 服从指数分布,其密度函数为

$$f(x)=\alpha \mathrm{e}^{-\alpha x}, \quad \alpha > 0, x > 0 \tag{7.19}$$

其中,α 表示文档的到达速率。相应的分布函数为

$$F(x)=1-\mathrm{e}^{-\alpha x}, \quad \alpha > 0, x > 0 \tag{7.20}$$

同时,期望值为 α^{-1}。不同参数对应的密度函数曲线如图 7.6 所示。

对于突发状态检测任务,定义词项的两个状态:正常状态 q_0(低状态)和突发状态 q_1(高状态)。每个时刻自动机都处于其中的一个状态,所处的这个状态会在一个时间间隔后产生一个文档,随后以一定概率转换到另一个状态或者保持在原有的状态。突发话题则被模拟成一段周期内高低状态的转换。如图 7.7 所示,当词项在低状态 q_0 时,间隔 x 有密度函数 $f_0(x)= \alpha_0 \mathrm{e}^{-\alpha_0 x}$;当词项处于高状态 q_1 时,间隔 x 有密度函数 $f_1(x)=\alpha_1 \mathrm{e}^{-\alpha_1 x}$,显然到达速率 $\alpha_1 > \alpha_0$。

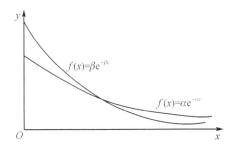

图 7.6　不同参数对应的密度函数曲线

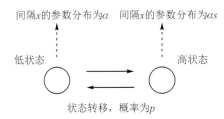

图 7.7　状态转移示例

假设已知数据流中的第 $n+1$ 个文档,记录其间隔序列 $x=(x_1,x_2,\cdots,x_n)$,令 x 对应的状态序列为 $q=(q_{i_1},q_{i_2},\cdots,q_{i_n})$,状态转移的概率为 p,则对于间隔序列 x 的密度函数为

$$f_q(x)=\prod_{t=1}^{n} f_{i_t}(x_t) \tag{7.21}$$

其中,i_t 表示 x 中时间间隔 x_t 的状态值。

如果 b 为序列中状态转移的次数,那么 q 的先验概率为

$$P(\boldsymbol{q}) = p^b (1-p)^{n-b} \tag{7.22}$$

根据贝叶斯公式,可得到给定间隔序列条件下状态序列的后验概率:

$$P(\boldsymbol{q} \mid \boldsymbol{x}) = \frac{P(\boldsymbol{q}) f_q(\boldsymbol{x})}{\sum_{\boldsymbol{q}'} P(\boldsymbol{q}') f_{q'}(\boldsymbol{x})} = \frac{1}{Z} \left(\frac{p}{1-p} \right)^b (1-p)^n \prod_{t=1}^{n} f_{i_t}(x_t) \tag{7.23}$$

其中, $Z = \sum_{\boldsymbol{q}'} P(\boldsymbol{q}') f_{q'}(\boldsymbol{x})$ 。

根据最大似然估计原理,对式(7.23)中的等号两边同时取对数后取反可得:

$$-\ln P(\boldsymbol{q} \mid \boldsymbol{x}) = b \ln\left(\frac{p}{1-p} \right) + \left(\sum_{t=1}^{n} -\ln f_{i_t}(x_t) \right) - n\ln(1-p) + \ln Z \tag{7.24}$$

其中等号右边第三项和第四项与 q 无关。因此,可设计如下损失函数:

$$c(\boldsymbol{q} \mid \boldsymbol{x}) = b \ln\left(\frac{p}{1-p} \right) + \left(\sum_{t=1}^{n} -\ln f_{i_t}(x_t) \right) \tag{7.25}$$

通过损失函数 $c(\boldsymbol{q}|\boldsymbol{x})$ 最小化的求解可得到最可能的状态序列。其实,要求解的状态序列其状态变化的次数应尽量少,同时还应使其适应观测值间隔序列 $\boldsymbol{x}$ 。

Kleinberg 算法还可以把两个状态扩展为无限状态,假设状态序列 $\boldsymbol{q}$ 中的每一个状态都有可能属于状态 $(q_0, q_1, \cdots, q_i, \cdots)$ 中的一个。同时,为了简化模型和方便推导,令时间间隔的估计量为 $\hat{g} = T/n$,并令 $\alpha_0 = n/T$,其中 T 为时间段的总时长。当 $i > 0$ 时,存在状态 q_i 及相应的指数分布密度 f_i ,使得 $\alpha_i = \alpha_0 s^i$, $s > 1$ 为缩放参数。最后,定义一个损失函数 $\iota(i,j)$ 用于刻画状态 s_i 到 s_j 的转换,使得低状态转化为高状态的损失正比于状态之间的差值,而高状态转化为低状态的损失为 0,即

$$\iota(i,j) = \begin{cases} (j-i)\gamma\ln n, & j > i \\ 0, & j \leqslant i \end{cases} \tag{7.26}$$

其中, γ 为状态转化控制参数(通常设为 1)。给定参数 s 和 γ ,可用 $A_{s,\gamma}^*$ 表示这一自动机($*$ 表示无限状态)。给定间隔序列 $\boldsymbol{x} = (x_1, x_2, \cdots, x_n)$,目标是求解一个状态序列 $\boldsymbol{q} = (q_{i_1}, q_{i_2}, \cdots, q_{i_n})$ 使得以下的代价函数值最小:

$$c(\boldsymbol{q} \mid \boldsymbol{x}) = \left(\sum_{t=1}^{n-1} \iota(i_t, i_{t+1}) \right) + \left(\sum_{t=1}^{n} -\ln f_{i_t}(x_t) \right) \tag{7.27}$$

令 $\delta(x) = \min\limits_{i=1,2,\cdots,n} \{x_i\}$,且 $k = \lceil 1 + \log_s T + \log_s \delta(\boldsymbol{x})^{-1} \rceil$ 。可以证明,如果 $\boldsymbol{q}^*$ 是状态机 $A_{s,\gamma}^k$ 的最优状态序列,那么它也是状态机 $A_{s,\gamma}^*$ 的最优状态序列。这样就可以将无限状态序列寻优问题转化为有限状态下的寻优。

为了求解上述问题的解,可以利用动态规划算法,例如维特比解码方法(Viterbi decoding)。令 $C_j(t)$ 为给定间隔序列 $\boldsymbol{x} = (x_1, x_2, \cdots, x_t)$ 的最小损失状态序列,则存在如下的递归关系:

$$C_j(t) = -\ln f_j(x_t) + \min_l (C_l(t-1) + \iota(l,j)) \tag{7.28}$$

然后,设置初始状态值 $C_0(0) = 0$, $C_j(0) = +\infty$,就可以按时间 t 迭代求解 $C_j(t)$,最终得到 $\boldsymbol{x}$ 对应的最优状态序列。Kleinberg 算法既可以检测特征级别的突发状态,也可以用于检测话题级别的突发状态。因此,它既可以用于以特征为中心的突发话题检测,也可以用于以文档为中心的突发话题检测。

还有一种突发特征检测方法是基于假设检验[11],该方法假设在一个给定的时间片段内,

特征词的频率服从正态分布。在时间片段 i 内，定义特征词 k 的频率为 p_k^i。设拟考虑的时间片段数量为 L，正常状态下特征词 k 的频率在第 i 个时间片段内服从正态分布 $p_k^i = N(\mu_k, \delta_k^2)$。由正态分布的曲线可知，特征词 k 的频率大于阈值 $\theta_k^i = \mu_k + 2\delta_k^2$ 的概率小于 5%，大于该阈值则认为其处于突发状态。参数 μ_k 和 δ_k 的值可以通过最大似然估计求出：

$$\mu_k = \frac{1}{L}\sum_{i=1}^{L} p_k^i \tag{7.29}$$

$$\delta_k = \frac{1}{L}\sum_{i=1}^{L}(p_k^i - \mu_k)^2 \tag{7.30}$$

7.9.2　突发话题生成

检测出特征词项的突发状态以后，还不能检测出突发话题，因为单个的词语是无法表达一个话题的。因此，接下来的处理需要从突发特征中检测出话题。通常，一个话题可以由相互关联的多个特征词项来确定。因此，一种常用的方法是构建突发特征词项之间的关联图，然后通过特征词图的划分来发现话题，每个子图可以确定一个话题。例如，对于 2022 年 "3·21 东航客机事故" 这个热点事件，社交媒体和新闻媒体都有事件相关进展的同步跟踪报道，与该事件相关的特征词，例如 "东航" "坠机" "埌南镇莫埌村" "救援" 等在事件发生后的一段时间内出现频率大幅增加，且这些词语常常出现在同一篇报道里，因此，相互之间也具有很强的关系。

设某一时间片段内的报道集合为 d，突发特征集合为 $w = (w_1, w_2, \cdots, w_n)$，以下是一种计算突发特征词项 w_i 和 w_j 之间的关联系数的方法[12]：

$$C_{i,j} = \log \frac{n_{i,j}/(n_i - n_{i,j})}{(n_j - n_{i,j})/(N - n_j - n_i + n_{i,j})} \times \left| \frac{n_{i,j}}{n_i} - \frac{n_j - n_{i,j}}{N - n_i} \right| \tag{7.31}$$

其中，$n_{i,j}$ 为报道集合 d 中同时包含特征词项 w_i 和 w_j 的报道的数量，n_i 表示包含特征词项 w_i 的报道数，n_j 表示包含特征词项 w_j 的报道数，N 表示报道集合 d 中的报道总数。根据该公式可以为每个时间片段内的突发特征词构建一个有向的关联图，其中若 $C_{i,j}$ 大于一个阈值，则为相应的两个特征词语构建一条边，否则没有边。然后，可以在该有向图中，寻找所有的最大全联通子图，每个子图即表示一个突发话题，包含该子图相应的特征词的报道即为该话题相关的报道。

此外，还有另外一些以特征为中心的突发事件检测方法[9]。该方法首先将报道数据流按天进行时间窗口的切分。然后，根据特征词项在每天的报道中出现的概率与其在全局的概率进行比较，筛选出一组突发特征。随后将这组突发特征进行分组，对应不同的突发事件，每个突发事件包含一部分突发特征。最后再对每个突发事件按天进行突发期识别。

7.10　本章小结

话题检测与跟踪是 21 世纪初期文本挖掘领域一个较为活跃的研究方向。近年来，该方向的主要研究内容为如何面向社交媒体等新型应用场景进行有效的话题检测与跟踪。另一方面，还有一些工作尝试将最新的机器学习研究成果应用到该任务中，例如，基于分布式表示学习方法改进传统的向量空间模型[13]，以提高文本间相似度计算的性能。

话题检测与情感分析、事件抽取等任务也具有非常密切的联系。话题检测与跟踪和情感分析任务的结合不仅可以有效地检测热点话题，还可以评价话题对大众造成的影响。话题检测与跟踪和事件抽取任务的结合可以分析话题的语义信息,包括话题的主要内容、发生地、发生时间、主要人物等,为舆情分析和引导决策提供有力的支持。

参考文献

[1] 洪宇,张宇,刘挺,等. 话题检测与跟踪的评测及研究综述[J]. 中文信息学报,2007,21
(6):71-87.

[2] Kumaran G, Allan J. Text classification and named entities for new event detection[C].
Proceedings of the 27th Annual International ACM SIGIR Conference on Research and
Development in Information Retrieval, 2004: 297-304.

[3] Leek T, Schwartz R, Sista S. Probabilistic approaches to topic detection and tracking
[J]. Topic Detection and Tracking: Event-based Information Organization, 2002,
67-83.

[4] Allan J, Papka R, Lavrenko V. On-line new event detection and tracking[C]. Proce-ed-
ings of the 21st Annual International ACM SIGIR Conference on Research and Develop-
ment in Information Retrieval, 1998: 37-45.

[5] Yang Y, Pierce T, Carbonell J. A study of retrospective and on-line event detection[C].
Proceedings of the 21st Annual International ACM SIGIR Conference on Research and
Development in Information Retrieval, 1998: 28-36.

[6] Allan J, Carbonell J, Doddington G, et al. Topic detection and tracking pilot study:final
report[J]. Proceedings of the DARPA Broadcast News Transcription and Understanding
Workshop, 1998: 194-218.

[7] Yamron J P, Knecht S, Mulbregt P. Dragon's tracking and detection systems for the
TDT2000 evaluation[C]. Proceedings of the Topic Detection and Tracking Workshop,
2000: 75-79.

[8] Connell M, Feng A, Kumaran G,et al. UMass at TDT 2004[C]. In Proceedings of the
Topic Detection and Tracking Workshop, 2004, 109-155.

[9] Fung G P C, Yu J X, Yu P S, et al. Parameter free bursty events detection in text
streams[C]. In Proceedings of VLDB, 2005: 181-192.

[10] Kleinberg J. Bursty and hierarchical structure in streams[C]. Proceedings of the 8th
ACM SIGKDD International Conference on Knowledge Discovery and Data Mining,
2002: 91-101.

[11] Yao J, Cui B, Huang Y, et al. Bursty event detection from collaborative tags[J].
World Wide Web, 2012, 15: 171-195.

[12] Cataldi M,Di Caro L, Schifanella C. Emerging topic detection on twitter based on tem-
poral and social terms evaluation[C]. Proceedings of the 10th International Workshop
on Multimedia Data Mining, 2010: 1-10.

[13] Fang A, Macdonald C, Ounis I, et al. Using word embedding to evaluate the coherence of
topics from twitter data[C]. In Proceedings ofthe 39th International ACM SIGIR Conference
on Research and Development in Information Retrieval, 2016: 1057-1060.

第 8 章　社交网络分析

社交网络分析是一个强调个体行为与社会关系相互影响的研究课题。长期以来,社会研究主要关注个体的行为,却忽略了行为的社会属性。艾伦·巴顿(Allen Barton,1968)曾形象地描述过这一情况,他指出过去的社会研究主要依赖于经验性抽样调查,通过对个人的随机抽样,研究过程变成了一种将个体从社会背景中撕裂出来的绞肉机,这种研究忽略了人际互动的重要性。与此形成鲜明对比的是,社交网络分析强调人们的行为与其所嵌入的社会关系之间紧密相连,认为行为的结果受制于社交关系模式。

社交网络分析关注的是个体之间的关系,以及这些关系对个体行为的影响。社交网络不仅包括个体与个体之间的直接联系,还涵盖了更为复杂的社会结构和动态关系。通过深入了解社交圈、组织、社区等层面的结构和关系,我们能够更全面地理解个体行为的根本原因。社交网络分析不仅是一种方法论,更是一种认识社会行为的新视角,强调了个体与社会之间不可分割的联系。

随着社会研究的不断发展,社交网络分析在解释和理解复杂的社会现象方面发挥着重要作用。从个体的微观层面到整个社会的宏观结构,社交网络分析为我们提供了一种全新的研究途径。未来,我们可以期待在社交网络分析的框架下深入探讨互动、沟通、群体行为、信息传播等诸多领域,为社会科学的发展开辟新的研究方向。

8.1　社交网络分析基础

8.1.1　基本概念

社交网络分析是运用网络科学理论研究社会关系的领域,通过构建和分析网络结构,揭示参与者之间的相互联系。利用信息处理技术进行社交网络分析时,通常都是将社交网络表示为图结构,然后结合图论的一些方法和工具进行社交网络分析。通常,图结构包括无向图和有向图两种,如图 8.1 所示。

节点(node):节点是社交网络中的个体,可以是人、组织或其他实体。每个节点代表一个参与者。例如,图 8.1(a)中的 v_1 和 v_2 就是两个节点,分别代表不同的个体。

边(edge):边是节点之间的连接线,表示两个节点之间存在某种关系。在社交网络中,边通常代表人与人之间的关系,比如友谊、合作等。在图 8.1(a)中,e_1 表示连接节点 v_1 和 v_2 的一条边。

无向图(undirected graph):无向图中的边没有方向,即连接两个节点的关系是相互的。在社交网络中,这通常表示关系是对称的,没有明确的起点和终点。图 8.1(a)展示了一个无向图的例子,其中 e_1 连接 v_1 和 v_2。

有向图(directed graph):有向图中的边具有方向,表示连接两个节点的关系有一个明确的起点和终点。在图 8.1(b)中,箭头方向表明了关系的指向,v_1 指向 v_2。这种表示方式更符合某些社交关系的实际情况。

度（degree）：节点的度是指与其相连的边的数量，表示一个节点在网络中的活跃程度。在图 8.1(a)中，v_1 的度为 2，因为它与 v_2 和 v_3 相连。

入度（in-degree）：在有向图中，节点收到的边的数量被称为入度。在图 8.1(b)中，v_2 的入度为 1，因为只有来自 v_1 的一条边。

出度（out-degree）：在有向图中，节点发出的边的数量被称为出度。在图 8.1(b)中，v_2 的出度为 2，因为它向 v_3 和 v_4 各发出一条边。

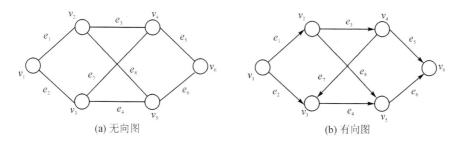

(a) 无向图　　　　　　　　　　　　　(b) 有向图

图 8.1　图结构示例

在社交网络分析中，通常用 $G(V, E)$ 来表示一个网络的拓扑图，其中 $V = \{v_1, v_2, \cdots, v_n\}$ 是节点的集合，$E = \{e_1, e_2, \cdots, e_m\}$ 是边的集合，而 n 和 m 分别表示节点数和边数。图的邻接矩阵表示为 $\boldsymbol{A}_{n \times n} = (a_{ij})$，其中 n 表示节点的数量。在无向图中，当且仅当节点 v_i 与 v_j 之间存在连接时，a_{ij} 的值为 1；反之，如果节点 v_i 与 v_j 之间没有连接，则 a_{ij} 的值为 0。对于有向图，邻接矩阵同样被表示为 $\boldsymbol{A}_{n \times n} = (a_{ij})$，其中 $a_{ij} = 1$ 表示存在一条从节点 v_i 指向 v_j 的有向边，而 $a_{ij} = 0$ 则表示没有这样的有向边。在带权网络中，图的邻接矩阵被记为 $\boldsymbol{W}_{n \times n} = (w_{ij})$。如果节点 v_i 与 v_j 之间存在连接，则 w_{ij} 表示这条边上的权值；若没有连接，则 w_{ij} 的值为 0。

在图理论中，一条路径是由节点和边的交替序列构成的，形如 $v_1, e_1, v_2, e_2, \cdots, e_{(n-1)}$，$v_n$。其中，$v_i$ 和 v_{i+1} 是边 e_i 的两个端点。如果对于网络中的任意一对节点，都存在一条路径使它们相连，那么称这个网络是连通的。网络的连通性是网络分析中一个重要的概念，它影响着信息传播、结构特征等多个方面。一个连通的网络具有更强的信息传递能力和更复杂的结构，因此在研究网络的基本性质和功能时，连通性是一个关键的考虑因素。

8.1.2　社交网络分析的发展

社交网络分析（social network analysis，SNA）最早由英国著名社会人类学家阿尔弗雷德·拉德克利夫-布朗（Alfred Radcliffe - Brown）在社会结构分析中提出[1]。他将注意力从个体行为转向了个体之间的相互关系，强调社会结构对行为的影响。这为后来社交网络分析的发展奠定了理论基础。

从学术上来说，社交网络分析是一门跨学科的研究领域，汇聚了信息学、数学、社会学、管理学和心理学等多学科的理论和方法。其主要目标是通过可计算的分析方法，深入理解人类社交关系的形成、行为特征分析以及信息传播规律。SNA 的方法学基础涉及复杂网络理论、图论、统计学等多个领域，它借助于计算机科学的发展，使得对庞大网络结构进行深入研究成为可能。通过构建和分析网络结构，SNA 能够揭示出群体中个体之间的相互作用关系，形成对社交系统的深刻理解。SNA 不仅注重单一节点或边的性质，还着眼于整个网络结构的配置对个体、群体、组织或系统功能的影响。通过分析网络中节点的连接方式,我们能够了解信息传播、权力分布、合作关系等方面的动态。这种整体性的分析方法为理解复杂社交系统提供了深刻的洞见。

SNA 在各个学科领域都有广泛的应用。在社会科学中,它有助于理解社会结构、社交动态、领导力网络等;在管理学中,SNA 可用于优化组织结构、促进团队协作;在医学和流行病学中,SNA 能够揭示疾病传播的路径和关键节点。其灵活性和强大的分析能力使得 SNA 成为解决复杂系统问题的有效工具。SNA 主要的研究领域包括:

① 节点排序:主要研究网络中节点的重要性,即按照特定目标设计相应的计算节点重要性的方法。越重要的节点往往在某一方面对网络的影响更大。

② 链路预测:主要基于观测到的网络关系数据对缺失信息、将来信息的还原和预测。链路预测研究有助于揭示社交网络中新的关系可能性,从而更好地理解网络的演化过程。

③ 信息传播:基于网络拓扑结构研究信息的传播模式和过程。包括影响力最大化、信息扩散模型等。这一领域的研究有助于理解在社交网络中信息是如何传播和扩散的,为社交网络的应用提供了重要的参考。

这些研究构成了社交网络分析的核心内容,帮助人们更深入地理解人类社会中各种关系的形成、交互模式以及信息传播的规律。SNA 作为一种强大的分析方法,不仅帮助我们理解社交系统的内在机制,也为应对复杂社会挑战提供了实用的工具。随着计算能力的提升和数据采集技术的发展,SNA 正迎来新的机遇。深度学习、复杂系统建模等技术的融合将进一步推动 SNA 在理论和实践中的应用。未来,我们有望看到 SNA 在解释社交现象、预测趋势、制定政策等方面发挥更为重要的作用,为人类社会的可持续发展提供智能支持。

8.1.3　社交化媒体的发展

在信息技术领域,社交网络分析主要的研究对象为社交媒体数据。当前,社交化媒体的发展已经经历了多个阶段,如图 8.2 所示,从早期的论坛风潮和博客岁月,到社交时代和多元化的阶段。这一演进呈现出数字社会与用户互动方式的不断变革。

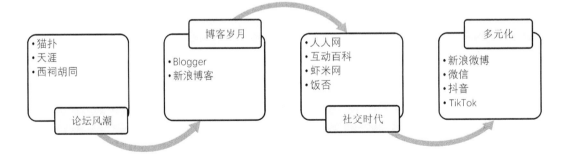

图 8.2　社交媒体演化进程

① 论坛风潮:早期社交化媒体的雏形,以猫扑、天涯和西祠胡同等论坛为代表,用户通过论坛进行话题讨论,促进了信息的分享和社交互动。

② 博客岁月:随着博客等媒体的兴起,一些信息分享平台,如 Blogger、新浪博客等成为用户展示个人观点、分享经验的重要场所,推动了个人创作和网络社交的发展。

③ 社交时代:进入社交媒体时代,人人网、互动百科、虾米网、饭否等社交平台崭露头角。这一时期强调真实身份和人际关系网络,用户开始更直接地分享生活和连接朋友。

④ 多元化阶段:随着社交媒体的多元化发展,新浪微博、Twitter 等迅速崛起,以短时文本分享为主,引领了微型博客的潮流。微信成为集社交、支付、服务等多功能于一体的移动社交平台。抖音(TikTok)则以短视频为主题,迅速在全球范围内走红,吸引了许多年轻用户。

这一演进不仅反映了数字社会媒体形式的多样化,也体现了用户社交行为的变迁。未来,随着技术的不断发展和社会需求的演变,社交化媒体将继续创新,推动数字社会互动模式的不断进化。

8.1.4　社交网络分析的应用

社交网络具有迅捷性、蔓延性、平等性与自组织性。正是由于这些特性,它在互联网出现的短短数十年内已经拥有数十亿用户,对社会生活的方方面面产生了重大影响。社交网络分析在多个学科领域得到了广泛的应用,包括社会学、计算机科学、管理学等,具体的应用包括以下几种:

① 社交推荐:基于社交网络或结合社交行为的推荐系统。例如,在 QQ 中推荐好友、微博中根据好友关系推荐内容。社交网络的用户关系可用于提高推荐算法的准确性,增加用户满意度。

② 舆情分析:在互联网出现之前就被广泛应用于政府公共管理、商业竞争情报收集等领域。社交网络中的信息非常新鲜,但真实度相对较低,传播速度超快,因此社交网络信息可以用于迅速了解和分析舆情,尽管难以控制信息的真实性。

③ 隐私保护:在社交网络中,用户会留下大量的网络行为痕迹。针对社交网络中用户留下的大量行为痕迹,实施隐私保护措施。社交服务提供商通过挖掘用户的网络行为,可能获取大量个人隐私信息。隐私保护措施旨在确保用户的敏感信息得到妥善处理,不被滥用。

④ 用户画像:通过研究用户的资料和行为,将其划分为不同的类型,进而采取不同的管理或营销等策略。在社交网络中,可以通过使用在线问卷的方式了解用户的行为,一方面通过统计学方法获得一些用户特征(经典的例子是沃尔玛的“啤酒和尿布”,即在特定时期,人们经常一起购买啤酒和尿布),另一方面通过机器学习进行建模和验证获得意外的收获。

⑤ 可视化:数据可视化是大数据发展过程中的热门话题。因为人类对图像信息的理解速度要远远大于对文字信息的理解,所以将社交网络分析的结果通过可视化呈现,有助于人们更生动地理解某些结果或现象。图形化展示社交网络结构、节点关系等信息,可以提高对复杂数据的理解速度。

这些应用展示了社交网络分析在不同方面的实用性,从推荐系统到舆情监测,再到用户隐私保护和数据可视化,社交网络分析为各行各业提供了有力的工具和方法。

8.1.5　社交网络分析相关理论

在社交网络分析中,有两个非常经典的理论,即六度分隔理论(six degrees of separation)[2]和 150 法则(rule of 150)。

1. 六度分隔理论

六度分隔理论是由美国著名社会心理学家斯坦利·米尔格伦(Stanley Milgram)在 20 世

纪 60 年代最先提出的理论。该理论表明"你和任何一个陌生人之间所间隔的人不会超过六个,也就是说,最多通过六个人你就能够认识任何一个陌生人"。

1967 年,斯坦利·米尔格伦进行了一项引人瞩目的研究,即连锁信件实验。他以美国内布拉斯加州奥马哈的 160 名居民为研究对象,通过随机发送一套连锁信件展开了这一实验。每封信中都包含了一个波士顿股票经纪人的名字,并要求接收者将这套信寄给自己认为与那位股票经纪人关系较为密切的朋友。这样的传递步骤循环进行,朋友们按照信中的要求将其再次传递给他们认为更接近目标经纪人的朋友。经过五六个独立步骤的传递,令人惊奇的是,大多数信件最终都成功抵达了目标股票经纪人手中。这个实验的结果成为六度分隔理论的基础,揭示了在社交网络中,人与人之间的联系关系并不像我们想象的那么遥远。这一理论不仅证明了社会网络的紧密性,也启示了信息和影响在社交网络中的高效传递,对后来的社交网络研究产生了深远的影响。

六度分隔理论揭示了社会中普遍存在的"弱纽带",这些看似脆弱的联系却在社交网络中发挥着强大的作用。在实际生活中,许多人在求职过程中都能亲身体会到这种弱纽带的显著效果。弱纽带使得人与人之间的距离在关键时刻变得异常"相近"。特别是在职场和拓展人际关系的过程中,弱纽带往往为个体提供了更广泛的社交机会。通过这些貌似脆弱的联系,人们能够跨越原有社交圈的边界,获得新的资源、信息以及职业机遇。在找工作的过程中,通过弱纽带能够更容易地获得关键性的介绍、推荐或者信息共享,进而提高成功求职的机会。这种六度分隔中的弱纽带现象,强调了社交网络中微小联系的重要性,它们如同无形的桥梁,架起了人际关系的通道。

微软的研究人员 Jure Leskovec 和 Eric Horvitz 在 2006 年也进行了类似的研究[3],他们对单一月份内的 MSN 简讯数据进行了一项分析,即利用来自一亿八千万名用户的三百亿通信消息进行比对,分析结果显示,任何一个使用者只需要通过平均 6.6 个人就可以与全数据库的一千八百亿用户建立关联。更为惊人的是,高达 87% 的使用者在 7 次以内就能够找到彼此之间的关联。

可以通过数学分析方法解释六度分隔理论:假设我们每个人平均认识 260 人,根据六度分隔理论,每个人通过最多六个中介就能够间接认识 260 的 6 次方个人,即 260^6,这相当于 308 915 776 000 000(约合 308 万亿)个人。即使考虑到网络中一些节点可能会有重复,这一数字也几乎相当于整个地球人口数量的若干倍。上述分析过程可以通过以下公式表示:

$$n = \frac{\log N}{\log W} \tag{8.1}$$

其中,n 表示网络的复杂度,N 表示人的总数,W 表示每个人的联系宽度(与之建立联系的人数)。这个公式进一步强调了在社交网络中,通过相对较短的中介人链,人们能够迅速建立起广泛的社交关系,展示了社交网络的强大连接性。

2. 150 法则

150 法则也被称为"赫特兄弟会"的原则。该法则源于欧洲,代表着一种自给自足的农民自发组织,这些组织在维持社群风气方面发挥了重要的作用。在当时,为了社群的有效管理,他们制定了一项不成文但严格遵循的规定:一旦聚居人口超过 150 人,就会主动将其分割成两个独立的群体,再各自发展。

这一法则的提出反映了人们对社会组织和社交网络的深刻认识。在 150 人的规模以下,社群成员之间的联系更为紧密,相互了解更加深入。然而,当社群规模逐渐超过这个阈值时,人际关系变得越发复杂,维持有效的沟通和合作变得更加困难。因此,将社群分割成规模更小的单元,有助于保持良好的社交关系和组织运作的高效性。

150 法则在现实生活中有着广泛的应用。例如,中国移动推出的"动感地带",设计上限制了最多只能保存 150 个手机号。这并非仅仅是技术限制,更是一种对于社交网络理论的实际应用。通过将联系人数量限制在 150 个以内,移动用户更容易在其社交圈内保持亲密、有意义的关系。微软推出的聊天工具 MSN 也契合了这一法则,该工具限制每个 MSN 账户最多只能拥有 150 个联系人。这种设计并非偶然,而是基于对社交网络动态的深刻理解。通过设定这一上限,MSM 鼓励用户在其聊天网络中建立更为紧密、有效的联系,避免信息过载和人际关系过于疏离的情况。

150 法则的实际应用并不仅限于通信领域。在组织管理中,一些成功的团队建设和领导理念也借鉴了这一法则,强调将大型组织分割成规模适中的小组,以促进更紧密的合作和更高效的沟通。这一法则的实际应用展示了对社交网络理论的深刻理解,并在现实生活中取得了实质性的效果。150 法则已经成为我们普遍公认的"我们可以与之保持社交关系的人数的最大值"。无论你曾经认识多少人,或者通过一种社会性网络服务与多少人建立了弱链接,那些强链接仍然在此时此刻符合 150 法则。这也与"二八"法则相吻合,即 80% 的社会活动可能被这 150 个强链接所主导。

这一法则的普遍性在于,人类大脑对于维持深层次社交关系的能力似乎有一定的上限。这并非仅仅是一种社交规律,更反映了人类社会演化中的一种适应性策略。通过限制亲密关系的数量,个体更能够投入更多的精力和资源来维护这些关系,保持社交网络的稳定和健康。150 法则也与社会心理学中的"邓巴数"相关联。英国牛津大学的人类学教授 Robin Dunbar 根据对猿猴的智力和社会网络的研究,得出了一个著名的结论:人类的智力水平使得我们能够在社交网络中维持稳定的联系人数,这个容限大约是 148 人,四舍五入约为 150 人。

这一发现在社交心理学和人类演化研究领域引起了广泛关注。Dunbar 的研究表明,人类大脑的生物学限制似乎在一定程度上影响了我们在社交网络中的互动模式。150 人这一数字不仅是一个统计上的观察,更是对于人类社交组织和个体认知能力的一种深刻洞察。这一结论不仅对社交网络的理论研究产生了影响,也为我们理解人类社交行为和社群演进提供了有益的线索。这种对智力和社交网络之间关系的研究有助于揭示人类社会形成和演变的基本规律,进一步深化了我们对于人类互动的认识。

8.1.6　数据挖掘中的社交网络分析

在信息处理中,我们会面临不同类型的数据,这些不同的数据很难用一种通用的方法来进行统一的分析处理。通常,可以把常用的信息处理数据分为属性(attribute)数据(如特征、观点、行为等)、概念型(ideational)数据(如语义、动机、定义等)以及关系型(relational)数据(如联系、关联、连接等)。

在进行数据分析时,不同类型的数据需要采用不同的分析方法。对于属性数据,可以采用变量分析(variable analysis)方法,通过研究各种属性之间的关系来深入理解其特征。而对于概念型数据,则适用于类型学分析(typological analysis)方法,通过研究概念之间的共性和差异来揭示其内在含义和动机。而对于关系型数据,正是社交网络分析发挥了关键作用。采用网络分析方法,能够深入挖掘个体之间的联系、关系和连接,揭示出社交网络的结构和特征。这种方法能够有效地呈现出群体内部的互动模式,从而为我们理解社会关系和行为提供了独特的视角。

因此,社交网络分析成为一种强大的工具,使我们能够更全面、系统地理解和解释不同数据类型所蕴含的信息。社交网络分析在数据挖掘中扮演着关键的角色,不仅改变了传统的分析方法,而且为改进传统分析方法提供了新的视角和手段。

图 8.3 展示了通过传统数据挖掘方法进行客户流失预测的过程,该方法采用了决策树模型。图中的表格列出了各个客户(customer)及其相关属性,包括年龄(age)、最近一次购买时间(recency)、购买频率(frequency)、消费金额(monetary)以及流失情况(churn)等。

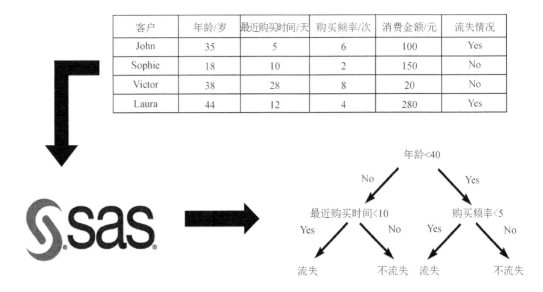

客户	年龄/岁	最近购买时间/天	购买频率/次	消费金额/元	流失情况
John	35	5	6	100	Yes
Sophie	18	10	2	150	No
Victor	38	28	8	20	No
Laura	44	12	4	280	Yes

图 8.3　客户流失预测

传统数据挖掘分析工具运用了这些属性数据,构建了一棵决策树来进行分类预测。决策树的根节点首先进行基于年龄的判断,例如判断年龄是否小于 40 岁。根据不同的判断结果,决策树就会分支出不同的路径,形成一系列的节点和分支,最终每个客户被分配到了树的叶子节点。每个叶子节点代表了客户的最终分类结果,即是否会流失。这一决策过程可能基于年龄以及其他属性的复杂组合。决策树的构建使得我们能够根据客户的特征将其划分到不同的群体,有助于更精准地理解客户群体的行为模式和特点。

表 8.1　数据挖掘分析方法在不同任务中的性能

任　务	特征数量	AUC
信用评分应用	10～15	70%～85%
行为信用评分应用	10～15	80%～90%
客户流失检测应用	6～10	60%～80%
欺诈检测应用	10～15	70%～90%

然而,传统分析方法在处理性能方面存在瓶颈,例如,表 8.1 给出了传统数据挖掘方法在不同任务中的性能。这个表格描述了在不同的应用背景下,使用传统分析方法时所面临的一些性能挑战。例如,在信用评分应用中,通常使用了 10～15 个特征,预测准确率范围为70%～85%。

类似地,对于行为信用评分应用和欺诈检测应用中,其特征数量也较多,准确率也较高。

但是,流失检测能够使用的特征数量较少,其准确率相对较低,这一现实说明传统分析方法的性能在一定程度上受到特征数量的影响。那么,要提高预测的准确率有两种策略可采用。首先,采用更复杂的模型技术,如神经网络、支持向量机和随机森林。这些模型具有强大的建模能力,但也可能存在可解释性不强和边际性能提升的问题。其次,可以通过数据增强的方式改进传统分析方法的性能,包括引入外部数据(如个人信用风险分数和人口统计数据等),以及社交网络数据。这样的策略使模型仍然保持可解释性,同时更全面地考虑了外部信息。

例如,在图 8.4 中,假设数据是独立且同分布的(independent and identically distributed, IID),客户的属性数据包括年龄、最近购买时间、购买频率、消费金额以及是否流失。如果我们了解到 John、Victor 和 Sophie 在 Facebook 上是朋友,或者 Laura 是 Sophie 的妈妈和 Victor 的女朋友。这时引入社交网络分析,即考虑人际关系网络,就能提供更多的信息。社交网络分析可以揭示顾客之间的关系,从而更全面地理解他们的行为和互动,使分析更接近实际情况。这种方法不仅可以提高模型的准确性,还能够捕捉到隐藏在关系中的信息,为业务决策提供更深入的洞察。

客户	年龄/岁	最近购买时间/天	购买频率/次	消费金额/元	流失情况
John	35	5	6	100	Yes
Sophie	18	10	2	150	No
Victor	38	28	8	20	No
Laura	44	12	4	280	Yes

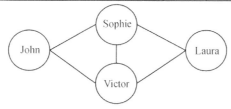

图 8.4　结合社会关系的客户流失预测

8.2　节点排序

节点排序在社交网络分析中是一个重要的问题。生态学中存在类似的问题,即食物链对整个生态系统的影响分析,哪些物种在食物链中担任关键角色? 哪些物种对整个生态的平衡产生最大的影响? 防疫学中也存在同样的情景,当传染病威胁到一个群体时,我们如何选择最有效的免疫策略,以避免疾病的大规模暴发? 此外,社交网络中的舆情传播也是一个备受关注的问题,为什么网络中的一些人能够迅速引发舆情事件的传播,而其他人则无法产生这样的影响? 通过社交网络分析,我们可以深入探讨网络结构和个体之间的关系,从而识别那些在信息传播中具有关键地位的重要节点。因此,社交网络分析的核心问题之一是如何有效地识别并理解网络中的这些重要节点,以便更好地理解和应对信息的传播和社交影响。

8.2.1　网络中的重要节点

在社交网络中,存在一些关键的节点,它们在网络中扮演重要角色,对信息传播、社交关系和群体行为等会产生重大影响。重要节点也就是指相对于网络中的其他节点而言,具有更大影响力,能够在更大程度上影响网络的结构特征与功能。网络结构特征包括度分布、平均距离、连通性、聚类系数、度相关性等方面,而网络功能则涉及网络的抗毁性、信息传播、同步、控制等方面。

在网络中,重要节点的数量通常非常有限,但它们的影响力却能够迅速传播到网络中的许多节点。这种现象反映了网络中少数节点的特殊地位,它们的存在对于整个网络的性质和运行起着关键作用。通过识别和理解这些重要节点,我们可以更好地把握网络的关键特征,了解网络的稳定性、信息传播机制以及对外部干扰的响应能力。

因此,重要节点不仅在网络的结构中扮演着关键角色,而且在网络的功能层面也对整个系统的行为产生了深远的影响。通过深入研究这些节点,我们能够更全面地理解社交网络的运作机制,为进一步的节点排序及其他分析和干预提供有力支持。通常,节点排序的方法主要包括基于节点近邻的排序方法、基于路径的排序方法以及基于特征向量的排序方法。这些方法在识别和分析网络中的重要节点时,通过考虑节点的连接关系、路径的传播特性以及节点在整个网络中的影响力等方面展现了各自独特的优势和适用场景。

8.2.2　基于节点近邻的排序方法

在社交网络分析中,基于节点近邻的排序方法是最简单、最直观的方法之一。其中,度中心性(degree centrality)和 K -壳分解(K - shell decomposition)是两种常用的度量方法。度中心性主要考察节点的直接邻居数目,认为邻居数越多,节点的影响力就越大。而 K -壳分解法则被认为是度中心性的一种扩展,它根据节点在网络中的位置来定义其重要性,认为越是在核心的节点越重要。

1. 度中心性

度中心性将节点的重要性与其他节点的连接数相关联,表征了节点在网络中的显著性。该指标认为一个节点的邻居数目越多,其在网络中的影响力就越大。例如,假设用户 A 的微信账号上有 20 个好友,而用户 B 的微信账号上有 1 000 个好友。根据度中心性指标,用户 B 的重要性较高,因为他有更多的直接邻居(好友)。因此,可以推断用户 B 的社交圈子更为广泛,其在社交网络中的影响力和传播范围相较于用户 A 更大。

以上例子仅考虑了无向图,在有向图中,度中心性需要考虑节点的入度和出度。此外,在带权网络中,度中心性的计算还需考虑节点的强度(strength),即连接到节点的边的权重之和。综合而言,度中心性刻画的是节点的直接影响力。度中心性指标具有简单、直观、计算复杂度低的特点。然而,它的缺点在于仅考虑了节点的局部信息,没有对节点周围的更深层、更细致的环境进行详细分析,因此在许多情况下可能不够精确。

2. K -壳分解法

K -壳分解法旨在确定网络中节点的位置。这一方法通过逐层剥离外围的节点,将网络分解成多个壳层,从而找出处于内层的节点,这些节点在网络中具有较高的影响力。通过 K -壳分解,我们可以识别网络中那些更加核心、关键的节点,从而更深入地了解网络的结构和特性。

如图 8.5 所示,此网络可以依次分解为三层壳。假设网络中不存在度数为 0 的孤立节点,从度指标的角度分析,度数为 1 的节点是网络中最不重要的节点。因此,首先将度为 1 的节点及其连边从网络中删除;删除操作进行之后的网络中会出现新的度为 1 的节点,接着将这些新出现的度数为 1 的节点及其连边删除;重复上述操作,直到网络中不再新出现度数为 1 的节点为止。此时所有被删除的节点构成第一层,即 1-shell,节点的 K_s 值等于 1。在剩下的网络中,每个节点的度数至少为 2。继续重复上述删除操作,得到 K_s 值等于 2 的第二层,即 2-shell。依次类推,直到网络中所有的节点都获得 K_s 值。

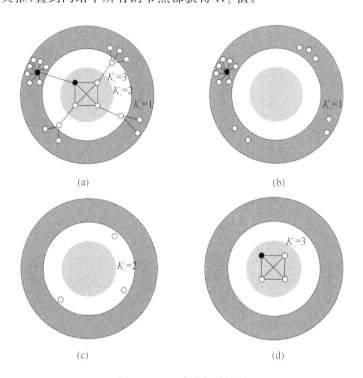

图 8.5　K-壳分解法实例

8.2.3　基于路径的排序方法

基于路径的排序方法包括接近中心性(closeness centrality)、Katz 中心性、介数中心性(betweenness centrality)等指标。

1. 接近中心性

该指标反映节点与网络中其他所有节点的距离的平均值。一个节点与网络中其他节点的平均距离越小,该节点的接近中心性就越大。这种方法考虑了节点到网络中其他节点的整体距离,强调信息传播的效率。因此,接近中心性可以理解为利用信息在网络中的平均传播时长来确定节点的重要性。这个指标旨在识别那些在网络中更容易迅速与其他节点交流信息的节点,这些节点在信息传递的角度上具有较高的影响力。接近中心性的值可以理解为路径长度的倒数,在连通网络中,可以使用以下公式计算任意一个节点 v_i 到网络中其他节点的平均最短距离:

$$d_i = \frac{1}{n-1} \sum_{j \neq i} d_{ij} \tag{8.2}$$

其中,d_{ij} 是节点 v_i 到节点 v_j 的最短距离,d_i 表示节点 v_i 到网络中其他节点的平均最短距

离。接近中心性 $C(i)$ 可以表示为

$$C(i) = \sum_{j-1}^{n} \frac{1}{d_{ij}} \tag{8.3}$$

其中，n 是网络中的节点数。图 8.6 给出了一个连通网络实例，其中 A 节点和 C 节点的接近中心性指标计算如下：

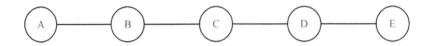

图 8.6　一个连通网络例子

$$C_C^N(A) = \left[\frac{\sum_{j=1}^{N} d(A,j)}{N-1} \right]^{-1} = \left[\frac{1+2+3+4}{4} \right]^{-1} = \left[\frac{10}{4} \right]^{-1} = 0.4 \tag{8.4}$$

$$C_C^N(C) = \left[\frac{\sum_{j=1}^{N} d(C,j)}{N-1} \right]^{-1} = \left[\frac{1+1+2+2}{4} \right]^{-1} = \left[\frac{6}{4} \right]^{-1} = 0.67 \tag{8.5}$$

然而，接近中心性值高的节点并不意味着其处于网络的绝对中心位置。例如，图 8.7 展示了网络中的一个接近中心性指标较高的节点，该节点与网络中其他节点的平均距离相对较短，但是，该节点的位置相对边缘，也就是说节点虽然可以具有高接近中心性值，但是其在整个网络中仍然可能处于非中心的位置。

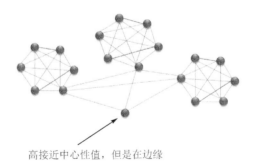

高接近中心性值，但是在边缘

图 8.7　接近中心性例子

接近中心性的计算需要对所有节点对之间的相对距离进行计算，导致了较高的计算复杂度。这意味着随着网络规模的增大，计算接近中心性计算所需的时间也会显著增加。尽管存在时间复杂度的挑战，接近中心性仍然是社交网络分析中不可或缺的重要概念，其对于评估节点在网络中的相对位置和影响力提供了重要指标。

2. Katz 中心性

与接近中心性不同，Katz 中心性不仅考虑节点对之间的最短路径，还考虑了其他非最短路径，即通过综合考虑不同步长的路径及其数目来计算节点的中心性。在 Katz 中心性值的计算中，一个与节点 v_i 相距有 p 步长的节点，对 v_i 的中心性的贡献为 s^p，其中参数 s $(0<s<1)$

是一个固定值。设 $l(p)_{ij}$ 为从节点 v_i 到 v_j 的长度为 p 的路径的数目,可得到一个描述网络中任意节点对之间路径关系的矩阵:

$$K = sA + s^2 A^2 + \cdots + spAp + \cdots = (I - sA)^{-1} - I \tag{8.6}$$

其中,A 为网络的邻接矩阵,I 为单位矩阵。Katz 中心性的计算方法采用矩阵求逆的方式,虽然相较于直接计算路径数目来说更为简单,但其时间复杂度仍然较高。此外,在考虑所有路径长度时,还存在一个问题,即节点 v_i 与 v_j 之间如果存在长度为 p 的路径,那么在使用 K 矩阵计算节点间长度为 p 的奇数倍的路径时,这条路径会被重复计算多次。

3. 介数中心性

该指标通常是指最短路径介数中心性(shortest path BC),它认为网络中所有节点对的最短路径中,经过一个节点的最短路径数越多,这个节点就越重要。例如,A 通过 B 认识 C,D 通过 B 认识 C,E 通过 B 认识 A,这里的 B 就起到了中介的作用,经过 B 的路径数越多,B 的重要性就越高。

介数中心性衡量了一个节点在网络中扮演中介角色的程度,即节点充当两个其他节点之间最短路径的次数。节点充当"中介"的次数越多,介数中心性就越大。换言之,节点的介数中心性越高,表示它在网络中连接其他节点的最短路径上起到的作用越显著。介数中心性的计算公式如下:

$$C_B(i) = \sum_{s \neq i \neq t, s < t} \frac{\sigma_{s,t}(i)}{\sigma_{s,t}} \tag{8.7}$$

其中,$\sigma_{s,t}$ 表示从节点 v_s 到 v_t 的所有最短路径的数量,$\sigma_{s,t}(i)$ 表示在这些最短路径中经过节点 v_i 的路径数量,通常对介数中心性进行归一化:

$$C'_B(i) = \frac{C_B(i)}{(n-1)(n-2)/2} \tag{8.8}$$

其中 n 是网络中节点的数量。介数中心性的规范化降低了网络大小对介数中心性的大小的影响。

8.2.4 基于特征向量的排序方法

前述方法主要从邻居的数量上考虑对节点重要性的影响,基于特征向量的方法同时考虑了节点邻居数量和其质量两个因素。这类方法包括特征向量中心性(eigenvector centrality)[4]、PageRank 算法[5]等。

1. 特征向量中心性

该方法认为一个节点的重要性不仅取决于其邻居节点的数量(度),还取决于每个邻居节点的重要性。设网络中的节点数为 n,邻接矩阵为 A,则节点的重要性值为

$$C_E(v_i) \propto \sum_{j=1}^{n} A_{ij} C_E(v_j) \tag{8.9}$$

将所有节点的重要性值转换成向量表达式:

$$x = \begin{pmatrix} C_E(v_1) \\ \vdots \\ C_E(v_n) \end{pmatrix} \tag{8.10}$$

上述式子可写为

$$x \propto Ax \tag{8.11}$$

即

$$x = \begin{pmatrix} C_E(V_1) \\ \vdots \\ C_E(V_n) \end{pmatrix} \propto \begin{pmatrix} \sum_{j=1}^{n} A_{1j} C_E(V_j) \\ \vdots \\ \sum_{j=1}^{n} A_{nj} C_E(V_j) \end{pmatrix} = \begin{pmatrix} A_{11} & \cdots & A_{1n} \\ \vdots & \ddots & \vdots \\ A_{n1} & \cdots & A_{nn} \end{pmatrix} \begin{pmatrix} C_E(V_j) \\ \vdots \\ C_E(V_j) \end{pmatrix} = Ax \tag{8.12}$$

这个公式表示节点的特征向量与邻接矩阵的乘积与特征向量本身成比例。通过等价变换，可以得到 $x = \dfrac{1}{\lambda} Ax$，其中 λ 为常数。因此，$Ax = \lambda x$，表明 x 是邻接矩阵 A 的特征向量。特征向量中心性由网络邻接矩阵的主特征向量对应的元素值表示，其数值越大，节点的重要性越高。主特征向量对应于邻接矩阵的最大特征值。例如，给定一个如图 8.8 所示的网络，特征向量中心性计算过程如下：

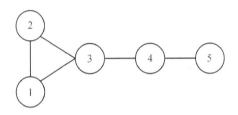

图 8.8   包含 5 个节点的网络

构建邻接矩阵：

$$A = \begin{pmatrix} 0 & 1 & 1 & 0 & 0 \\ 1 & 0 & 1 & 0 & 0 \\ 1 & 1 & 0 & 1 & 0 \\ 0 & 0 & 1 & 0 & 1 \\ 0 & 0 & 0 & 1 & 0 \end{pmatrix} \tag{8.13}$$

通过计算 $Ax = \lambda x$，可以得到网络的特征值 $\lambda_1 = -1.675\ 1$，$\lambda_2 = -1.000\ 0$，$\lambda_3 = -0.539\ 2$，$\lambda_4 = 1.000\ 0$，$\lambda_5 = 2.214\ 3$。在这里，λ_5 为主（最大）特征值，其对应的特征向量为 $(0.497\ 2, 0.497\ 2, 0.603\ 7, 0.342\ 5, 0.154\ 7)^{\mathrm{T}}$。这个主特征向量表示网络 G 的所有节点的特征向量中心性，其中每个元素表示相应节点的重要性。

2. PageRank 算法

PageRank 算法实际上是特征向量中心性的一种变体，它是通过随机遍历图并计算在这些遍历过程中到达每个节点的频率来确定页面的重要性。该算法的思想是，一个页面在网络中的重要性取决于指向它的其他页面的数量和重要性。如果一个页面被许多其他页面链接，那么它的重要性就会提高。而如果这些链接的页面本身也很重要，那么该页面的重要性也会更高。通过不断迭代计算，PageRank 可以为网络中的每个节点分配一个相对应的权重值，表示其在网络中的重要性。这个过程考虑了整个网络的结构,使得算法更能反映节点之间的复杂关系和传递影响的方式。PageRank 算法在搜索引擎中得到了广泛应用,用于确定网页的排名顺序。

8.3　链路预测

链路预测是连接网络科学与信息科学的重要桥梁之一,其主要任务是解决信息科学中最基本的问题——缺失信息的还原与预测。链路预测主要的目标是依据某一时刻可用的节点及结构信息,来预测节点和节点之间出现链路的概率。这个任务可以分为两类:一是预测新链路将在未来出现的可能性,二是预测当前网络结构中存在缺失链路的可能性。

首先,对于第一类任务,即预测未来出现新链路的可能性,链路预测通过分析当前网络的拓扑结构和节点之间的关系,以推断未来可能的连接。这有助于在网络演进中提前预测节点间可能产生的新链接,为网络设计和优化提供重要参考。这方面的研究对于理解网络动态演化、提高网络性能具有深远的意义。其次,对于第二类任务,即预测当前网络结构中存在缺失链路的可能性,通过填补缺失的连接,链路预测可以用于提取缺失信息、识别虚假交互、评估网络演进机制等。这对于改善网络的完整性和准确性,进而提高数据分析和网络应用的效果至关重要。

链路预测不仅是一项具有挑战性的科学问题,也是一个在信息科学领域中具有广泛应用的关键技术,应用范围非常广泛,不仅包括社交网络和电子商务中的推荐系统,还涵盖了生物实验、电力系统恢复策略、航空网络重构等多个领域。例如,在社交网络中实现朋友推荐和敌友关系的预测。通过分析用户之间的互动和关系,链路预测可以帮助社交网络平台更准确地推荐潜在的朋友关系,提高用户体验。同时,通过识别可能的敌对关系,社交网络还能加强安全性和用户隐私。在电子商务领域,链路预测被广泛应用于商品推荐系统。通过分析用户的购买历史、浏览行为以及与其他用户的关联,系统可以预测用户可能感兴趣的商品,从而提高销售转化率。这种个性化的商品推荐不仅增加了用户对电商平台的黏性,也提升了用户满意度。此外,链路预测还可用于识别和重构信息不完全或含有噪声的网络。在网络数据中,可能存在由于数据采集不完整或存在误差而导致的缺失链路或虚假链路。通过链路预测技术,我们可以尝试填充这些缺失的连接,减少信息的不确定性,提高网络的完整性和可靠性。这些应用不仅改善了用户体验和商业效益,也为科学研究和工程实践提供了有力的支持。链路预测的主要方法可以分为基于节点属性的相似性、基于局部信息的相似性以及基于路径的相似性预测等。

8.3.1　基于节点属性的相似性

基于节点属性的相似性指标是链路预测中一种简单而直观的方法。其假设是两个节点之间的相似性越大,它们之间存在链路的可能性也越大。这种方法通过比较节点的属性信息来评估它们之间的相似性。节点的属性在不同的应用场景中所包含的信息是不一样的,常见的属性信息包括年龄、性别、职业和兴趣等,即如果两个用户具有相同的年龄段、性别、职业领域和兴趣爱好,那么它们之间建立友谊关系的可能性较高。

这种方法的应用场景可以涵盖社交网络、推荐系统等领域。例如,在社交网络中,用户之间的关系可能受到年龄、兴趣等因素的影响,基于节点属性的相似性可以帮助预测用户之间是否存在潜在的社交关系。在推荐系统中,用户与商品之间的相似性也可以通过考察它们的属性信息来进行评估,从而提高推荐的精准度。这种方法的优势在于其简单性和可解释性。直观地比较节点的属性,不仅能够在实际应用中提供有意义的结果,而且计算成本相对较低。然而,缺点是节点的属性信息有时候不全面,甚至有很多属性信息缺失,导致节点之间的相似度计算不准确。此外,这种方法无法捕捉到节点之间复杂的拓扑结构信息,忽略了网络中其他因素在连接关系构建中的贡献。在实际应用中,可以根据具体问题的需求,结合其他更复杂的方法以提高预测的准确性。

8.3.2 基于局部信息的相似性

在无法获得节点真实、可信属性信息的情况下,可以通过观察局部网络结构,即节点的连接信息来计算节点之间的相似性,这就是基于局部信息相似性预测方法的思想。这种方法假设网络中两个节点的邻居关系的相似性(或相近性)越大,它们之间存在连边的可能性就越大。也就是说两个人具有共同的好友或者熟人数越多,那么这两人成为好友的可能性也越大。这种方法的优势在于其对于网络局部结构的把握,计算相对简单,适用于大规模网络。然而,它也存在一些限制,比如可能忽略全局结构对于相似性的影响,而且对于部分随机性较高的网络结构,准确性可能有所降低。

这类相似度指标包括优先连接(preferential attachment,PA)、共同邻居(common neighbor,CN)、AA 指标(Adamic - Adar)以及资源分配指标(resource allocation,RA)等。

1. 优先连接

优先连接方法的主要思想是:在网络中,一条即将加入的新边连接到节点 x 的概率正比于节点 x 的度,从而在节点 x 和节点 y 之间产生一条链路的可能性正比于两节点度的乘积,即

$$S_{xy} = K_x K_y \tag{8.14}$$

其中,K_x 和 K_y 分别代表节点 x 和节点 y 的度。优先连接指标的引入是为了更好地捕捉网络中节点之间的相似性关系。当两个节点的度较高时,它们之间产生链路的可能性就相对较大。这反映了网络中一种社交、合作或交流关系的倾向,即更受欢迎的节点更容易形成新的连接。

以图 8.9 为例,v_1 和 v_2 之间的 PA 指标如下:

$$S_{12} = K_1 K_2 = 2 \times 2 = 4 \tag{8.15}$$

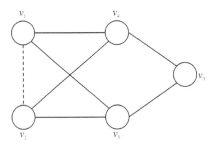

图 8.9　包含 5 个节点的网络

2. 共同邻居

该指标的核心思想是两个节点之间形成链路的可能性正比于它们之间的共同邻居数量。

在社交网络等场景中,如果两个节点有着许多共同的邻居,那么它们成为朋友或建立连接的可能性就相对较大。对于网络中的节点 v_x,定义其邻居节点集合为 $\Gamma(x)$,两个节点 v_x 和 v_y 之间的相似性被定义为它们的共同邻居数量,即

$$S_{xy} = |\Gamma(x) \bigcap \Gamma(y)| \tag{8.16}$$

显然,根据上述定义,两个节点之间的共同邻居数量等于两节点之间长度为 2 的路径数目,可以用矩阵表示为

$$S_{xy} = (\boldsymbol{A}^2)_{xy} \tag{8.17}$$

3. AA 指标

AA 指标是一种在相似性度量中引入了权重的方法。这个指标基于一个直观的思想:在生活中,两个人共同喜欢一种常见且广泛的活动(比如爬山)并不一定意味着他们的兴趣品位相似;相反,如果两个人共同喜欢一种相对独特的活动(比如极限运动),那么可以认为他们在这方面具有更相似的品位。

AA 指标的计算方式为:对于两个节点 v_x 和 v_y,遍历它们的共同邻居集合 $\Gamma(x) \bigcap \Gamma(y)$ 中的每个节点 z,为每个共同邻居赋予一个权重值,该权重等于该节点的度的对数的倒数,然后进行如下计算:

$$S_{xy} = \sum_{z \in \Gamma(x) \bigcap \Gamma(y)} \frac{1}{\log(|\Gamma(z)|)} \tag{8.18}$$

其中,$|\Gamma(z)|$ 表示节点 z 的度。基于这一计算方式,AA 指标可以看作是两个节点所有共同邻居的权重值之和。这种方法的优势在于引入了对节点度的考量,那些在网络中连接较多的节点可能与非常多的节点有关系,那么给某个具体的节点的联系就会变少。这使得 AA 指标更加关注网络中相对"独特"或"重要"的共同邻居,从而更准确地评估节点之间的相似性。

4. 资源分配指标

该指标受到复杂网络资源动态分配思想的启发,它的主要思想是:每个节点都被视为拥有一个资源单元,并将这些资源单元平均分配给其邻居。在 RA 方法中,节点的资源可以被看作是一种共享的资源池,该资源池通过节点之间的连接进行动态分配。如果两个节点具有共同的邻居,它们将共享这些邻居的资源。因此,RA 指标的计算方式涉及对节点的邻居资源进行加权求和。

在没有直接连接的节点对 v_x 和 v_y 中,节点 v_x 可以通过它们的共同邻居将一些资源分配给节点 v_y。因此,节点 v_x 和 v_y 的相似性可以被定义为节点 v_y 从节点 v_x 获得的资源数量,即

$$S_{xy} = \sum_{z \in \Gamma(x) \bigcap \Gamma(y)} \frac{1}{|\Gamma(z)|} \tag{8.19}$$

RA 和 AA 指标之间的主要区别在于对共同邻居节点权重的赋予方式。在 RA 方法中,权重以 $1/k$ 的形式递减,其中 k 是共同邻居节点的度。而在 AA 指标中,权重以 $1/\log k$ 的形式递减。这两种权重的递减方式反映了不同的相似性度量策略,分别强调了对于度较大或度较小的共同邻居的不同关注程度。这样的区别使得 RA 和 AA 方法在不同的场景中能够更灵活地适应相似性度量的需求。

以图 8.10 为例,采用资源分配指标(RA)来预测节点 v_2 与节点 v_4、节点 v_3 与节点 v_4 之

间产生链路的可能性。观察图中的共同邻居节点 v_1，其度为 4，以及共同邻居节点 v_5，其度为 3，因此可计算 $S_{2,4}^{RA}=0.58$。同理，计算节点 v_3 与节点 v_4 的 RA 时，同样需要考虑共同邻居节点 v_1 的度，共同邻居节点 v_1 的度为 4，可得 $S_{3,4}^{RA}=0.25$。因此，基于 RA 相似性的计算结果，节点 v_2 与节点 v_4 之间产生链路的可能性大于节点 v_3 与节点 v_4 之间产生链路的可能性。这表明在 RA 方法中，节点之间的资源分配动态影响了它们之间产生连接的预测结果。

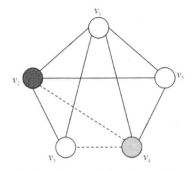

图 8.10　包含 5 个节点的网络

8.3.3　基于路径的相似性

基于路径的相似性指标中的一种重要方法是局部路径指标(local path，LP)。共同邻居的相似性指标具有计算简便的优势，但由于使用的信息相对有限，其在预测准确性上存在一定的局限性。局部路径指标 LP 考虑了节点间的长距离关系，丰富了节点之间的关联信息。

本质上，局部路径指标 LP 可以被视为对共同邻居指标的扩展，它不仅考虑了节点之间的二阶路径数目，还在此基础上引入了对三阶路径数目的考虑，其定义如下：

$$S = \boldsymbol{A}^2 + \alpha \boldsymbol{A}^3 \tag{8.20}$$

其中，α 是一个可调参数，$\boldsymbol{A}$ 表示网络的邻接矩阵。矩阵 $\boldsymbol{A}^2$ 和 $\boldsymbol{A}^3$ 中的元素分别表示节点之间长度为 2 和 3 的路径的数量。当 $\alpha=0$ 时，LP 指标就退化为共同邻居指标(CN)，即 CN 本质上也可以看作是基于路径的指标，只不过它只考虑了二阶路径数目。通过引入三阶路径，局部路径指标 LP 在一定程度上弥补了共同邻居指标在长距离关系信息上的不足。可调参数 α 的引入使得 LP 指标更加灵活，能够根据具体问题和网络特性进行调整，进而提高链路预测的准确性。

8.4　扩散模型

在网络科学中，扩散模型(diffusion influence model)是一个重要的研究问题[6]，旨在理解和模拟信息在网络中的传播过程，它是影响力分析的一个重要基础。影响力分析的目标就是在网络中识别和分析对信息传播具有显著影响力的节点或边，主要包括节点排序、影响力建模和影响力最大化等。节点排序也称为中心性分析(如 PageRank 等算法)，它的目标是识别那些在信息传播中起到关键作用的节点，以及它们之间的连接关系。影响力建模主要研究信息是如何在网络中扩散的，以及节点之间相互之间是如何影响的。影响力最大化是指如何找到给定数量的种子节点，通过其传播信息，能够影响最多的其他节点。相关的研究还包括研究口碑效应(word-of-mouth effect)等病毒营销策略。

8.4.1　节点影响力

扩散模型是研究网络中信息或影响力传播的重要工具。在这个模型中，每个网络节点都被赋予一个特定的状态，即活跃(active)或非活跃(inactive)状态。开始时，从网络中选择一些种子节点，使它们成为活跃的状态，而其他节点为非活跃的状态。基于动态状态模型，扩散模型研究在给定网络结构和节点状态转换规则的情况下,信息或影响力是如何在网络中传播的,即活跃的节点是如何影响非活跃的节点的。

要实现影响力最大化,直观的方法就是在选取种子节点时,选取那些具有最大影响力的节点。在衡量节点影响力时,最简单的模型之一是采用一些启发式的方法,这些方法通过简单而有效规则来选择潜在的种子节点。常用的启发式方法包括高度数启发方法(high-degree heuristic)、低距离启发方法(low-distance heuristic)和度数折扣启发方法(degree discount heuristic)。

高度数启发式方法基于节点的度数来选择种子节点,即选择具有较高度数的节点作为初始的种子节点。因为度数较高的节点在网络中具有更多的连接,更有可能在信息传播中发挥重要作用。

低距离启发式方法则选择到达其他所有节点路径最短的节点作为初始的种子节点。这种方法考虑了节点之间的路径长度,以最小化信息传播的距离,从而提高信息传播效率。

度数折扣启发式方法采用了一种更复杂的节点度数计算方式:如果节点 u 被选为种子节点,那么在考虑节点 v 是否应该被选为种子节点时,计算 v 度数时会去掉连接着两个节点的边 e_{vu}。这种方法考虑了节点之间的连接情况,并对已经被选为种子节点的节点进行了折扣,以更准确地反映节点的潜在影响力。

这些启发式方法简单直接,但是不能反映信息的动态传播过程信息。利用这些启发式方法选取的影响力大的节点并不一定会影响最多的其他节点,因为信息的传播还会通过其他节点去影响更多节点。因此,还需要分析信息是如何在网络上进行传播扩散的。

8.4.2 扩散曲线

在研究信息传播的过程中,扩散曲线是一种重要的分析模型,它帮助我们理解非活跃节点是如何受到活跃节点的影响而转化为活跃节点的。扩散曲线模型的建立基于一些基础假设,其中最关键的一条是:一个对象接受一个新行为的概率取决于有多少好友已经接受了该行为。这一假设反映了社交网络中信息传播的本质,即个体对新行为的接受程度与其社交圈内好友的态度有关。

有两种经典的扩散曲线模型:收益递减(diminishing returns)模型和临界物质(critical mass)模型。图 8.11 展示了两种扩散曲线,图中横轴表示采纳新行为的好友数量(k),纵轴表示采纳该行为的概率(probability of adoption)。在经济学上收益递减是指在短期生产过程中,在其他条件不变(如技术水平不变)的前提下,增加某种生产要素的投入,当该生产要素投入数量增加到一定程度以后,增加一单位该要素所带来的效益增加量是递减的。从图 8.11(a)图中可以看出,递减的收益意味着随着好友采纳新行为的数量增加,个体接受新行为的概率增长率逐渐减小。也就是说,在开始的时候,一个人受好友的影响会随着这类好友人数的增长有较大的增长,而后期其受到的影响不会再有太大的变化。

如图 8.11(b)所示,在临界物质(critical mass)模型中,一个人只有在受到足够多的影响的情况下,他才会采纳该行为,这种采纳是一种跳跃式的变化过程。也就是说受到的影响超过一个临界值,他才会采纳。和收益递减模型的逐渐变化过程不一样,后者可以看作是采纳的概率逐渐变大的过程。不同的扩散曲线产生了不同的扩散模型,这些模型对于预测和优化信息传播在社交网络中的效果具有重要意义。通过深入研究扩散曲线,我们能够更好地了解个体间的相互作用,从而更有效地设计和实现影响力最大化。

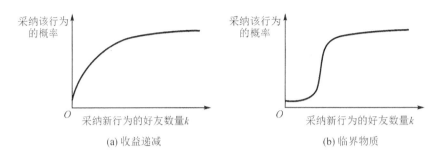

(a) 收益递减　　　　　　　(b) 临界物质

图 8.11　两种扩散曲线

8.4.3　影响力传播模型

基于上述的扩散曲线,我们可以建模影响力传播过程,进而分析节点之间是如何进行影响的。常用的影响力传播模型包括线性阈值模型(linear threshold model)和独立级联模型(independent cascade model)[6]。

1. 线性阈值模型

线性阈值模型为每个节点都赋予一个信息传导的阈值,当一个节点从其邻居接收到的影响大于它的阈值时,它就会传播该信息,也就是说当一个节点受到的影响足够大时它才会接受该影响。

在该模型中,每个节点 v 都被赋予一个介于 0 和 1 之间的阈值 θ_v,表示节点对于传播的信息的接受程度。在后续的信息传播步骤中,已经处于活跃状态的节点将持续保持活跃,即一直可以影响其他节点。对于尚未激活的节点,其是否被激活(被成功影响了)取决于其收到邻居节点的影响力以及节点自身的阈值,即满足以下条件的节点 v 将被激活:

$$\sum_{w \in N_v, w\text{是活跃的}} b_{w,v} \geqslant \theta_v \qquad (8.21)$$

其中,N_v 表示节点 v 的邻居节点集,$b_{w,v}$ 表示邻居节点 w 对 v 的影响力值,可以用边的权重简单表示。上述条件表明,节点 v 将根据其邻居的影响总和是否超过阈值来判断是否被激活。线性阈值模型的特点在于考虑了网络中节点之间的权重和阈值的影响,通过调整阈值和权重,能够模拟不同的网络结构,理解在社交网络中信息是如何扩散传播的。

图 8.12 展示了基于线性阈值模型的传播过程,该例子中每个节点的 $\theta_v = 2$,活跃节点被标记为绿色,被激活的节点被标记为黄色,非活跃状态节点为白色,初始时 8 和 9 选为种子节点,它们处于活跃状态,具体的扩散过程如下:

第 1 步,节点 8 和 9 为活跃状态,它们会去影响邻居节点 5、6 和 7,由于节点 6 和 7 收到的影响小于其阈值,故仍然处于非活跃状态;而节点 5 由于收到的影响达到其阈值,变成活跃状态,即被影响成功;

第 2 步,节点 8、9 和 5 为活跃状态,它们会去影响邻居节点 1、6 和 7,由于节点 1 和 7 收到的影响小于其阈值,故仍然处于非活跃状态;而节点 6 收到的影响达到其阈值,变成活跃状态,即被影响成功;

第 3 步,节点 8、9、5 和 6 为活跃状态,它们会去影响邻居节点 1 和 7,此时节点 1 和 7 收到

的影响都大于其阈值,故成活跃状态,即被影响成功;

最后,节点 8、9、5、6、1 和 7 为活跃状态,它们去影响邻居节点 3 和 4,由于节点 3 和 4 收到的影响都小于其阈值,故仍然处于非活跃状态,节点 2 没收到任何影响,也处于非活跃状态,故网络中的节点状态不再发生变化,扩散过程停止。

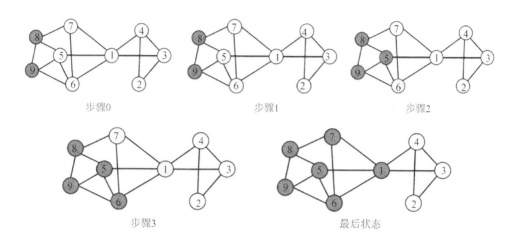

步骤0　　　　　步骤1　　　　　步骤2

步骤3　　　　　最后状态

图 8.12　基于线性阈值模型的传播过程

2. 独立级联模型

线性阈值模型主要从信息接收者(被影响者)角度来确定是否被影响,与之相反的是独立级联模型,即从信息发送者(施加影响者)的角度来决定接收者是否被影响。该模型基于概率论,为影响力传播过程提供了一种动态、类似"多米诺骨牌"效应的描述。在独立级联模型中,如果节点 v 在步骤 t 转发了一条信息(处于活跃状态),那么它会有且仅有一次机会去影响它的每一个邻居也转发这条信息,这个机会成功的概率由它们连接边上的权重决定,这个权重通常称为传导概率。如果 v 没能让某个邻居节点 w 在步骤 $t+1$ 转发这条信息,那么它之后再没有机会影响 w。在该模型中,节点之间的影响是一次性的,一旦成功影响,影响便无法被撤销;如果没影响成功,以后也就没有机会了。

图 8.13 展示了基于独立级联模型的传播过程,图中活跃节点被标记为绿色,被影响成功的节点被标记为黄色,没有被影响成功的节点被标记为红色,非活跃状态节点为白色。初始时节点 8 和 9 被选为种子节点,标记为绿色,具体的扩散过程如下:

第 1 步:节点 8 和 9 为活跃状态,它们去影响节点 5、6 和 7,节点 5 和 7 被影响成功,6 没有被影响成功;

第 2 步:节点 8 和 9 不能再影响其他节点,新活跃的节点 5 和 7 开始影响邻居节点 1 和 6,节点 1 和 6 被影响成功;

第 3 步:节点 5 和 7 不能再影响其他节点,新活跃的节点 1 和 6 开始影响邻居节点 3 和 4,节点 4 被影响成功,节点 3 没有被影响成功;

第 4 步:节点 1 和 6 不能再影响其他节点,新活跃的节点 4 开始影响邻居节点 2 和 3,节点 2 和 3 都没有被影响成功;

最后,所有活跃的节点都不能再影响其他节点,节点 2 和 3 处于非活跃状态,网络节点状态不再变化,扩散停止。

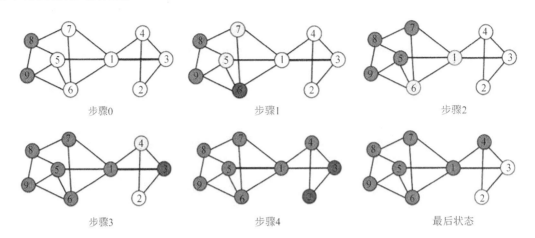

图 8.13　基于独立级联模型的传播过程

8.4.4　影响力最大化

基于上述的信息扩散模型,我们可以实现影响力最大化这一任务。影响力最大化[7]定义为在网络中找到一个种子集合 S,即

$$S = \arg\max_{S} f_{S \to v} \tag{8.22}$$

其中,$|S|=K$,$f_{S \to v}$ 表示种子集合 S 对网络中节点的影响数。这个任务的目标是找到一个具有最大扩散效果的初始节点集合,从而最大范围地影响网络中的其他节点。任务的限制条件 $|S|=K$ 表明我们需要找到一个大小为 K 的种子集合。这一问题的解决对于网络舆情、推荐系统、广告营销等领域具有重要意义。例如,在网络舆情中,可以找到这样的 K 个人物,其造成的事件影响力最大;在广告营销中,投入固定的资金,把广告投放到这样的 K 个目标,其广告效果最大。

影响力最大化的核心问题即如何找到满足目标的 K 个节点。最直接的方法是将网络中的所有 K 节点子集枚举出来,计算每个子集的节点能够影响的其他节点数目,然后选择影响节点数目最大的一个节点集合作为最终结果。然而,这种方法的复杂度非常高,一个包含 N 个节点的网络,其大小为 K 的子集数目为 C_N^K,该数值会随着网络的增大而变得非常大,造成其难以应用于实际的问题。

影响力最大化问题可以用一种著名的贪心求解策略来解决,该方法将问题分解为 K 轮求解的子问题。初始时,种子集合为空集,然后每一轮从网络中选择一个能够带来最大影响力增量的节点加入到种子集合中。设第 k 轮的种子集合为 S_k,则有

$$S_k = S_{k-1} \bigcup s_k \tag{8.23}$$

$$s_k = \arg\max_{s \in V/S_{k-1}} \Delta_s(S_{k-1}) \tag{8.24}$$

在这个过程中,$\Delta_s(S_{k-1}) = (f_{S_{k-1} \cup \{s\} \to v} - f_{S_{k-1} \to v})$ 表示在当前种子集合 S_{k-1} 下,将节点 s 加入到 S_{k-1} 中时所带来的影响力增量,即影响成功的节点数目的增量。这一贪心策略通过迭代 K 轮,逐步扩大种子集合,以达到最大化整体影响力的目标。每一轮的节点选择都基于

当前已有的种子集合,以确保在有限轮次内找到最优的初始节点集合。该算法的复杂度比前述的枚举方法有大幅度降低,虽然它找到的可能不是最优解,但是该算法能够有效地解决实际的问题。

8.5　感染模型

在网络中,有一类信息的传播分析至关重要,即病毒和谣言传播的传播分析。病毒和谣言等信息的传播分析对降低不良信息或病毒对社会和网络的危害具有重要意义。该任务主要分析病毒或谣言在网络中的传播方式,以及在不同条件下它们是持续存在还是逐渐消失的问题。

病毒传播模(见图 8.14)型的两个关键参数是(病毒)生成率 β 和(病毒)消亡率 δ。生成率 β 表示受感染的节点被染上病毒,并攻击邻居的概率;而消亡率 δ 表示受感染的邻居康复的概率。在病毒传播中,康复意味着一个节点从受感染状态恢复到健康状态。因此,感染模型通过调节生成率 β 和消亡率 δ,提供了对病毒或谣言在网络中传播过程的定量理解,有助于我们预测病毒的扩散趋势,从而制定更有效的控制和防范策略。

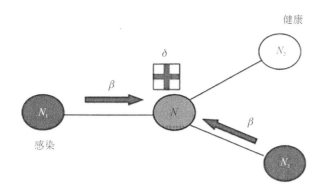

图 8.14　病毒传播模型

8.5.1　通用方案

在通用的流行病传染模型中,网络中的每个节点在病毒的传播过程中可能经历多个阶段,而这些阶段的转换概率由模型参数进行控制。如图 8.15 所示,每个节点可以经历以下几个主要阶段:

易感(susceptible,S):节点处于易感状态,即尚未感染病毒。

暴露(exposed,E):在此阶段,节点已经接触到病毒,但尚未表现出明显的感染症状。这个阶段的持续时间可能因节点差异而异。

感染(infected,I):在感染阶段,节点表现出明显的感染症状,并有可能传播给其他易感节点。

恢复(recovered,R):已经从感染病中恢复,具有免疫力,不会再感染上相同的传染病。

免疫(immune,Z):节点具备此类病毒的免疫能力,不会感染上此类传染病。

上述过程中,每个节点的状态转变概率由模型参数进行控制,这些参数可以包括病毒的传播率、潜伏期的持续时间以及免疫的获得时间等。通过这种通用方案,能够更全面地理解流行

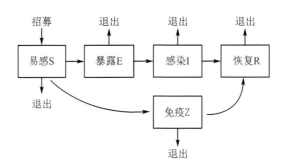

图 8.15　病毒传播模型的节点状态

病或者谣言在人群中的传播过程,为采取相应的防控措施提供了支持。实际应用中的病毒传播模型主要包括 SIR(susceptible-infected-recovered)模型和 SIS(susceptible-infected-susceptible)模型[8]。

8.5.2　SIR 模型

SIR 模型简化了节点的状态个数。该模型将病毒的传播建模为以下过程:

在初始阶段,网络中的一部分节点被设定为感染状态(I),而其他节点则处于易感状态(S),处于 I 状态的每个节点 v 维持 I 状态的持续时间为 t 个步骤;

在 t 个步骤中的每一个感染节点 v 可以概率 p 感染其每一个易感染的邻居;

t 个步骤后,该感染节点 v 不能感染其他节点也不能被感染,并进入康复状态 R。

SIR 模型的特点之一是节点康复后就不会再被感染,它适用于对每个个体一生中只能感染一次的病毒进行建模。这意味着一旦个体从感染状态进入恢复状态,他们将具有免疫力,不再能感染或被感染。该模型适用于只能感染一次的病毒以及能够识别进而消除的谣言的传播建模。图 8.16 给出了一个 SIR 流行病示例,该网络包含 9 个节点 t,u,s,y,x,z,r,w,v,被感染过的节点被标记为深颜色,具备病毒传播能力的节点圆圈被加粗,白色节点为易感染节点,设置 $t=1$,即每个感染的节点只能在接下来的 1 个步骤中有机会传染邻居节点,网络中病毒的传播经历以下几个过程:

① 初始时节点 y 和 z 被感染,其有机会去感染邻居节点;

② 节点 x 和 v 被成功感染,节点 y 和 z 不能再去感染其他节点;

③ 节点 x 和 v 成功感染邻居节点 r,此后不能再去感染其他节点;

④ 节点 r 感染邻居节点不成功,不能再去感染其他节点,此后网络进入稳定状态。

8.5.3　SIS 模型

与 SIR 模型不同的是,在 SIS 模型中一个节点康复可立即再次变得易感染,也就是说节点在易感和感染状态之间循环转换,如图 8.17 所示。

该模型引入了一个概念,即病毒的"强度(strength)",定义如下:

$$s = \beta/\delta \tag{8.25}$$

其中,β 表示节点被邻居感染的概率,δ 表示节点自愈的概率。在建模谣言的传播过程中,该模型认为谣言可能经过调整去反复欺骗网络用户,或者用户在谣言的鉴别上不肯定。图 8.18 给出了 SIS 模型的一个病毒传播过程示例,图中被感染的节点标记为深颜色,易感染节点为浅

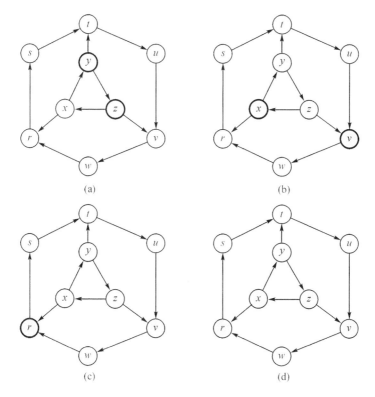

图 8.16 SIR 流行病示例

颜色,并设置 $t=1$,该传播过程包括以下几个步骤:

① 初始时,节点 v 被感染,其他节点处于易感染状态;

② 邻居节点 u 和 w 被感染成功,节点 v 康复;

③ 被感染的节点 u 和 w 没有感染成功其他节点,并且节点 w 康复;

④ 感染节点 u 再一次感染节点 v 成功,并且节点 u 康复;

⑤ 感染节点 v 没有成功感染其他节点,并且自愈,网络进入稳定状态。

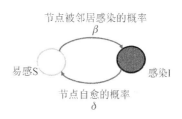

图 8.17 节点在易感染和感染状态之间转换

SIS 可以理解为节点在易感-感染-易感之间反复转换,SIR 可以理解为节点在易感-感染-康复之间转换,这两种模型是用于建模传染病传播的经典模型。在特定情况下,SIS 模型可以被视为 SIR 模型的一种特例,即当设置 t 等于 1 时,SIS 模型可以通过简单的转换被表示为 SIR 模型,转换方法如图 8.19 所示,在每一个时间步骤中为网络构建一个快照,为每个节点创建一个副本。在这样的每个网络快照中,SIS 模型和 SIR 模型的传播过程是等价的。当 t 等于 1 时,SIS 模型的节点在每个步骤中被视为可持续感染的状态,类似于 SIR 模型中的感染状态。SIS 和 SIR 模型在描述免疫力、康复和再次感染等方面有着不同的假设,因此在实际应用中需要根据具体的研究问题选择适当的模型。

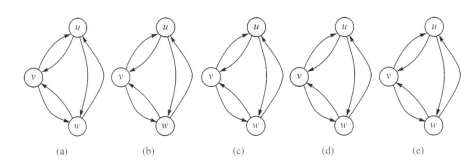

图 8.18　SIS 传播模型示例

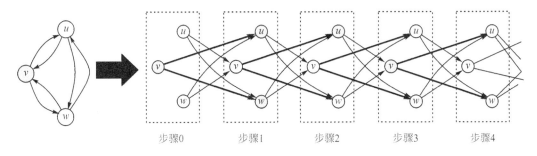

图 8.19　SIS 模型与 SIR 模型之间的转换

8.5.4　流行病阈值

在上述的病毒传播模型给出的两个示例中,病毒最终没在网络中流行起来,即病毒不会一直持续传播下去。然而,在有些情况下,病毒会一直在网络中传播,网络会持续有节点被感染,类似于我们人类社会产生了一个流行病。一个核心问题是,什么样的情况下网络中会产生流行病? 什么样的情况下网络会自我康复?

流行病学研究中,有一个重要的概念叫流行病阈值(epidemic threshold)τ,用于描述在一个网络结构中流行病是否会暴发,即当病毒强度 $s=\beta/\delta<\tau$ 时,病毒会在网络中产生流行病。流行病阈值是由网络的哪些特征决定的呢? 如前所述,网络的主要特征包括平均度数(average degree)、最高度数(highest degree)、度数的方差(variance of degree)以及网络的直径(diameter)。

实际研究中发现,流行病阈值与网络邻接矩阵的最大特征值相关,即

$$\tau = \frac{1}{\lambda_{1,A}} \tag{8.26}$$

其中,$\lambda_{1,A}$ 表示网络邻接矩阵的最大特征值。这一公式表明,如果病毒的强度值小于网络邻接矩阵最大特征值的倒数值,则该病毒不会在网络中流行起来,否则,病毒会在网络中形成流行病。这一研究表明,病毒产生流行病的可能性与网络的平均度数、最高度数、度数方差、网络直径以及最初感染的节点数目都没有直接关系。这个模型和阈值的理解有助于我们预测和分析在给定网络结构下病毒传播的条件和特性。通过对流行病阈值的研究,我们能够更好地制定预防和控制策略,以应对潜在的网络风险。

8.6　本章小结

近年来社交网络分析已经成为一个研究热点,各种分析处理方法都在不断地发展,社交网络分析面临的主要挑战包括:① 本地信息与网络信息的平衡,在使用 SNA 时,需要正确平衡本地、特定于客户的信息与整体网络信息,决策并非完全依赖于网络信息,而是需要结合客户的具体特征和行为;② 节点行为推断的复杂性,这种推断需要同时执行所有节点的行为推断,包括对整个网络的集体推理,节点之间的复杂关系给这一过程造成了巨大的困难;③ 训练和测试集分离分割,不能简单地将网络分为训练和测试两部分,因为节点之间的关系是相互关联的,需要采用超时验证等方法,以确保训练集和测试集的有效分离,从而保证模型的泛化性和可靠性。这些挑战使得在社交网络中进行有效的分析变得更为复杂。在进行社交网络分析时需要深入考虑本地和特定节点的上下文,运用合适的推理程序,并谨慎处理训练和测试集的分离问题。此外,随着当前深度学习模型的发展,社交网络预训练模型也是一个重要的发展方向,即如何利用预训练技术提高社交网络分析下游任务的性能。

参考文献

[1] Radcliffe-Brown A R,Eggan F. A natural science of society[J]. American Sociological Review,1957,18:218.

[2] Samoylenko I,Aleja D,Primo E,et al. Why are there six degrees of separation in a social network [J]? Physical Review X,2023 (13):021032.

[3] Leskovec J,Horvitz E. Planetary-scale views on a large instant messaging network[C]. Proceedings of the 17th International Conference on World Wide Web,2008,915-924.

[4] Britta,Ruhnau. Eigenvector-centrality — a node-centrality? [J]. Social Networks,2000,22(4):357-365.

[5] Page L,Sergey B,Rajeev M,et al. The PageRank citation ranking:bringing order to the web[C]. Proceedings of International World Wide Web Conference,1999.

[6] Peng S,Zhou Y,Cao L,et al. Influence analysis in social networks:a survey[J]. Journal of Network & Computer Applications,2018,106:17-32.

[7] Ye Y,Chen Y,Han W,Influence maximization in social networks:theories,methods and challenges[J]. Array,2022,16.

[8] Allen L J S,Burgin A M. Comparison of deterministic and stochastic SIS and SIR models in discrete time[J]. Mathematical Biosciences,2000,163(1):1-33.

第 9 章　社区检测

在网络分析尤其是社交网络分析中,社区效应(community effect)是一个非常重要的现象,即网络中的成员往往倾向于形成紧密联系的群体,这些群体在不同的背景下被称为社区、簇、内聚的子群或模块。通常情况下,群体内部个体之间的交互比群体外部个体的交互更频繁。在社交网络中,这些群体也称为社区。发现这些内聚的子群,即社区检测(community detection),是网络分析和社交网络分析的一个重要问题。社区检测对数据压缩、结构位置与角色分析、网络特定用户的识别、基于邻域平滑的用户分析和网络事件检测等应用都有重要作用。

9.1　基本概念

在网络分析中,社区可以定义为节点的子集,这些节点彼此紧密连接,而与同一网络中其他社区中的节点连接松散,即网络节点在社区内紧密连接成紧密的组,而社区之间则连接松散。在不同场景中,可能称之为群、簇、凝聚子群、模块等。社区检测又被称为社区发现,它是用来揭示网络聚集行为的一种技术。从数据挖掘分析角度来看,社区检测实际也是一种网络聚类的方法。但是社区检测又和数据聚类具有许多不同之处。传统的数据聚类主要基于数据之间的距离或相似性矩阵,而网络节点之间很难定义这种基于内容的相似性。其次,网络节点之间具有许多的交互行为和关系等,传统的聚类算法不能处理这些信息。

社区是人类社会属性的一个重要体现,在现实世界中,人们通过各种关系,例如亲戚、朋友、同事等,进行交往和互动,进而形成各种各样的群体,这样的群体都有一定的物理边界。而社交媒体的发展延长、扩展了人们的社交生活,这种社交不再受限于物理空间的限制。例如,有些人在现实世界中很难遇到朋友,但在网上很容易找到兴趣相似的朋友。这种关系具有便利性、随意性、动态变化性等特点,给我们分析网络中人物之间的群体关系带来了巨大的挑战。

在社交媒体中,人们可以通过订阅功能显示地加入一些社群。然而,这些显示的社群只覆盖了少部分的关系类型,许多网站并不提供社群订阅功能,并且许多用户并不一定愿意加入这些社群,加入社群的用户还可能随时退出。因此,如何根据用户的行为、兴趣爱好、社交关系等发现隐式地存在于社交网络中的社区是社区检测更关注的一个问题。

社区检测可以辅助社交网络的许多其他分析,例如,通过分析社区中众多用户的行为、属性、特征等信息,我们可以补充某个用户的缺失信息;通过分析群体用户的特征,可以为商品推荐、广告营销等提供辅助决策信息。目前,已产生了许多的社区检测方法,这些方法可以分为以下四类[1]:

① 以节点为中心(node-centric):将每个节点视为一个社区,并通过节点之间的连接模式来判断节点之间的社区划分。

② 以群体为中心(group-centric):如果一个群体满足一定的条件,则该群体成为一个社区。

③ 以网络为中心(network-centric)：将整个网络作为一个整体来考虑社区的结构，通过网络的全局性质来发现社区结构。

④ 以层次结构为中心(hierarchy-centric)：对网络进行分层的社区检测，高层的社区划分为低层的多个社区。

9.2　以节点为中心的社区发现

在社区发现方法中，以节点为中心的方法要求每个团体中的每个节点都满足社区的一些条件，包括连通性、成员的可达性、节点度、入度和出度的相对频率等。

9.2.1　完全连通

由于社区是由联系非常紧密的节点组成，图论中有一个类似的概念，即完全子图，在完全子图中，所有的节点对之间都存在一条边。在一个网络中，最大的完全连通子图也称为团(clique)，最大的完全连通子图是指该子图中任意两个节点之间都存在一条边，并且再加入子图之外的另一个节点后，该子图不再是一个完全连通图。例如，在图 9.1 所示的网络中，存在一个由 4 个节点组成的团，即 $\{5,6,7,8\}$。因此，可以利用团来定义社区，即每个团都是一个社区，社区检测就转换为团的检测，但寻找图中的最大团是一个 NP 难问题，因为我们需要将图的所有子图都要枚举出来，然后检测每个子图是否是完全连通的，再根据子图的大小判断最大完全子图。

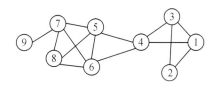

图 9.1　一个包含 9 个节点和 14 条边的网络

常用的完全子图检测方法是蛮力(brute-force)搜索，它是一种浏览网络所有节点的方法。对每个节点都检查是否存在包含该节点的团。给定节点 v_i，需要维护一个由团组成的队列。队列的初始值是只有一个节点的团 $\{v_i\}$，然后执行以下操作：

① 从队列中取出一个团，假设它是规模为 k 的一个团 B_k，令 v_i 表示最后加入团 B_k 的节点。

② 对于 v_i 的每一个邻居 v_j(为了避免重复，只考虑那些下标比 i 大的节点)，得到一个新的候选集 $B_{k+1}=B_k\bigcup v_j$。

③ 通过检验节点 v_j 是否与 B_k 的所有节点相邻来验证 B_{k+1} 是否是一个团。如果 B_{k+1} 是一个团，则将它加入队列。

蛮力搜索方法的核心思想是逐步扩展已知的团，直到无法再添加新节点为止。以图 9.1 所示的网络为例，假设从节点 4 开始，初始化团 $B_1=\{4\}$。对于节点 4 的每一个下标比它大的邻居，可以得到两个规模为 2 的团：$\{4,5\}$ 和 $\{4,6\}$，然后将其加入队列。假设从队列中取出团 $B_2=\{4,5\}$，那么最后加入的元素是节点 5。接下来，可以根据节点 5 的邻居扩展这个集合，得到 3 个候选集：$\{4,5,6\}$、$\{4,5,7\}$ 和 $\{4,5,8\}$。然而，只有 $\{4,5,6\}$ 是一个团，因为节点 6 既与节点 4 连接,又与节点 5 连接。因此,将{4,5,6}加入队列以便进一步搜索更大的团。这种搜索过程将持续进行,直到队列为空为止。在搜索过程中,不断地扩展已有的团,通过检查新加入的节点与团中所有节点的连接关系,从而确定是否形成新的团。

在团检测中,穷举搜索虽然直观,但仅适用于小规模网络,对于大规模网络则复杂度太大。为了发现最大团,一种有效的策略是进行剪枝(pruning),即剪去那些不太可能包含在团中的节点和边。一个常用的剪枝策略是基于度的剪枝,它的主要思想是:对于规模为 k 的团,其中每个节点的度至少为 $k-1$。想要找到规模大于 k 的团,那些度小于 $k-1$ 的节点需要删除。对于给定的网络,反复执行剪枝:

① 从给定网络中进行抽样,得到一个子网。通过贪心算法(greedy manner),将具有最大度值的邻居节点加入到一个已有的团中,以达到扩展已有团的目的。

② 利用子网中发现的最大团,例如最大团包含 k 个节点,作为剪枝的下界。这意味着原始网络的最大团至少包含 k 个成员。因此,为了发现规模大于 k 的团,那些度小于或等于 $k-1$ 的节点以及与它们相连的边将不再考虑。

重复以上过程,可以将原始网络的规模缩小到一个合理的规模,进而可以直接识别最大团,或者已经从某个子网中识别出最大团。在有向网络中,也可以采用类似的剪枝策略[2]。在社交网络中,节点的度通常服从幂律分布,即大多数节点的度较低,因此这样的剪枝策略可以显著降低网络的规模。

假设随机抽样图 9.1 所示的子网络,它包含从节点 1 到节点 9 的 9 个节点,并检测出了一个大小为 3 的团。如果要发现规模大于 3 的团,那么所有度小于或等于 2 的节点都可以被删除。因此,节点 9 和节点 2 就被剪枝。随后,节点 1 和节点 3 的度降为 2,因此,它们也被删除。删除节点 1 和节点 3 后,导致节点 4 的度也降为 2,因此它也被删除。经过这些剪枝操作后,得到一个规模较小的网络:{5,6,7,8},发现该子网络是一个更大的团。

这种基于子网抽样和度剪枝的策略在大规模网络中能够显著提高团检测的效率。通过反复应用这样的剪枝过程,可以迭代地缩小网络规模,最终直接识别出最大团。这种方法不仅能够有效地减少搜索空间,而且能够适应不同规模和复杂度的网络结构,为团检测提供了一种可行的高效策略。

在现实的社交网络中,大规模的团结构很少出现,因为团的定义非常严格,删除其中的任意一条边就会破坏整个团的结构。在实际社区中,有一部分核心节点联系非常紧密,它们周围可能还有部分节点不会与所有节点都存在连接边,但是相对于这个群体的外部节点来说,它们之间的关系还是非常紧密的。因此,可以将识别的较小的团视为种子或核心,然后通过相应的扩展形成社区。其中,团过滤算法(clique percolation method,CMP)就是一种常见的用于分析具有重叠性的社区结构的方法[3]。它的主要工作过程如下:

① 在给定网络中找出所有规模为 k 的团,其中 k 是用户指定的参数。

② 构建一个以第①步识别的团为节点的图,如果两个团共享 $k-1$ 个原始网络节点,那么它们之间建立一条边。

③ 在以团所构建的图中,每一个连通的部分(component)就被视为一个社区。

这种方法的优势在于可以发现具有重叠性的社区结构,即同一个节点可以属于多个不同的社区。团过滤算法的应用不仅局限于社交网络分析,还可以用于生物学、信息网络等领域,以揭示复杂网络系统中的模式和结构。以图 9.1 所示网络为例,假设 $k=3$,我们可以识别出规模为 3 的所有团:{1,2,3}、{1,3,4}、{4,5,6}、{5,6,7}、{5,6,8}、{5,7,8}和{6,7,8}。然后,可以构建一个团图,如图 9.2 所示。在这个图中,如果两个团共享 $k-1$ 个节点,即共享 2 个节点,那么两个团之间构建一条边。每个连通的团子图都属于同一个社区,因此,可以得到两个社区,即{1,2,3,4}和{4,5,6,7,8}。需要注意的是,节点 4 属于两个社区,这意味着我们得到了两个重叠的社区。

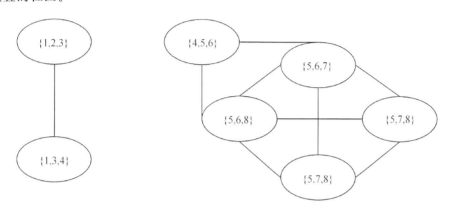

图 9.2　团过滤示例

9.2.2　可达性

　　节点之间的直连边是一种比较严格的约束,有些节点之间的关系需要经过其他的节点,即两个人可能不熟悉,但他们可能通过一些中介认识,那么这两人也可能存在较强的关系。因此,有些社区发现方法不直接考虑节点之间的边,而是考虑节点之间的可达性(reachability)。在极端情况下,如果两个节点之间存在一条路径,那么就认为它们属于同一个社区。每一个连通的部分网络(component)就是一个社区。识别各部分的时间复杂度为 $O(n+m)$[4],对于网络的节点和边来说,这个时间复杂度是线性关系。然而,在实际网络中,可能会出现一个由巨大的部分网络组成的社区,而其他则是很多较小的社区,甚至是单节点(singleton)社区[5]。那些规模很小的连通子网络可以直接识别为社区。然而,在一个巨大的部分网络中发现社区需要更多的处理。

　　在网络分析中,群组(group)的概念与节点间最短路径的长短密切相关,在团的定义中,任意两个节点之间的最短路径长度都小于 2。因此,可以将这一定义的要求放松一点:一个群组中的任意两个节点之间应该存在一条较短的路径。在社会学中,有一些经典的结构:

　　k-团(k - clique):指一个最大子图,其中任意两个节点之间的最短路径(geodesic)距离不大于 k,即

$$d(v_i,v_j) \leqslant k, \quad \forall v_i,v_j \in V_s$$

V_s 是子网络的节点集合。需要注意的是,节点路径长度是根据原始网络定义的,因此最短路径不一定完全出现在 k-团的结构中。这也意味着,k-团的直径可能大于 k。例如,在图 9.3 中,{1,2,3,4,5}形成了一个 2-团,因为按照原始网络的定义,节点 4 和节点 5 的最短路径长度为 2。但是,在团{1,2,3,4,5}中,节点 4 和节点 5 的最短路径距离为 3。

　　k-社团(k - club):在子网络上计算任意两个节点之间的最短路径距离,同样要求不超过 k。k-社团的定义比 k 团的定义更为严格,一个 k-社团通常是 k-团的一个子集。例如,在图

9.3中,一个2-团的结构{1,2,3,4,5}包含了两个2-社团的结构,即{1,2,3,4}和{1,2,3,5}。

团:{1, 2, 3}
2-团: {1, 2, 3, 4, 5}, {2, 3, 4, 5, 6}
2-社团: {1,2,3,4}, {1, 2, 3, 5}, {2, 3, 4, 5, 6}

图9.3   一个描述 k-团与 k-社团的例子

除了上述定义之外,还有其他一些社区定义,如 k-丛(k-plex)、k-核(k-core)、IS 集合和 Lambda 集合[6]。这些定义都是传统社会学所采用的。求解 k-社团涉及组合优化问题。对于大规模网络而言,这仍然是一个挑战。

9.3   以群组为中心的社区发现

以群组为中心的标准将一个群组内的所有链接(link)作为整体考虑。只要一个群组的节点整体上满足一定的要求,那么它们就成为一个社区。密度是群组中节点连接紧密度的一个有效度量。基于密度的分组(density-based groups)定义了一种称为 γ 密度或准团(quasi-clique)的概念[7],一个子图 $G_s(V_s,E_s)$ 称为 γ 密度或者准团,如果它满足下面的公式:

$$\frac{E_s}{V_s(V_s-1)/2} \geqslant \gamma \tag{9.1}$$

其中,E_s 是子图中的边数,V_s 是子图中的节点数,γ 是密度的阈值。值得注意的是,如果 $\gamma=1$,那么准团就变成了一个团。

这种基于密度的标准并不能保证群组中每个节点的可达性,允许一个节点的度产生变化,即某些节点不再需要与同一个群组中至少其他 k 个节点连接,从而使得这种方法更适用于大规模网络。然而,在网络中搜索准团并非易事。可以采用类似于搜索团的策略来发现准团。Abello 等人[7]提出了一种结合了剪枝原理的贪心算法,这个算法过程包含局部搜索和启发式剪枝两个迭代步骤:

局部搜索阶段(local search):从网络中抽样得到一个子网,然后在子网中搜索一个最大的准团。利用贪心算法不断将那些度较高的邻接节点加入到这个准团,直到准团的密度低于 γ。在实际应用中,也可以尝试随机搜索策略。

启发式剪枝阶段(heuristic pruning):利用启发式方法剪枝可剥离的节点和相应的边。如果已知规模为 k、密度为 γ 的准团,可以剪去可剥离的节点和相应的边。如果一个节点与它所有邻居的度之和小于 $k\gamma$,则被认为是可剥离的。因为即使包含这个节点,也不可能形成一个更大的准团。该算法从度较低的节点开始,反复删除可剥离的节点和相应的边。

不断重复这个过程,直到网络的规模缩小到一个合理的范围,即可以直接发现最大的一个准团。尽管这个算法返回的结果不一定是最优的,但在大多数情况下,都可以取得较好的结果。

9.4   以网络为中心的社区发现

以网络为中心的社区发现是一种考虑网络整体拓扑结构(global topology)的方法。它的主要任务是将网络中的节点划分为互不相交的子集,每个子集表示一个社区。与以节点或群组为中心的社区发现方法不同,以网络为中心的方法试图优化定义于整个网络的标准,而不是针对单个群组或节点的标准。在这种方法中,一个群组的定义不是独立的。这类方法包括基于顶点相似性、隐含空间模型、块模型近似、谱聚类和模块度最大化等方法。

9.4.1　顶点相似性

在社会关系网络中,顶点相似性是根据其社交圈(social circles)的相似性来定义的。这种相似性可以通过各种因素来衡量,例如,两个顶点的共同朋友的数量等。其中一个重要概念是结构性等价(structural equivalence)。网络中如果两个节点被认为是结构性等价的,那么它们与网络中的其他顶点之间具有相同的连接模式。其定义为:如果节点 v_i 和 v_j 是结构性等价的,那么对于其他任意节点 v_k,即 $v_i \neq v_k$ 且 $v_j \neq v_k$,如果存在边 $e(v_i, v_k) \in E$,那么也必定存在边 $e(v_j, v_k) \in E$。也就意味着,如果两个节点是结构性等价的,那么它们与网络中的同一节点集合连接。例如,在图 9.1 中,节点 1 和节点 3 是结构性等价的,它们的邻居节点完全一样,节点 5 和节点 6 也是结构性等价的。从对应的邻接矩阵(见图 9.4)可以查看出,具有结构性等价的节点,它们的行和列具有相同的值(除了对角元素)。社区可以被定义为具有相同等价类的顶点组成的集合。

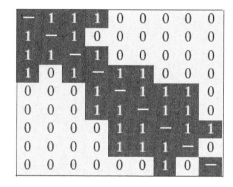

图 9.4　邻接矩阵

在实际应用中,结构性等价的要求过于严格,基于这种标准,许多关系紧密的节点可能不属于同一个社区。因此,一些较为宽松的等价定义被提出。例如,自同构等价(automorphic equivalence)和规则性等价(regular equivalence)等[8]。然而,尽管这些定义提供了一定的灵活性,但按照这些定义会找不到可扩展的方法。为了提高算法的效率,一些简化的相似性度量方法被提出来。这些方法将节点的连接关系作为其属性,并假设共享相似连接的节点更有可能属于同一个社区。一旦选择了适当的相似性度量定义,就可以利用传统的聚类算法来发现社区,包括 K 均值聚类和层次聚类等算法。

常用的相似性度量包括 Jaccard 相似性[9]和 Cosine 相似性[10],给定网络中的两个节点 v_i 和 v_j,其相似性定义如下:

$$\text{Jaccard}(v_i, v_j) = \frac{|N_i \bigcap N_j|}{|N_i \bigcup N_j|} = \frac{\sum_k A_{ik} A_{jk}}{|N_i| + |N_j| - \sum_k A_{ik} A_{jk}} \tag{9.2}$$

$$\text{Cosine}(v_i, v_j) = \frac{\sum\limits_k A_{ik} A_{jk}}{\sqrt{\sum\limits_s A_{is}^2 \cdot \sum\limits_t A_{jt}^2}} = \frac{|N_i \cap N_j|}{\sqrt{|N_i| \cdot |N_j|}} \tag{9.3}$$

其中，N_i 表示节点 v_i 的邻居节点集合，$|\cdot|$ 表示集合中节点数量。两种相似性度量的取值范围都是从 0 到 1。在图 9.1 的网络中，节点 4 和节点 6 的邻居集合分别为 $N_4 = \{1,3,5,6\}$ 和 $N_6 = \{4,5,7,8\}$。根据给定的 Jaccard 相似性和 Cosine 相似性的公式，可以计算出这两个节点之间的相似性：

$$\text{Jaccard}(4,6) = \frac{|\{5\}|}{|\{1,3,4,5,6,7,8\}|} = \frac{1}{7} \tag{9.4}$$

$$\text{Cosine}(4,6) = \frac{|\{5\}|}{\sqrt{4 \cdot 4}} = \frac{1}{4} \tag{9.5}$$

然而，根据这些计算方法，两个相邻的节点之间的相似性可能为 0。例如，由于节点 7 和节点 9 之间的邻居集合没有交集，即使它们相连，其相似性也为 0。这种情况符合结构性等价的概念，即节点 7 和节点 9 的连接模式确实不同。然而，从实际相互关系的角度来看，如果两个节点相连，则它们之间可能存在一定程度的相似性。因此，可以对这些计算方法进行修改。例如，在计算节点邻居集合时，可以将节点本身也包含进去。这就意味着在网络的邻接矩阵中，对角线上的元素不再是默认的 0，而是设为 1。应用这种修正方法后，节点 7 的邻居集合为 $N_7 = \{5,6,7,8,9\}$，节点 9 的邻居集合为 $N_9 = \{7,9\}$。这时，节点 7 和节点 9 之间的邻居集合的交集为 $N_7 \cap N_9 = \{7,9\}$。

修正后的 Jaccard 相似性和 Cosine 相似性的计算结果如下：

$$\text{Jaccard}(7,9) = \frac{|\{7,9\}|}{|\{5,6,7,8,9\}|} = \frac{2}{5} \tag{9.6}$$

$$\text{Cosine}(7,9) = \frac{|\{7,9\}|}{\sqrt{2 \times 5}} = \frac{2}{\sqrt{10}} \tag{9.7}$$

这种基于相似性的方法需要计算每一对节点之间的相似性，时间复杂度达到了 $O(n^2)$。当网络规模 (n) 非常大时，将需要大量的时间和计算资源。为了快速分析 Web 社区，Gibson 等人[9]提出了两层的叠瓦算法（shingling algorithm）。该算法将每个节点的连接（表示为向量）映射到一个固定数量的瓦片上，这些瓦片可以被看作是节点的特征集合。如果两个节点相似，它们就会共享许多相同的瓦片；反之，它们共享的瓦片就会很少。在最初的叠瓦步骤进行之后，每个瓦片都会与一组成员关联起来。接下来，在第一层的瓦片结构中，叠瓦算法再次被应用于瓦片集合中。这一次，相似瓦片都共享同样的元瓦片（meta-shingle）。最终，所有与某个元瓦片相关联的节点被认为是属于同一个社区。这个算法的时间复杂度几乎与边的数量呈线性关系。

9.4.2　隐含空间模型

隐含空间模型是一种将网络节点映射到低维欧氏空间的方法，新的空间依然能够保持网络节点的相似性，这种相似性是基于网络的连通性计算得到的[11,12]。在低维空间中，可以采用类似 K 均值的节点聚类算法进行社区的发现[13]。多维量表算法（multi - dimensional scaling，MDS）[14]是一种经典的隐含空间模型方法。

MDS算法需要输入一个相似矩阵(proximity matrix)$P \in \mathbf{R}_{n \times n}$,其中元素 P_{ij} 表示网络中节点 i 和 j 之间的距离。假设 $S \in \mathbf{R}_{n \times l}$ 表示节点在 l 维空间的坐标,并且 S 的列是正交的,那么可以得到以下公式:

$$SS^\top \approx -\frac{1}{2}\left(I - \frac{1}{n}11^\top\right)(P \cdot P)\left(I - \frac{1}{n}11^\top\right) = \tilde{P} \tag{9.8}$$

其中,I 表示单位矩阵,1 是每个元素都是 1 的一个 n 维列向量,$\cdot$ 表示矩阵按元素进行相乘,通过最小化 $SS^\top$ 与 $\tilde{P}$ 之间的差,可以得到最优的 S,即

$$\min |SS^\top - \tilde{P}|_F^2 \tag{9.9}$$

假设 V 包含 $\tilde{P}$ 中的 l 个最大特征值所对应的特征向量,Λ 是 l 个特征值组成的对角矩阵,$\Lambda = \mathrm{diag}(\lambda_1, \lambda_2, \cdots, \lambda_l)$,则 S 的最优值就是 $S = V\Lambda^{\frac{1}{2}}$。这种方法主要是求解一个矩阵的特征值和特征向量。因此传统的 K 均值算法可以用来对映射后的向量进行聚类,从而实现社区划分。

以图 9.1 的网络为例,节点之间的距离可以通过一个近似矩阵 P 来刻画。然后可以计算出近似矩阵 $\tilde{P}$,其计算过程如下

$$P = \begin{bmatrix} 0 & 1 & 1 & 1 & 2 & 2 & 3 & 3 & 4 \\ 1 & 0 & 1 & 2 & 3 & 3 & 4 & 4 & 5 \\ 1 & 1 & 0 & 1 & 2 & 2 & 3 & 3 & 4 \\ 1 & 2 & 1 & 0 & 1 & 1 & 2 & 2 & 3 \\ 2 & 3 & 2 & 1 & 0 & 1 & 1 & 1 & 2 \\ 2 & 3 & 2 & 1 & 1 & 0 & 1 & 1 & 2 \\ 3 & 4 & 3 & 2 & 1 & 1 & 0 & 1 & 1 \\ 3 & 4 & 3 & 2 & 1 & 1 & 1 & 0 & 2 \\ 4 & 5 & 4 & 3 & 2 & 2 & 1 & 2 & 0 \end{bmatrix} \tag{9.10}$$

$$\tilde{P} = \begin{bmatrix} 2.46 & 3.96 & 1.96 & 0.85 & -0.65 & -0.65 & -2.21 & -2.04 & -3.65 \\ 3.96 & 6.46 & 3.96 & 1.35 & -1.15 & -1.15 & -3.71 & -3.54 & -6.15 \\ 1.96 & 3.96 & 2.46 & 0.85 & -0.65 & -0.65 & -2.21 & -2.04 & -3.65 \\ 0.85 & 1.35 & 0.85 & 0.23 & -0.27 & -0.27 & -0.82 & -0.65 & -1.27 \\ -0.65 & -1.15 & -0.65 & -0.27 & 0.23 & -0.27 & 0.68 & 0.85 & 1.23 \\ -0.65 & -1.15 & -0.65 & -0.27 & -0.27 & 0.23 & 0.68 & 0.85 & 1.23 \\ -2.21 & -3.71 & -2.21 & -0.82 & 0.68 & 0.68 & 2.12 & 1.79 & 3.68 \\ -2.04 & -3.54 & -2.04 & -0.65 & 0.85 & 0.85 & 1.79 & 2.46 & 2.35 \\ -3.65 & -6.15 & -3.65 & -1.27 & 1.23 & 1.23 & 3.68 & 2.35 & 6.23 \end{bmatrix} \tag{9.11}$$

假设希望将原来的网络映射到一个 2 维的空间,通过计算,可以获得以下矩阵 V、Λ 和 S:

$$\boldsymbol{V} = \begin{bmatrix} -0.33 & 0.05 \\ -0.55 & 0.14 \\ -0.33 & 0.05 \\ -0.11 & -0.01 \\ 0.10 & -0.06 \\ 0.10 & -0.06 \\ 0.32 & 0.11 \\ 0.28 & -0.79 \\ 0.52 & 0.58 \end{bmatrix}, \quad \boldsymbol{\Lambda} = \begin{bmatrix} 21.56 & 0 \\ 0 & 1.46 \end{bmatrix}, \quad \boldsymbol{S} = \boldsymbol{V}\boldsymbol{\Lambda}^{1/2} = \begin{bmatrix} -1.51 & 0.06 \\ -2.56 & 0.17 \\ -1.51 & 0.06 \\ -0.53 & -0.01 \\ 0.47 & -0.08 \\ 0.47 & -0.08 \\ 1.47 & 0.14 \\ 1.29 & -0.95 \\ 2.42 & 0.70 \end{bmatrix}$$

$$(9.12)$$

通过以上计算,原来的网络就可以映射到图 9.5 所示的 2 维空间中。由于节点 1 和节点 3 在结构上是等价的,它们在隐含空间(latent space)中被映射为同一个点。节点 5 和节点 6 也是一样。为了获得网络的不相交划分,对 $\boldsymbol{S}$ 应用 K 均值算法进行聚类。最后,获得了两个聚类 $\{1,2,3,4\}$ 和 $\{5,6,7,8,9\}$,可以表示为以下的划分矩阵 $\boldsymbol{H}$:

$$\boldsymbol{H} = \begin{bmatrix} 1 & 0 \\ 1 & 0 \\ 1 & 0 \\ 1 & 0 \\ 0 & 1 \\ 0 & 1 \\ 0 & 1 \\ 0 & 1 \\ 0 & 1 \end{bmatrix} \qquad (9.13)$$

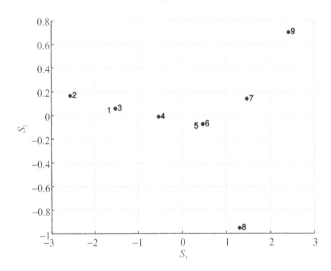

图 9.5   网络在隐含空间中的表示

9.4.3　块模型近似

　　块模型近似方法通过块模型来近似描述块的结构。通过对图 9.1 的邻接矩阵进行观察，可以更好地理解这种方法的思想。图 9.6 描述了图 9.1 的邻接矩阵，其中阴影突出了那些表示两个节点之间相连的元素。

　　图 9.7 表示了一种块结构，该结构可以近似刻画邻接矩阵。在块模型中，每个块代表一个社区。因此，可以将一个给定的邻接矩阵 A 近似地表示为

$$A \approx S\Sigma S^{\mathrm{T}} \tag{9.14}$$

其中，S 是一个块指示（indicator matrix）矩阵，其元素为 0 或 1，表示节点是否属于某个块，$S_{ij}=1$ 表示节点 i 属于第 j 块。而 Σ 是一个 $k \times k$ 的矩阵，表示块之间的交互密度，k 表示块的数量。为了寻找块结构，一个自然的目标是最小化下面的函数：

$$\min ||A - S\Sigma S^{\mathrm{T}}||_F^2 \tag{9.15}$$

由于矩阵 S 的元素是离散的，所以上述问题是一个 NP 难题问题。为了解决这个问题，可以将 S 的值放宽为连续值，且同时要满足正交的约束，即 $S^{\mathrm{T}}S = I_k$。找到最优的 S 就相当于找到矩阵 A 的 k 个最大特征值对应的特征向量。与隐含空间模型类似，基于 K 均值聚类算法对 S 进行运算就可以找到社区的划分 H。

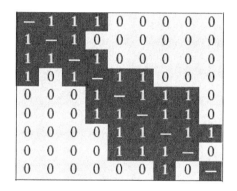

图 9.6　邻接矩阵

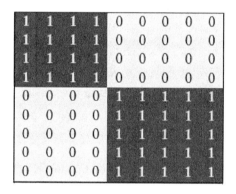

图 9.7　理想的块结构

　　例如，对于图 9.1 的网络，可以计算其邻接矩阵的最大的 2 个特征向量，即

$$S = \begin{bmatrix} 0.20 & -0.52 \\ 0.11 & -0.43 \\ 0.20 & -0.52 \\ 0.38 & -0.30 \\ 0.47 & 0.15 \\ 0.47 & 0.15 \\ 0.41 & 0.28 \\ 0.38 & 0.24 \\ 0.12 & 0.11 \end{bmatrix}, \quad \Sigma = \begin{bmatrix} 3.5 & 0 \\ 0 & 2.4 \end{bmatrix} \tag{9.16}$$

　　得到块指示矩阵 S 后，观察其第 2 列的符号。根据第 2 列的符号，可以将节点划分为两个社区，即节点 $\{1,2,3,4\}$ 形成一个社区，而节点 $\{5,6,7,8,9\}$ 形成另外一个社区。这个社区划分结果是通过对映射矩阵 S 应用 K 均值算法获得的。

9.4.4　谱聚类

在文本聚类章节中介绍的谱聚类算法也是一种有效的社区发现算法。谱聚类(spectral clustering)算法源于图的划分问题[15]。图划分(graph partition)的目标是找到一种切割方法,通过切割最少的边来将节点分割为不相交的集合。在图 9.8 中,有两种切割图的方法,一种方法是切割 $e(4,5)$ 和 $e(4,6)$ 两条边,将整个网络划分为两个不相交的集合,分别是$\{1,2,3,4\}$和$\{5,6,7,8,9\}$。另一种方法是只切割边 $e(7,9)$,形成两个不相交的节点集合$\{1,2,3,4,5,6,7,8\}$和$\{9\}$。直观上来讲,如果社区的划分良好,那么所需的切割边的数量应该相对较小。因此,社区发现问题可以简化为在网络中寻找最小割集(minimum cut)的方法。

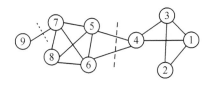

图 9.8　两种不同的分割网络的方法

为了避免切割出的社区不平衡的问题,即某些社区非常小,而有些社区非常大,与传统的谱聚类一样,在社区发现领域,也采用比例割集准则(ratio cut)和规范化割集准则(normalized cut)这两种准则来优化社区的划分。例如图 9.8 的网络有两种社区划分方法,可以比较不同划分方法的效果,利用比例割集准则和规范化割集准则进行评估。

首先,考虑划分方法 π_1,将网络划分为两个社区:$C_1=\{9\}$和$C_2=\{1,2,3,4,5,6,7,8\}$。对于这种划分方法,计算如下:

$$\text{cut}(C_1,\bar{C_1})=1,\quad \text{vol}(C_2)=25,\quad |C_2|=8,\quad \text{vol}(C_1)=1,\quad \text{vol}(C_2)=27 \quad (9.17)$$

因此,根据比例割集准则和规范化割集准则,可以得到以下结果:

$$\text{Ratio Cut}(\pi_1)=\frac{1}{2}\left(\frac{1}{1}+\frac{1}{8}\right)=\frac{9}{16}=0.56 \quad\quad (9.18)$$

$$\text{Normalized Cut}(\pi_1)=\frac{1}{2}\left(\frac{1}{1}+\frac{1}{27}\right)=\frac{14}{27}=0.52 \quad\quad (9.19)$$

接下来,考虑另一种更加平衡的划分方法 π_2,将图划分为 $C_1=\{1,2,3,4\}$ 和 $C_2=\{5,6,7,8,9\}$。计算如下:

$$\text{Ratio Cut}(\pi_2)=\frac{1}{2}\left(\frac{2}{4}+\frac{2}{5}\right)=\frac{9}{20}=0.45<\text{Ratio Cut}(\pi_1) \quad (9.20)$$

$$\text{Normalized Cut}(\pi_2)=\frac{1}{2}\left(\frac{2}{12}+\frac{2}{16}\right)=\frac{7}{16}=0.15<\text{Normalized Cut}(\pi_1) \quad (9.21)$$

虽然 π_1 的划分方法在割集方面较小,但根据比例割集准则和规范化割集准则,π_2 的划分方法更优,因为它能够更好地平衡社区的大小和内部连接的密度。因此,割集更小不一定意味着更好的社区划分,需要综合考虑割集和规模之间的平衡,以及社区内外连接的强度。

谱聚类的核心问题是计算连接图的拉普拉斯矩阵 $\tilde{L}$,然后计算拉普拉斯矩阵 k 个最小特征值对应的特征向量组成。这些特征向量通常被用来表示节点的结构,并且通过聚类算法对它们进行分组,以获得最终的社区划分。例如图 9.1 所示网络的拉普拉斯矩阵 $\tilde{L}$ 可以按照定

义计算如下:

$$\tilde{L} = D - A = \begin{bmatrix} 3 & -1 & -1 & -1 & 0 & 0 & 0 & 0 & 0 \\ -1 & 2 & -1 & 0 & 0 & 0 & 0 & 0 & 0 \\ -1 & -1 & 3 & -1 & 0 & 0 & 0 & 0 & 0 \\ -1 & 0 & -1 & 4 & -1 & -1 & 0 & 0 & 0 \\ 0 & 0 & 0 & -1 & 4 & -1 & -1 & -1 & 0 \\ 0 & 0 & 0 & -1 & -1 & 4 & -1 & -1 & 0 \\ 0 & 0 & 0 & 0 & -1 & -1 & 4 & -1 & -1 \\ 0 & 0 & 0 & 0 & -1 & -1 & -1 & 3 & 0 \\ 0 & 0 & 0 & 0 & 0 & 0 & -1 & 0 & 1 \end{bmatrix} \tag{9.22}$$

其中,A 表示图的邻接矩阵,D 表示图的节点度矩阵。接下来,计算拉普拉斯矩阵的两个最小特征向量:

$$S = \begin{bmatrix} 0.33 & -0.38 \\ 0.33 & -0.48 \\ 0.33 & -0.38 \\ 0.33 & -0.12 \\ 0.33 & 0.16 \\ 0.33 & 0.16 \\ 0.33 & 0.30 \\ 0.33 & 0.24 \\ 0.33 & 0.51 \end{bmatrix} \tag{9.23}$$

这些特征向量表示数据的结构,可以用于社区发现。第一个最小特征向量不包含任何社区信息,因为它对应的特征值是 0,表示网络的连通性。在给定的例子中,第一个特征向量中的所有值都相等,这意味着所有节点都属于同一个社区。因此,第一个特征向量通常被忽略。为了发现 k 个社区,我们会保留除了第一个最小特征向量外的 $k-1$ 个最小特征向量,然后利用它们来进行 K 均值聚类。通过观察矩阵 S 的第二列元素的符号,可以将网络划分为两个社区:$\{1,2,3,4\}$ 和 $\{5,6,7,8,9\}$。

9.4.5　模块度最大化

模块度(modularity)是一个基于节点度分布来衡量网络中社区发现方法性能的重要指标。在一个由 n 个节点和 m 条边组成的网络中,对于度分别为 d_i 和 d_j 的两个节点 v_i 和 v_j,根据随机图模型,一条边从节点 v_i 出发,以 $d_j/(2m)$ 的概率连接节点 v_j,则两节点间产生边的数量的期望值为 $d_i \cdot d_j/(2m)$。例如,在图 9.1 的网络中,该网络包含 9 个节点和 14 条边。如果考虑节点 1 和节点 3 之间的边,根据上述公式,其期望值为 $3 \times 2/(2 \times 14) = 3/14$。

因此,可以通过比较实际网络中的边与期望连接的数量之间的差异来评估社区结构的优劣。对于任意节点 v_i 和 v_j 之间的连接,其实际相互作用与预期连接数量之间的差异可通过 $A_{ij} - d_i \cdot d_j/(2m)$ 来计算,其中 d_i 和 d_j 分别是节点 v_i 和 v_j 的度,m 是网络中边的总数。

如果将网络划分为 k 个社区,则社区效应强度(strength of community effect)可以定义为集合 C 中所有节点间实际相互作用与期望连接数量之差的总和:

$$\sum_{i \in C, j \in C} (A_{ij} - d_i \cdot d_j/(2m)) \tag{9.24}$$

对于整个网络而言,如果将其划分为 k 个社区,整体的社区效应强度定义为各个社区内部所有节点间实际相互作用与期望连接数量之差的总和,即

$$\sum_{l=1}^{k} \sum_{i \in C, j \in C} (A_{ij} - d_i \cdot d_j/(2m)) \tag{9.25}$$

模块度是衡量社区划分质量的重要指标,定义为社区效应强度的归一化值,即

$$Q = \frac{1}{2m} \sum_{l=1}^{k} \sum_{i \in C, j \in C} (A_{ij} - d_i \cdot d_j/(2m)) \tag{9.26}$$

其中,$1/(2m)$ 因子用于将模块度 Q 的值规范化为区间 $[-1,1]$。模块度值可以作为社区发现的优化目标函数,即最大化网络的模块度值,从而实现更好的社区结构划分。

为了更好地刻画网络的社区结构,定义一个模块化矩阵 $\boldsymbol{B}$,其元素为 $\boldsymbol{B} = A_{ij} - d_i d_j/(2m)$。这里,$\boldsymbol{A}$ 是网络的邻接矩阵,$\boldsymbol{d}$ 是一个表示节点度的向量,m 是网络中边的总数。$\boldsymbol{B}$ 表示为 $\boldsymbol{B} = \boldsymbol{A} - \boldsymbol{d}\boldsymbol{d}^{\mathrm{T}}/(2m)$,其中 $\boldsymbol{d} \in \mathbf{R}^{n \times 1}$ 是节点度的向量。假设 $\boldsymbol{S} \in \{0,1\}^{n \times k}$ 是一个社区指示矩阵,其中如果节点 i 属于社区 C_j,则矩阵 $\boldsymbol{S}$ 的元素 $S_{ij} = 1$。如果 S_l 是矩阵 $\boldsymbol{S}$ 的第 l 列,那么模块度可以重新定义为

$$Q = \frac{1}{2m} \sum_{l=1}^{k} S_l \boldsymbol{B} S_l = \frac{1}{2m} \mathrm{Tr}(\boldsymbol{S}^{\mathrm{T}} \boldsymbol{B} \boldsymbol{S}) \tag{9.27}$$

基于对谱的限制放宽,允许 $\boldsymbol{S}$ 的元素为连续值,这样就可以通过计算模块度矩阵(modularity matrix)$\boldsymbol{B}$ 的 k 个最大特征向量来获得最优的 $\boldsymbol{S}$[16]。例如,图 9.1 对应的模块度矩阵 $\boldsymbol{B}$ 如下:

$$\boldsymbol{B} = \begin{bmatrix} -0.32 & 0.79 & 0.68 & 0.57 & -0.43 & -0.43 & -0.43 & -0.32 & -0.11 \\ 0.79 & -0.14 & 0.79 & 0.29 & -0.29 & -0.29 & -0.29 & -0.21 & -0.07 \\ 0.68 & 0.79 & -0.32 & 0.57 & -0.43 & -0.43 & -0.43 & -0.32 & -0.11 \\ 0.57 & -0.29 & -0.57 & -0.57 & 0.43 & 0.43 & -0.57 & -0.43 & -0.14 \\ -0.43 & -0.29 & -0.43 & 0.43 & -0.57 & 0.43 & 0.43 & 0.57 & -0.14 \\ -0.43 & -0.29 & -0.43 & 0.43 & 0.43 & -0.57 & 0.43 & 0.57 & -0.14 \\ -0.43 & -0.29 & -0.43 & -0.57 & 0.43 & 0.43 & -0.57 & 0.57 & 0.86 \\ -0.32 & -0.21 & -0.32 & -0.43 & 0.57 & 0.57 & 0.57 & -0.32 & -0.11 \\ -0.11 & -0.07 & 0.11 & -0.14 & -0.14 & -0.14 & 0.86 & -0.11 & -0.04 \end{bmatrix}$$

求解矩阵 $\boldsymbol{B}$ 的两个最大特征向量,得到:

$$\boldsymbol{S} = \begin{bmatrix} 0.44 & -0.00 \\ 0.38 & 0.23 \\ 0.44 & -0.00 \\ 0.17 & -0.48 \\ -0.29 & -0.32 \\ -0.29 & -0.32 \\ -0.38 & 0.34 \\ -0.34 & -0.08 \\ -0.14 & 0.63 \end{bmatrix} \tag{9.28}$$

其中,矩阵 S 的第 1 列表达了如何划分社区的信息,即根据第一个最大特征向量,可以对网络进行社区划分,并且第一个特征向量中的值越大,节点越有可能属于同一个社区。

9.4.6　社区检测的统一过程

在社区检测中,可以将上述四种以网络为中心的代表性方法(隐含空间模型方法、块模型近似方法、谱聚类方法和模块度最大化方法)统一到一个通用的过程中,如图 9.9 所示。这个过程由四个主要部分组成,其中包含了三个关键处理步骤。给定一个网络,我们构建一个称之为效用矩阵 M(utility matrix)的矩阵,这个矩阵的具体构建取决于我们选择的目标函数:

隐含空间模型方法:　　　　　　　　　　$M = \widetilde{P}$

块模型近似方法:　　　　　　　　　　　$M = A$

谱聚类方法:　　　　　　　　　　　　　$M = \widetilde{L}$

模块度最大化方法:　　　　　　　　　　$M = B$

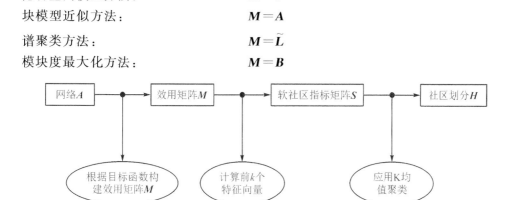

图 9.9　一些具有代表性的社区发现算法的统一过程

在这个统一的过程中,社区发现的主要步骤如下:

步骤 1:构建效用矩阵 M。根据选择的社区发现方法,构建对应的效用矩阵 M。

步骤 2:计算特征向量。计算效用矩阵 M 的前 k 个特征向量。这一步是为了捕捉网络中的重要结构和模式。

步骤 3:获取社区划分。通过得到的特征向量构建软社区指示矩阵 S。应用 K 均值聚类算法,将节点划分为不同的社区,形成社区划分矩阵 H。

一旦获得了效用矩阵,就可以通过一系列计算步骤来获取软社区指示矩阵 S(soft community indicator)。这个矩阵由前 k 个最大或最小的特征值对应的特征向量构成,具体的值取决于我们所选择的方法。这一步也可以看作是一个去除噪声的过程,因为我们仅保留了与网络中主要交互模式非常相关的特征向量。这些特征向量提供了对网络结构的近似描述,有助于我们识别潜在的社区结构。然后,为了得到的社区划分 H,通常采用 K 均值聚类算法。通过聚类,可以将节点分配到不同的社区中,形成最终的社区划分。因此,尽管这几种社区发现方法在构建效用矩阵的方式上略有不同,但在获取软社区指示矩阵 S 和最终的社区划分 H 方面,它们基本上是相似的。它们的共同目标是从网络中识别出具有内在联系的节点集合,并将它们划分为不同的社区。

除了隐含空间模型算法以外,上述的社区发现算法一般适用于求解中等规模的网络,比如包含约 10 万个节点的网络。隐含空间模型算法需要计算任意一对节点间的最短距离,以构成一个近似矩阵,而计算所有节点之间的距离所需的时间复杂度为 $O(n^3)$。此外,由于隐含空间模型的效用矩阵既不是稀疏的,也不是结构性的,因此计算它的特征向量的时间复杂度同样为 $O(n^3)$。这样高的计算代价使得这种方法难以应用于实际的大规模网络。相反,块模型算法、谱聚类算法和模块度最大化算法的计算速度要快得多。模块度最大化的效用矩阵是稠密的,但它由一个稀疏矩阵加上一个低阶矩阵组成,利用这种结构可以快速计算特征向量[16,17]。

因此,在实践中,我们需要根据网络的规模和算法的计算复杂度,仔细选择合适的社区发现算法。对于小规模网络,隐含空间模型算法可能是一个不错的选择,但对于大规模网络,块模型算法、谱聚类算法和模块度最大化算法往往更加高效。在选择算法时,除了考虑算法的准确性和可解释性外,还需要考虑其在给定计算资源下的性能表现。

9.5 以层次为中心的社区检测

以层次为中心的方法对网络拓扑结构进行层次性的社区划分,这有助于以不同的粒度分析社区结构。目前,主要存在两种层次性社区检测方法:分裂式层次聚类(divisive hierarchical clustering)和聚合式层次聚类方法(agglomerative hierarchical clustering)。

9.5.1 分裂式层次聚类法

分裂式层次聚类将网络划分为多个不相交的集合,然后将每个集合进一步细分,直到达到所需的粒度。该方法的关键在于如何有效地将网络划分为多个部分,而一些经典的划分方法,如块模型、谱聚类和隐含空间等方法,都可用于这个过程中。

有一种常用的分裂式层次聚类算法,它不断删除网络中最薄弱的连接,直到网络被分为两个或多个部分,其主要步骤如下:

① 找到最小强度的边:在每次迭代中,算法会寻找连接两个社区之间的具有最小强度的边。这些边通常被视为网络中连接性较弱的部分。

② 删除最小强度的边:找到最小强度的边后,将其从网络中删除,并更新剩余边的连接强度。

③ 划分为社区:一旦网络被划分为两个连接的部分,每个部分都被视为一个独立的社区。然后,重复以上步骤,直到达到所需的社区数量或其他停止条件。

Newman 和 Girvan[18] 提出的基于边介数(edge betweenness)的方法是一种有效的社区发现算法。边介数与介数中心性(betweenness centrality)密切相关,它衡量了网络中最短路径经过某条边的频率[19]。一条边的边介数定义为网络中最短路径经过这条边的数量。如果一条边在许多最短路径中都起到了关键作用,那么它的边介数就会很高。

Newman-Girvan 算法利用了边介数的概念来发现网络中的最薄弱连接。其基本思想是反复地删除边介数最大的边,从而逐步将网络划分为层次结构。算法的主要步骤如下:

① 计算边介数:首先,对网络中的每条边计算其边介数,即计算通过该条边的所有最短路径的数量。

② 删除边介数最大的边:找到具有最高边介数的边,并将其从网络中删除。这一步相当于断开了网络中的一个关键连接。

③ 重新计算边介数:在删除边之后,重新计算剩余边的介数。

④ 重复步骤②和步骤③:重复执行步骤②和步骤③,直到达到预设的条件,例如直到网络

被划分为所需数量的社区或者直到没有边需要删除为止。

通过这种方法，Newman - Girvan 算法能够识别网络中的"瓶颈"边，即那些连接不同社区的关键边。这些边的删除会导致网络的分离，从而实现了对网络结构的逐步细分。该算法的优势在于它的通用性和可解释性，能够在不需要预先设定社区数量的情况下发现网络中的社区结构。然而，需要注意的是，该算法在处理大型网络时可能会面临较高的计算复杂性。

	1	2	3	4	5	6	7	8	9
1	0	4	1	9	0	0	0	0	0
2	4	0	4	0	0	0	0	0	0
3	1	4	0	9	0	0	0	0	0
4	9	0	9	0	10	10	0	0	0
5	0	0	0	10	0	1	6	3	0
6	0	0	0	10	1	0	6	3	0
7	0	0	0	0	6	6	0	2	8
8	0	0	0	0	3	3	2	0	0
9	0	0	0	0	0	0	8	0	0

图 9.10 边介数

在图 9.1 的网络中，每条边的边介数如图 9.10 所示。例如，边 $e(1,2)$ 的边介数为 4。这是因为从节点 2 到社区 $\{4,5,6,7,8,9\}$ 中的任意一个节点要么经过边 $e(1,2)$，要么经过边 $e(2,3)$，导致了边 $e(1,2)$ 的权重为 $6 \times \frac{1}{2} = 3$。同时，$e(1,2)$ 是节点 1 和节点 2 之间的最短路径。因此，$e(1,2)$ 的边介数为 $3 + 1 = 4$。

根据图 9.10，发现边 $e(4,5)$ 和 $e(4,6)$ 的边介数最大。假设我们随机删除其中的一条边，比如删除 $e(4,5)$，那么在相应的网络中，$e(4,6)$ 的边介数将成为最大值，达到 20。如果我们继续删除 $e(4,6)$，则网络将分解为两个社区。在新的网络中，边 $e(7,9)$ 的边介数最大，我们可以删除它来进一步划分社区。这个过程反复进行，直到将社区划分为更小的甚至只包含一个节点的社区。这个分裂过程如图 9.11 所示。

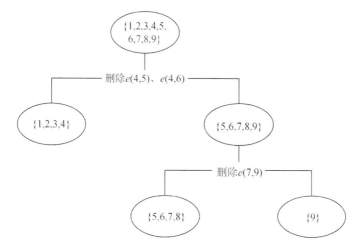

图 9.11 Newman - Girvan 算法求解过程

　　然而,尽管基于边介数的分裂式聚类算法在理论上是一种有效的方法,但其计算却并不容易。边介数的计算涉及网络中每对节点之间的最短路径,因此时间复杂度为 $O(nm)$,其中 n 是节点数量,m 是边的数量[19]。这种计算过程需要对网络的拓扑结构进行深度搜索,以确定每条边在最短路径中的贡献。在大规模网络中,这样的计算需求会显著增加计算时间和资源的消耗。更具挑战性的是,每当删除一条边后,就需要重新计算所有边的边介数。这意味着在每次迭代中都要重新评估网络中所有可能的最短路径,以更新边介数的值。在大规模网络中,这样的操作会导致巨大的计算量和计算时间的增加,使得算法的应用范围受到限制。

　　因此,尽管基于边介数的分裂式聚类算法在理论上具有吸引力,并且能够有效地识别网络中的重要边,但其计算复杂度和计算要求使得这种方法在处理大规模网络时显得不太实用。为了应对这一挑战,研究人员正在探索更有效的算法和技术,以便在大规模网络中进行社区发现和分析。

9.5.2　聚合式层次聚类法

　　聚合式聚类(agglomerative clustering)算法,又称为聚合式层次聚类,是一种实现层次社区发现的重要方法,它通过不断地将基本社区聚合成更大的社区来构建社区的层次结构。这种算法的一个常用标准是模块度(modularity)[20]。如果合并两个社区能够提高总体模块度,则执行合并操作。算法开始时,将每个节点视为一个独立的社区,然后根据特定标准逐步合并这些社区,直到不能进一步提高模块度为止。以下是聚合式层次聚类算法的主要流程:

　　① 初始社区划分:算法开始时,每个节点被视为一个单独的社区。

　　② 逐步合并:算法通过评估合并两个社区后的模块度变化来决定合并的顺序。如果合并提高了模块度,则执行合并操作。合并过程持续进行,直到不能进一步提高模块度为止。

　　图 9.12 描述了聚合式层次聚类算法在图 9.1 的网络中的执行过程。例如,首先可能合并节点 7 和节点 9,然后可能合并节点 1 和节点 2,以此类推,直到形成了最终的社区划分,包括社区{1,2,3,4}和{5,6,7,8,9}。

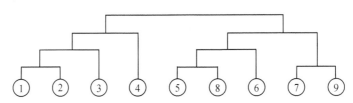

图 9.12　基于模块度的聚合式层次聚类算法得到的树图

　　需要注意的是,聚合式层次聚类算法可能会导致许多不平衡的合并,即一个大的社区与一个极小的社区合并。这种不平衡合并会导致计算代价的增加[21]。因此,合并标准可能需要根据社区的规模进行调整,以确保合并的效率和均衡性。在一些改进的算法中,首先合并规模相当的社区,以获得更加平衡的层次结构,提高算法的效率。Louvain 算法[22]是一种经典的聚合式层次聚类算法。该算法开始时将每个节点视为一个独立的社区,并根据模块度标准决定哪些邻居应该被合并。经过一轮扫描后,一些社区被合并为更大的社区。然后对每个社区进行统计,并基于统计结果进一步合并社区。

9.6　多维网络

在社交媒体网络中,用户之间的交互可能包含多种形式,因而产生了多维网络的结构。一个多维网络可以用数个维度表示,其中每个维度对应一种用户间的交互形式,例如,一个 p 维网络可以表示为

$$\boldsymbol{A} = \{\boldsymbol{A}^{(1)}, \boldsymbol{A}^{(2)}, \cdots, \boldsymbol{A}^{(p)}\} \tag{9.29}$$

其中,$\boldsymbol{A}^{(i)} \in \{0,1\}^{n \times n}$ 表示用户在第 i 维网络中的交互情况,每个矩阵 $\boldsymbol{A}^{(i)}$ 反映了用户在第 i 个维度上的关系,通常使用二进制矩阵表示,元素 $A_{ij}^{(i)}$ 表示用户 i 和用户 j 之间是否存在交互。

由于用户之间可能通过不同形式的交互产生联系,多维网络中往往存在丰富而复杂的隐含社区结构。这种复杂性需要通过考虑网络的多维信息来充分理解和挖掘。因此,发现多维网络中的共享社区结构(shared community structure)变得更加复杂。已有的社区发现算法统一过程包含了四个关键部分:网络(network)、效用矩阵(utility matrix)、软社区指标(soft community indicator)和节点划分(node partition)。这个过程的目标是从网络数据中提取结构信息并将其转化为有意义的社区划分。软社区指标通常是用实数来表示节点的隶属度,因此它可以被视为从网络中提取的结构特征,与传统的二元指标相比,软指标提供了更丰富的信息。

针对多维网络的社区发现,可以在现有的社区发现算法统一过程中进行多维度的集成,以更好地适应多维数据的特点。在多维网络中进行社区发现的集成算法可以分为四种方法:网络集成(network integration)、效用集成(utility integration)、特征集成(feature integration)和划分集成(partition integration)。这个多维网络社区发现方法可用图 9.13 描述。每一种集成方法都是在社区发现过程的不同阶段集成多维信息,以实现多维网络的社区发现。

网络集成方法就是将多维网络中的各个维度的网络关系整合到一个统一的网络表示中。效用集成方法基于不同维度的网络结构构建不同的效用矩阵,然后对效用矩阵进行集成。特

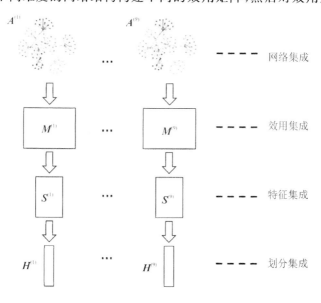

图 9.13　多维集成策略

征集成方法提取不同维度网络中的特征向量或特征描述子,将这些特征向量集成为统一的可用于社区发现的特征表示。划分集成就是对不同维度网络的社区划分结果进行集成,得到最终的社区结构。

作为示例,我们使用基于规范化图拉普拉斯算子的谱聚类方法来详细描述多维网络中的社区发现过程。这个过程同样适用于其他的多维网络社区发现方法,例如块模型(block model)、隐含空间方法(latent space methods)以及模块度最大化(modularity maximization)等[23]。

9.6.1　网络集成

在处理多维网络时,一种简单的方法是将其看作一个单维网络(single-dimensional net-work)。从数学的并集(union)的角度来看,这种方法认为多维网络中节点之间的多种交互强化了它们之间的联系。通过定义多维网络中的平均交互关系,可以得到如下形式的平均网络:

$$\bar{A} = \frac{1}{p} \sum_{i=1}^{p} A^{(i)} \tag{9.30}$$

其中,$\bar{A}$ 表示多维网络的平均邻接矩阵。基于这个平均网络 $\bar{A}$,多维网络中的社区发现问题可以被简化为单维网络中的经典社区发现。然后,社区发现的统一过程可以按照之前描述过的单维网络的过程进行,即在多维网络的谱聚类方法中,目标函数可以相应地修改为

$$\begin{cases} \min_{S} \mathrm{Tr}(S^{\mathrm{T}} \bar{L} S) \\ \mathrm{s.\,t.} \quad S^{\mathrm{T}} S = I \end{cases} \tag{9.31}$$

其中,$\bar{L}$ 是基于多维网络平均矩阵 $\bar{A}$ 构建的规范化拉普拉斯矩阵,定义如下:

$$\bar{L} = \bar{D}^{-1/2} \bar{A} \bar{D}^{-1/2} \tag{9.32}$$

其中,$\bar{D}$ 是 $\bar{A}$ 的度矩阵。通过这样的集成,可以将多维网络简化为单维网络进行处理。

例如,对于如图 9.14 所示的 3 维网络,可以计算其平均邻接矩阵:

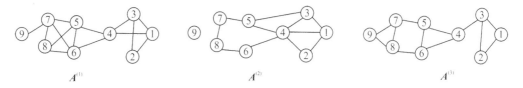

图 9.14　一个 3 维网络的例子

$$\bar{A} = \begin{bmatrix} 0 & 1 & 1 & 2/3 & 0 & 0 & 0 & 0 & 0 \\ 1 & 0 & 2/3 & 1/3 & 0 & 0 & 0 & 0 & 0 \\ 1 & 2/3 & 0 & 1 & 1/3 & 0 & 0 & 0 & 0 \\ 2/3 & 1/3 & 1 & 0 & 1 & 1 & 0 & 0 & 0 \\ 0 & 0 & 1/3 & 1 & 0 & 2/3 & 1 & 1/3 & 0 \\ 0 & 0 & 0 & 1 & 2/3 & 0 & 1/3 & 1 & 0 \\ 0 & 0 & 0 & 0 & 1 & 1/3 & 0 & 1 & 2/3 \\ 0 & 0 & 0 & 0 & 1/3 & 1 & 1 & 0 & 1/3 \\ 0 & 0 & 0 & 0 & 0 & 0 & 2/3 & 1/3 & 0 \end{bmatrix} \tag{9.33}$$

例如,节点 1 和节点 4 之间的交互数量为 2。因此,它们之间的平均交互数量为 2/3。基于这样的平均邻接矩阵,可以计算其对应的规范化图拉普拉斯算子以及该算子的最大两个特征值对应的特征向量 $\boldsymbol{S}$:

$$
\bar{\boldsymbol{L}} = \begin{bmatrix}
1.00 & -0.43 & -0.35 & -0.20 & 0 & 0 & 0 & 0 & 0 \\
-0.43 & 1.00 & -0.27 & -0.12 & 0 & 0 & 0 & 0 & 0 \\
-0.35 & -0.27 & 1.00 & -0.29 & -0.11 & 0 & 0 & 0 & 0 \\
-0.20 & -0.12 & -0.29 & 1.00 & -0.27 & -0.29 & 0 & 0 & 0 \\
0 & 0 & -0.11 & -0.27 & 1.00 & -0.21 & -0.32 & -0.11 & 0 \\
0 & 0 & 0 & -0.29 & -0.21 & 1.00 & -0.11 & -0.35 & 0 \\
0 & 0 & 0 & 0 & -0.32 & -0.11 & 1.00 & -0.35 & -0.38 \\
0 & 0 & 0 & 0 & -0.11 & -0.35 & -0.35 & 1.00 & -0.20 \\
0 & 0 & 0 & 0 & 0 & 0 & -0.38 & -0.20 & 1.00
\end{bmatrix}
\tag{9.34}
$$

$$
\boldsymbol{S} = \begin{bmatrix}
-0.33 & -0.44 \\
-0.28 & -0.40 \\
-0.35 & -0.38 \\
-0.40 & -0.18 \\
-0.37 & 0.16 \\
-0.35 & 0.21 \\
-0.35 & 0.41 \\
-0.33 & 0.38 \\
-0.20 & 0.30
\end{bmatrix}
\tag{9.35}
$$

如果使用 K 均值聚类算法对特征矩阵 $\boldsymbol{S}$ 进行处理,那么可以将网络中的节点划分为两个组:$\{1,2,3,4\}$ 和 $\{5,6,7,8,9\}$,进而得到 2 个社区。

9.6.2   效用集成

效用集成就是对不同维度网络的效用矩阵进行集成,效用矩阵的平均值可以通过如下方式计算:

$$
\bar{\boldsymbol{M}} = \frac{1}{p} \sum_{i=1}^{p} \boldsymbol{M}^{(i)}
\tag{9.36}
$$

其中,$\boldsymbol{M}^{(i)}$ 表示第 i 维网络的效用矩阵。通过计算效用矩阵的最大 k 个特征值对应的 k 个特征向量,我们可以得到软社区指标。这个过程实际上是同时考虑了网络中的各种交互,以实现对目标函数的优化。对于谱聚类算法而言,平均效用矩阵为

$$
\bar{\boldsymbol{M}} = \frac{1}{p} \sum_{i=1}^{p} \widetilde{\boldsymbol{L}}^{(i)}
\tag{9.37}
$$

其中,$\widetilde{\boldsymbol{L}}^{(i)}$ 表示第 i 维网络的规范化图拉普拉斯算子。寻找该平均效用矩阵的 k 个最小特征值对应的特征向量的过程相当于最小化平均规范化切割:

$$
\min_{s} \frac{1}{p} \sum_{i=1}^{p} \mathrm{Tr}(\boldsymbol{S}^{\mathsf{T}} \widetilde{\boldsymbol{L}}^{(i)} \boldsymbol{S}) = \min_{s} \mathrm{Tr}(\boldsymbol{S}^{\mathsf{T}} \bar{\boldsymbol{M}} \boldsymbol{S})
\tag{9.38}
$$

以图 9.14 中的 3 维网络为例,每一维网络对应的图拉普拉斯算子分别为

$$
\widetilde{\boldsymbol{L}}^{(1)} = \begin{bmatrix}
1.00 & -0.41 & -0.33 & -0.29 & 0 & 0 & 0 & 0 & 0 \\
-0.41 & 1.00 & -0.41 & 0 & 0 & 0 & 0 & 0 & 0 \\
-0.33 & -0.41 & 1.00 & -0.29 & 0 & 0 & 0 & 0 & 0 \\
-0.29 & 0 & -0.29 & 1.00 & -0.25 & -0.25 & 0 & 0 & 0 \\
0 & 0 & 0 & -0.25 & 1.00 & -0.25 & -0.25 & -0.29 & 0 \\
0 & 0 & 0 & -0.25 & -0.25 & 1.00 & -0.25 & -0.29 & 0 \\
0 & 0 & 0 & 0 & -0.25 & -0.25 & 1.00 & -0.29 & -0.50 \\
0 & 0 & 0 & 0 & -0.29 & -0.29 & -0.29 & 1.00 & 0 \\
0 & 0 & 0 & 0 & 0 & 0 & -0.50 & 0 & 1.00
\end{bmatrix}
$$

$$(9.39)$$

$$
\widetilde{\boldsymbol{L}}^{(2)} = \begin{bmatrix}
1.00 & -0.41 & -0.33 & -0.26 & 0 & 0 & 0 & 0 & 0 \\
-0.41 & 1.00 & 0 & -0.32 & 0 & 0 & 0 & 0 & 0 \\
-0.33 & 0 & 1.00 & -0.26 & -0.33 & 0 & 0 & 0 & 0 \\
-0.26 & -0.32 & -0.26 & 1.00 & -0.26 & -0.32 & 0 & 0 & 0 \\
0 & 0 & -0.33 & -0.26 & 1.00 & 0 & -0.41 & 0 & 0 \\
0 & 0 & 0 & -0.32 & 0 & 1.00 & 0 & -0.50 & 0 \\
0 & 0 & 0 & 0 & -0.41 & 0 & 1.00 & -0.50 & 0 \\
0 & 0 & 0 & 0 & 0 & -0.50 & -0.50 & 1.00 & 0 \\
0 & 0 & 0 & 0 & 0 & 0 & 0 & 0 & 0
\end{bmatrix}
$$

$$(9.40)$$

$$
\widetilde{\boldsymbol{L}}^{(3)} = \begin{bmatrix}
1.00 & -0.50 & -0.41 & 0 & 0 & 0 & 0 & 0 & 0 \\
-0.50 & 1.00 & -0.41 & 0 & 0 & 0 & 0 & 0 & 0 \\
-0.41 & -0.41 & 1.00 & -0.33 & 0 & 0 & 0 & 0 & 0 \\
0 & 0 & -0.33 & 1.00 & -0.33 & -0.33 & 0 & 0 & 0 \\
0 & 0 & 0 & -0.33 & 1.00 & -0.33 & -0.33 & 0 & 0 \\
0 & 0 & 0 & -0.33 & -0.33 & 1.00 & 0 & -0.33 & 0 \\
0 & 0 & 0 & 0 & -0.33 & 0 & 1.00 & -0.33 & -0.41 \\
0 & 0 & 0 & 0 & 0 & -0.33 & -0.33 & 1.00 & -0.41 \\
0 & 0 & 0 & 0 & 0 & 0 & -0.41 & -0.41 & 1.00
\end{bmatrix}
$$

$$(9.41)$$

根据 $\bar{\boldsymbol{M}} = (\widetilde{\boldsymbol{L}}^{(1)} + \widetilde{\boldsymbol{L}}^{(2)} + \widetilde{\boldsymbol{L}}^{(3)})/3$,可以得到:

$$
\widetilde{\boldsymbol{M}} = \begin{bmatrix}
1.00 & -0.44 & -0.36 & -0.18 & 0 & 0 & 0 & 0 & 0 \\
-0.44 & 1.00 & -0.27 & -0.11 & 0 & 0 & 0 & 0 & 0 \\
-0.36 & -0.27 & 1.00 & -0.29 & -0.11 & 0 & 0 & 0 & 0 \\
-0.18 & -0.11 & -0.29 & 1.00 & -0.28 & -0.30 & 0 & 0 & 0 \\
0 & 0 & -0.11 & -0.28 & 1.00 & -0.19 & -0.33 & -0.10 & 0 \\
0 & 0 & 0 & -0.30 & -0.19 & 1.00 & -0.08 & -0.37 & 0 \\
0 & 0 & 0 & 0 & -0.33 & -0.08 & 1.00 & -0.37 & -0.30 \\
0 & 0 & 0 & 0 & -0.10 & -0.37 & -0.37 & 1.00 & -0.14 \\
0 & 0 & 0 & 0 & 0 & 0 & -0.30 & -0.14 & 0.67
\end{bmatrix}
$$

$$(9.42)$$

可以发现,平均拉普拉斯算子和通过网络集成后得到的图拉普拉斯算子明显不同。通过计算 $\bar{M}$ 的 2 个最小特征值对应的特征向量,可以得到 S:

$$S = \begin{bmatrix} 0.33 & 0.43 \\ 0.29 & 0.39 \\ 0.36 & 0.37 \\ 0.41 & 0.17 \\ 0.37 & -0.15 \\ 0.34 & -0.19 \\ 0.34 & -0.40 \\ 0.32 & -0.37 \\ 0.22 & -0.38 \end{bmatrix} \tag{9.43}$$

在这个例子中,除了符号不同以外,通过效用集成得到的软社区指标与通过网络集成得到的软社区指标非常相似。于是,从 S 的第二列就可以发现 $\{1,2,3,4\}$ 和 $\{5,6,7,8,9\}$ 是网络中的两个社区。

9.6.3 特征集成

特征集成将从每个维度的网络中提取的特征进行集成。与网络集成和效用集成类似,特征集成是否可以通过对不同维度特征向量的平均来分析多维网络?假设有一个多维网络,其中每个维度的结构特征向量分别表示为 $S^{(i)}$,计算所有维度的特征向量的平均值:

$$\bar{S} = \frac{1}{p} \sum_{i=1}^{p} S^{(i)} \tag{9.44}$$

然而,不幸的是,简单地对结构特征向量求平均并不能直接用于特征的集成。这是因为对于效用矩阵的最优解而言,得到的特征向量并不是唯一的。不同的特征向量可能并不意味着网络中存在不同的隐含社区结构。例如,在最简单的情况下,如果 S 是一个有效的解,那么 $S' = -S$ 也是一个有效的解。因此,对 S 和 S' 求平均将无法获得有意义的集成特征。仍然以图 9.14 所示的 3 维网络为例。假设我们从每个维度的网络中提取了相应的软社区指标,这些结构特征如下所示:

$$S^{(1)} = \begin{bmatrix} 0.33 & -0.44 & 0.09 \\ 0.27 & -0.43 & 0.22 \\ 0.33 & -0.44 & 0.09 \\ 0.38 & -0.16 & -0.32 \\ 0.38 & 0.24 & -0.30 \\ 0.38 & 0.24 & -0.30 \\ 0.38 & 0.38 & 0.42 \\ 0.33 & 0.30 & -0.16 \\ 0.19 & 0.23 & 0.67 \end{bmatrix}, S^{(2)} = \begin{bmatrix} -0.37 & 0 & 0.39 \\ -0.30 & 0 & 0.33 \\ -0.37 & 0 & 0.23 \\ -0.48 & 0 & 0.21 \\ -0.37 & 0 & -0.08 \\ -0.30 & 0 & -0.31 \\ -0.30 & 0 & -0.46 \\ -0.30 & 0 & -0.56 \\ 0 & 1.00 & 0 \end{bmatrix}, S^{(3)} = \begin{bmatrix} 0.29 & 0.47 & 0.21 \\ 0.29 & 0.47 & 0.21 \\ 0.35 & 0.44 & 0.01 \\ 0.35 & 0.04 & -0.50 \\ 0.35 & -0.17 & -0.39 \\ 0.35 & -0.17 & -0.39 \\ 0.35 & -0.33 & 0.28 \\ 0.35 & -0.33 & 0.28 \\ 0.29 & -0.30 & 0.45 \end{bmatrix}$$

如果对这些结构特征执行平均操作,得到的 $\bar{S}$ 如下:

$$\bar{S} = \begin{bmatrix} 0.08 & 0.01 & 0.23 \\ 0.08 & 0.01 & 0.26 \\ 0.10 & 0.00 & 0.11 \\ 0.08 & -0.04 & -0.20 \\ 0.12 & 0.02 & -0.26 \\ 0.14 & 0.02 & -0.34 \\ 0.14 & 0.02 & 0.08 \\ 0.13 & -0.01 & -0.15 \\ 0.16 & 0.31 & 0.37 \end{bmatrix} \tag{9.45}$$

通过观察 $\bar{S}$ 可以发现:没有任何一列包含明显的社区结构信息,这意味着平均后的结构特征并未有效地捕捉到多维网络中的社区结构。如果直接将 K 均值聚类算法应用于 $\bar{S}$,可能会得到网络节点的两个子集:{1,2,3,7,9} 和 {4,5,6,8}。然而,这样的划分并没有体现出任何明显的社区结构信息。因此,特征集成过程需要更深入地思考如何有效地合并不同维度的结构特征,以确保集成后的特征能够准确地反映出多维网络中的共享社区结构。

设 $\boldsymbol{S}_l^{(i)}$ 为 $\boldsymbol{S}^{(i)}$ 的第 l 列,我们特别关注 $l=2$ 的 $\boldsymbol{S}^{(i)}$,尽管 $\boldsymbol{S}_2^{(1)}$ 和 $\boldsymbol{S}_2^{(3)}$ 都表示了对网络中节点的一种划分:{1,2,3,4} 和 {5,6,7,8,9}(它们的元素符号可以说明这一点)。但它们的总和却相互抵消,导致它们的总和接近 0。换句话说,两者的差异性被相互抵消了。另一方面,在 $\boldsymbol{S}_2^{(2)}$ 中只有节点 9 被分配了一个非零值。这表明,在第二维网络 $\boldsymbol{A}^{(2)}$ 中,节点 9 是一个孤立的单节点社区,与其他节点没有直接的连接或交互。当对这些特征进行平均时,$\bar{S}$ 的第 2 列没有带来更多有用的信息。因为在平均过程中,相互抵消的元素会减弱或抵消掉彼此的影响,导致平均后的结果可能缺乏明确的社区结构信息。

这个观察告诉我们,在特征集成过程中,我们不仅需要考虑各个维度的结构特征,还需要注意它们之间的相互作用和差异性,以确保集成后的特征能够充分反映多维网络中的共享社区结构。为了解决该问题,在处理多维网络时,可以通过某种转换,使得网络不同维度对应的结构特征仍然能够保持高度相关性[24]。例如,$\boldsymbol{S}_2^{(1)}$ 和 $\boldsymbol{S}_2^{(3)}$ 是高度相关的,同时 $\boldsymbol{S}_2^{(1)}$ 和 $\boldsymbol{S}_3^{(2)}$ 也相关。通过将结构特征进行转换,将它们映射到相同的坐标系后,就可以实现多维网络的集成[17]。

因此,为了找到与每一维网络相关联的转换(例如 $\boldsymbol{w}^{(i)}$),我们可以最大化从每一维网络中抽取的每一对结构特征之间的相关度。一旦找到这样的转换,就可以计算转换后的平均结构特征 $\bar{S}$,即

$$\bar{S} = \frac{1}{p} \sum_{i=1}^{p} \boldsymbol{S}^{(i)} \boldsymbol{w}^{(i)} \tag{9.46}$$

其中,$\bar{S}$ 与由结构特征构成的矩阵 $\boldsymbol{X} = [\boldsymbol{S}^{(1)}, \boldsymbol{S}^{(2)}, \cdots, \boldsymbol{S}^{(p)}]$ 的左特征向量成比例。

因此,特征集成算法的主要步骤如下:首先,通过已有的社区发现方法从网络的每一维中提取出结构特征 $\boldsymbol{S}^{(i)}$,然后将奇异值分解(SVD)应用于矩阵 $\boldsymbol{X} = [\boldsymbol{S}^{(1)}, \boldsymbol{S}^{(2)}, \cdots, \boldsymbol{S}^{(p)}]$。多维网络的平均结构特征 $\bar{S}$ 就是矩阵 $\boldsymbol{X}$ 的左特征向量。最后,可以对平均结构特征 $\bar{S}$ 使用 K 均值聚类算法来寻找社区。

重新审视上述 3 维网络的例子,可以将所有的结构特征连接成矩阵 $\boldsymbol{X}$:

$$\boldsymbol{X} = \left[\boldsymbol{S}^{(1)}, \boldsymbol{S}^{(2)}, \boldsymbol{S}^{(3)}\right] = \begin{bmatrix} 0.33 & -0.44 & 0.09 & -0.37 & 0 & 0.39 & 0.29 & 0.47 & 0.21 \\ 0.27 & -0.43 & 0.22 & -0.30 & 0 & 0.33 & 0.29 & 0.47 & 0.21 \\ 0.33 & -0.44 & 0.09 & -0.37 & 0 & 0.23 & 0.35 & 0.44 & 0.01 \\ 0.38 & -0.16 & -0.32 & -0.48 & 0 & 0.21 & 0.35 & 0.04 & -0.50 \\ 0.38 & 0.24 & -0.39 & -0.37 & 0 & -0.08 & 0.35 & -0.17 & -0.39 \\ 0.38 & 0.24 & -0.30 & -0.30 & 0 & -0.31 & 0.35 & -0.17 & -0.39 \\ 0.38 & 0.38 & 0.42 & -0.30 & 0 & -0.46 & 0.35 & -0.33 & 0.28 \\ 0.33 & 0.30 & -0.16 & -0.30 & 0 & -0.56 & 0.35 & -0.33 & 0.28 \\ 0.19 & 0.23 & 0.67 & 0 & 1.00 & 0 & 0.29 & -0.30 & 0.45 \end{bmatrix} \tag{9.47}$$

$\boldsymbol{X}$ 的最大 2 个左特征向量为

$$\bar{\boldsymbol{S}} = \begin{bmatrix} -0.30 & 0.42 \\ -0.26 & 0.38 \\ -0.33 & 0.38 \\ -0.39 & 0.24 \\ -0.37 & -0.07 \\ -0.36 & -0.14 \\ -0.36 & -0.40 \\ -0.35 & -0.36 \\ -0.23 & -0.40 \end{bmatrix} \tag{9.48}$$

注意,这个平均特征的第 2 列包含了网络社区划分的信息。在对 $\bar{\boldsymbol{S}}$ 使用 K 均值聚类算法后,就能够得到网络的一种划分:$\{1,2,3,4\}$ 和 $\{5,6,7,8,9\}$。

9.6.4 划分集成

划分集成是在每个维度网络的社区划分完成后进行的集成。该问题可以当作一个聚类集成问题[25],其目标是将同一数据的多个不同来源的聚类结果组合成一个一致的聚类。主要的方法包括[25]:基于聚类的相似性划分算法(CPSA)、超图划分算法(hypergraph partition algorithm)和元聚类算法(meta-clustering algorithm)。

其中,CPSA 利用每个聚类结果构造一个相似矩阵(similarity matrix)。在这个矩阵中,两个对象如果属于同一个聚类子集,则相应的矩阵元素值为 1;如果不在同一个聚类子集,则相应的矩阵元素值为 0。假设 $\boldsymbol{H}^{(i)} \in \{0,1\}^{n \times k}$ 表示基于第 i 维网络的社区指标,那么多维网络中节点之间的相似性可以按照以下公式计算:

$$\frac{1}{p} \sum_{i=1}^{p} \boldsymbol{H}^{(i)} (\boldsymbol{H}^{(i)})^{\mathrm{T}} = \frac{1}{p} \boldsymbol{Y} \boldsymbol{Y}^{\mathrm{T}} \tag{9.49}$$

其中,矩阵 $\boldsymbol{Y} = [\boldsymbol{H}^{(1)}, \boldsymbol{H}^{(2)}, \cdots, \boldsymbol{H}^{(p)}]$。矩阵 $\frac{1}{p} \boldsymbol{Y} \boldsymbol{Y}^{\mathrm{T}}$ 中的每个元素基本上相当于两个节点被划分到同一社区的概率。基于这样一个可以衡量节点相似性的矩阵,就可以应用之前介绍的基于相似性的社区发现方法来寻找社区。例如,对上述的 3 维网络示例,假设每个维度网络都已经被划分成了两个社区,并且得到了以下的划分结果:

$$\boldsymbol{H}^{(1)} = \begin{bmatrix} 1 & 0 \\ 1 & 0 \\ 1 & 0 \\ 1 & 0 \\ 0 & 1 \\ 0 & 1 \\ 0 & 1 \\ 0 & 1 \\ 0 & 1 \end{bmatrix}, \quad \boldsymbol{H}^{(2)} = \begin{bmatrix} 1 & 0 \\ 1 & 0 \\ 1 & 0 \\ 1 & 0 \\ 1 & 0 \\ 1 & 0 \\ 1 & 0 \\ 0 & 1 \end{bmatrix}, \quad \boldsymbol{H}^{(3)} = \begin{bmatrix} 1 & 0 \\ 1 & 0 \\ 1 & 0 \\ 0 & 1 \\ 0 & 1 \\ 0 & 1 \\ 0 & 1 \\ 0 & 1 \end{bmatrix} \qquad (9.50)$$

基于这个划分结果,可以构建一个新的相似矩阵:

$$\frac{1}{p}\sum_{i=1}^{p}\boldsymbol{H}^{(i)}(\boldsymbol{H}^{(i)})^{\mathrm{T}} = \begin{bmatrix} 1.00 & 1.00 & 1.00 & 0.67 & 0.33 & 0.33 & 0.33 & 0.33 & 0 \\ 1.00 & 1.00 & 1.00 & 0.67 & 0.33 & 0.33 & 0.33 & 0.33 & 0 \\ 1.00 & 1.00 & 1.00 & 0.67 & 0.33 & 0.33 & 0.33 & 0.33 & 0 \\ 0.67 & 0.67 & 0.67 & 1.00 & 0.67 & 0.67 & 0.67 & 0.67 & 0.33 \\ 0.33 & 0.33 & 0.33 & 0.67 & 1.00 & 1.00 & 1.00 & 1.00 & 0.67 \\ 0.33 & 0.33 & 0.33 & 0.67 & 1.00 & 1.00 & 1.00 & 1.00 & 0.67 \\ 0.33 & 0.33 & 0.33 & 0.67 & 1.00 & 1.00 & 1.00 & 1.00 & 0.67 \\ 0.33 & 0.33 & 0.33 & 0.67 & 1.00 & 1.00 & 1.00 & 1.00 & 0.67 \\ 0 & 0 & 0 & 0.33 & 0.6667 & 0.67 & 0.67 & 0.67 & 1.00 \end{bmatrix}$$

$$(9.51)$$

这个矩阵可以被视为一个网络的邻接矩阵,其中每个元素表示节点间的连接权值。因此,前述的社区发现方法都可以应用于这个加权网络。例如,可以对这个网络实施谱聚类,然后就会得到两个社区:$\{1,2,3,4\}$ 和 $\{5,6,7,8,9\}$。

CSPA 的主要缺点是:当相似矩阵很稠密时,计算量会非常大,这可能会限制其在大型网络中的应用。一个可能的替代方法是将矩阵 $\boldsymbol{Y}$ 视为网络中节点的特征表示,并进行类似于特征集成的处理。也就是说,可以计算 $\boldsymbol{Y}$ 的左特征向量,然后在提取出来的左特征向量上应用 K 均值聚类算法来进行节点划分。

对于上述 3 维网络,假设 $\boldsymbol{Y}$ 如下:

$$\boldsymbol{Y} = \begin{bmatrix} 1 & 0 & 1 & 0 & 1 & 0 \\ 1 & 0 & 1 & 0 & 1 & 0 \\ 1 & 0 & 1 & 0 & 1 & 0 \\ 1 & 0 & 1 & 0 & 0 & 1 \\ 0 & 1 & 1 & 0 & 0 & 1 \\ 0 & 1 & 1 & 0 & 0 & 1 \\ 0 & 1 & 1 & 0 & 0 & 1 \\ 0 & 1 & 1 & 0 & 0 & 1 \\ 0 & 1 & 0 & 1 & 0 & 1 \\ 0 & 1 & 0 & 1 & 0 & 1 \end{bmatrix} \qquad (9.52)$$

其最大的 2 个左特征向量是

$$\bar{\boldsymbol{H}} = \begin{bmatrix} -0.27 & -0.47 \\ -0.27 & -0.47 \\ -0.27 & -0.47 \\ -0.35 & -0.14 \\ -0.39 & 0.22 \\ -0.39 & 0.22 \\ -0.39 & 0.22 \\ -0.39 & 0.22 \\ -0.39 & 0.22 \\ -0.24 & 0.35 \end{bmatrix} \tag{9.53}$$

显然,$\bar{\boldsymbol{H}}$ 的第 2 列编码了网络的划分信息,利用 K 均值聚类算法很容易识别出社区。通过这种方法,能够避免构造一个巨大且稠密的矩阵,从而提高了计算的效率。

以上四种多维网络的集成分析方法可以通过引入正则化或者给网络的不同维赋予不同的权值而进行扩展。已有的研究工作表明,效用集成和特征集成比网络集成和划分集成性能要好[17]。在这四种方法中,效用集成通常有相当不错的表现,而特征集成需根据每一维网络中节点交互(联系)的特点进行软社区指标计算。这一步可以看成是一个去噪声的过程,因此随后的集成往往能够提取出一个更精确的社区结构。在计算成本方面,将这四种集成分析方法从低到高排序如下:网络集成、效用集成、特征集成、划分集成。不同的多维集成方法的优缺点如表 9.1 所列。

表 9.1 不同多维集成策略的比较

性能	网络集成	效用集成	特征集成	划分集成
为不同的交互调整参数	√	√	√	√
对噪声的敏感度	高	不太高	稳健的	高
聚类质量	不好	好	好	不太好
计算代价	低	低	高	昂贵的

9.7 社区评价

社区评价是社区发现的重要一环,它帮助我们了解所识别社区的质量。然而,由于现实网络中社区结构缺乏清晰的真实背景信息(ground truth information),导致社区评价变得更复杂。为了比较不同的社区发现方法,需要一些共同的策略来评估所识别的社区。社区的评价依赖于所获取的网络信息,其方法包括以下两类:

① 网络没有标注信息,但是对社区有明确的定义。例如,团、k-团、k-社团、k-丛和 k-核心等,我们可以直接验证所获得的群组是否符合这些定义。

② 网络拥有真实背景信息,即对于网络中的每个成员,其社区身份是已知的。尽管这种情况在现实世界的大规模网络中比较少见,但在一些人工网络[26]或者已被深入研究的小型网络中可能会出现,比如 Zachary 的空手道俱乐部[16]。在这种情况下,如果社区的数量很小,就

可以较容易地在社区检测结果与真实的标注信息之间进行一一对应,从而使用传统的分类度量方法[13](如精确性、F_1 度量)进行评估。

但是,一个网络通常包含许多社区,要建立真实背景与社区成员之间的一一对应就非常困难。例如,在图 9.15 中,真实社区有两个,而社区检测结果却有三个,有两个真实社区 $\{1,3\}$ 和 $\{2\}$ 都映射到了聚类结果的真实社区 $\{1,2,3\}$ 中。面对这种情况,需要考虑一些方法来综合评价各种映射情况。互信息是一种衡量两个随机变量之间的相关性的度量方法,如果将节点在社区的分布当作变量的取值,那么就可借鉴互信息的思想来衡量真实背景与社区检测结果之间的一致性程度。实际中,通常采用规范化的互信息(normalized mutual information,NMI)指标。

真实情况 聚类结果

图 9.15 比较真实情况与聚类结果(每个数字代表一个节点,每个圆或者一个块代表一个社区)

在介绍规范化的互信息(NMI)用于评价社区之前,简单回顾一下信息论的基本概念。在信息论中,一个分布中包含的信息称为熵(entropy),其定义如下:

$$H(X) = -\sum_{x \in X} p(x) \log p(x) \tag{9.54}$$

互信息(mutual information)进一步表示两个分布之间的共享信息:

$$I(X;Y) = \sum_{x \in X} \sum_{y \in Y} p(x,y) \log \frac{p(x,y)}{p_1(x)p_2(y)} \tag{9.55}$$

由于 $I(X;Y) \leqslant H(X)$,且 $I(X;Y) \leqslant H(Y)$,因此定义规范化的互信息(NMI)为

$$\mathrm{NMI}(X,Y) = \frac{I(X;Y)}{\sqrt{H(X)H(Y)}} \tag{9.56}$$

可以将社区划分当作节点落入不同社区的概率分布。假设 π^a 和 π^b 分别表示两种不同的社区划分,$n_{h,l}$ 表示同时属于 π^a 的第 h 个社区和 π^b 的第 l 个社区的成员数量,n_h^a 表示属于 π^a 的第 h 个社区的成员数量,n_l^b 表示属于 π^b 的第 l 个社区的成员数量,则

$$H(\pi^a) = -\sum_h^{k(a)} \frac{n_h^a}{n} \log \frac{n_h^a}{n} \tag{9.57}$$

$$H(\pi^b) = -\sum_h^{k(b)} \frac{n_h^b}{n} \log \frac{n_h^b}{n} \tag{9.58}$$

$$I(\pi^a, \pi^b) = \sum_h \sum_l \frac{n_{h,l}}{n} \log \frac{\dfrac{n_{h,l}}{n}}{\dfrac{n_h^a}{n} \dfrac{n_l^b}{n}} \tag{9.59}$$

在上述公式中,$n_{h,l}$ 实际上是估计 π^a 的第 h 个社区到 π^b 的第 l 个社区的映射概率的估计值。因此

$$\text{NMI}(\pi^a, \pi^b) = \frac{\sum_{h=1}^{k(a)}\sum_{l=1}^{k(b)} n_{h,l} \log\left(\frac{n \cdot n_{h,l}}{n_h^{(a)} \cdot n_l^b}\right)}{\sqrt{\left(\sum_{h=1}^{k(a)} n_h^{(a)} \log\frac{n_h^a}{n}\right)\left(\sum_{l=1}^{k(b)} n_h^{(b)} \log\frac{n_l^b}{n}\right)}} \tag{9.60}$$

NMI 的值范围为 0～1，当 π^a 与 π^b 完全相同时，它的值为 1。对于图 9.15 的例子，划分的形式可以表示为

$$\pi^a = [1,1,1,2,2,2] \quad （真实情况） \tag{9.61}$$
$$\pi^b = [1,2,1,3,3,3] \quad （聚类情况） \tag{9.62}$$

网络中有 6 个节点，每个节点被分配到一个社区，上述数字代表每个聚类的社区号。如图 9.16 所示，可计算图 9.15 中社区划分结果的 NMI 的值为 0.83。

$n=6$	/	/
$k^{(a)}=2$	$h=1$	3
$k^{(b)}=3$	$h=2$	3

/	
$l=1$	2
$l=2$	1
$l=3$	3

	$l=1$	$l=2$	$l=3$
$h=1$	2	1	0
$h=2$	0	0	3

图 9.16 图 9.15 两个社区的 NMI 计算

另一种评估社区检测的方法是考虑所有可能的节点对，检查它们是否被正确地分配到同一个社区。如果两个应该在同一社区的节点被分配到不同的社区，或者不应该在同一社区的两个节点被分配到同一个社区，那么就认为存在错误。可以用 $C(v_i)$ 表示节点 v_i 所属的社区，构建如表 9.2 所列的列联表（contingency table），其中 a、b、c 和 d 分别代表每种情况下的频率。例如，a 表示两个节点在真实情况和聚类结果中都被分配到相同社区的频率。那么所有频率的和就是所有节点对的数量，即 $a+b+c+d=\frac{n(n-1)}{2}$。根据这些频率的统计，可以计算社区检测的准确率：

$$准确率 = \frac{a+d}{a+b+c+d} = \frac{a+d}{\frac{n(n-1)}{2}} \tag{9.63}$$

表 9.2 列联表

聚类结果	真实情况	
	$C(v_i)=C(v_j)$	$C(v_i)\neq C(v_j)$
$C(v_i)=C(v_j)$	a	b
$C(v_i)\neq C(v_j)$	c	d

以图 9.15 为例，可统计得到 $a=4$，在真实情况和社区检测结果中，$\{1,3\}$、$\{4,5\}$、$\{4,6\}$、$\{5,6\}$ 都被分配到相同的社区；分别来自 $\{1,2,3\}$ 和 $\{4,5,6\}$ 中的节点对都被分配到两个不同的社区，因此 $d=9$。聚类结果的准确率为 $(4+9)/(6\times5/2)=13/15$。

在一些社交媒体网络中，网络节点和连接具有一定的语义或属性信息。在这样的网络中，所识别的社区结构可以通过人工验证是否与语义一致。例如，对于在 Web 上识别的社区，我们可以验证这些社区是否都属于同一个主题[20,27]。又或者，对于共同作者网络的聚类，我们

可以检查是否涵盖了个体的研究兴趣。当社区的规模较小时,这种验证方法是可行的。然而,当社区规模较大时,通常会选择排名位于前列的成员来代表一个社区。这种方法是一种定性评价方法,因此在大规模网络中应用起来较为困难,但对于理解和解释一个社区仍然非常有用。

实际中我们面临的大部分情况是没有真实背景与语义信息的网络,这时就需要进行客观评价。在这种情况下,人们通常采用一些量化的方法来验证网络。一个量化措施 Q 是一个社区划分 π 和网络 A 的函数。可以采用类似于分类问题的交叉验证(cross validation)过程:首先从网络中提取社区(训练过程),然后再与同一网络(如根据不同时间段采集的数据构成的网络)或其他相关网络进行比较(根据不同的交互形式构成的网络)。

为了量化提取的社区结构,可以采用模块度[28],即计算该划分的模块度。在各种社区检测结果中,模块度越高越好。另一种比较方法是以所识别的社区为基础,进行连接预测。也就是说,如果两个成员同属于一个社区,那么它们之间是连接的。然后,比较预测得到的网络和真实网络,根据两个网络的差异修改社区结构。由于社会媒体网络表现出很强的社区效应,因此更好的社区结构可以更准确地预测成员之间的连接。基于所识别的社区,可以检测块模型与真实网络之间的偏差程度。

9.8　本章小结

社区检测作为一个十分活跃且不断发展的研究领域,本章提出了一些基础的社区检测方法和评价策略。但社会媒体的复杂性超越了传统的网络,涉及异构的实体和复杂的交互。社会媒体中社区检测方法不算发展。这些方法需要能够处理大规模、动态、节点异构、关系复杂和属性内容丰富的网络,并能够综合利用各种类型的信息。此外,社区的稳健性也是一个需要关注的方面。社会媒体中的信息更新快速,用户的兴趣和关系也可能随时发生变化。因此,社区发现方法还需要能够适应这种动态变化,尤其需要在社区的正常变化和异变之间取得平衡。

参考文献

[1] Tang L, Liu H. Graph mining applications to social network analysis[J]. Managing and Mining Graph Data, 2010：487-513.

[2] Kumar R, Raghavan P, Rajagopalan S, et al. Trawling the web for emerging cyber-communities[J]. Computer Networks, 1999, 31(11-16)：1481-1493.

[3] Palla G, Derényi I, Farkas I, et al. Uncovering the overlapping community structure of complex networks in nature and society[J]. Nature, 2005, 435(7043)：814-818.

[4] Hopcroft J, Tarjan R. Algorithm 447：efficient algorithms for graph manipulation[J]. Communications of the ACM, 1973, 16(6)：372-378.

[5] Kumar R, Novak J, Raghavan P, et al. On the bursty evolution of blogspace[C]. Proceedings of the 12th International Conference on World Wide Web. 2003：568-576.

[6] Wasserman S, Faust K. Social Network Analysis：Methods and Applications[M]. Cambridge：Cambridge University Press, 1994.

[7] Abello J, Resende M G C, Sudarsky S. Massive quasi-clique detection[C]. LATIN 2002: Theoretical Informatics: 5th Latin American Symposium Cancun, Mexico, 2002: 598-612.

[8] Hanneman R A, Riddle M. Introduction to Social Network Methods[M]. [S. l.]: University of California, 2005.

[9] Gibson D, Kumar R, Tomkins A. Discovering large dense subgraphs in massive graphs [C]. Proceedings of the 31st International Conference on Very Large Data Bases, 2005: 721-732.

[10] Hopcroft J, Khan O, Kulis B, et al. Natural communities in large linked networks [C]. Proceedings of the 9th ACM SIGKDD International Conference on Knowledge Discovery and Data Mining, 2003: 541-546.

[11] Hoff P D, Raftery A E, Handcock M S. Latent space approaches to social network analysis[J]. Journal of the American Statistical Association, 2002, 97 (460): 1090-1098.

[12] Handcock M S, Raftery A E, Tantrum J M. Model-based clustering for social networks[J]. Journal of the Royal Statistical Society: Series A (Statistics in Society), 2007, 170(2): 301-354.

[13] Tan P N, Steinbach M, Kumar V. Introduction to Data Mining[M]. [S. l.]: Pearson Education India, 2016.

[14] Borg I, Groenen P J F. Modern Multidimensional Scaling: Theory and Applications [M]. [S. l.]: Springer Science & Business Media, 2005.

[15] Von Luxburg U. A tutorial on spectral clustering[J]. Statistics and Computing, 2007, 17: 395-416.

[16] Newman M E J. Finding community structure in networks using the eigenvectors of matrices[J]. Physical Review E, 2006, 74(3): 036104.

[17] Tang L, Wang X, Liu H. Uncovering groups via heterogeneous interaction analysis [C]. 2009 9th IEEE International Conference on Data Mining, 2009: 503-512.

[18] Newman M E J, Girvan M. Finding and evaluating community structure in networks [J]. Physical Review E, 2004, 69(2): 026113.

[19] Brandes U. A faster algorithm for betweenness centrality[J]. Journal of Mathematical Sociology, 2001, 25(2): 163-177.

[20] Clauset A, Newman M E J, Moore C. Finding community structure in very large networks[J]. Physical Review E, 2004, 70(6): 066111.

[21] Wakita K, Tsurumi T. Finding community structure in mega-scale social networks [C]. Proceedings of the 16th International Conference on World Wide Web, 2007: 1275-1276.

[22] Blondel V D, Guillaume J L, Lambiotte R, et al. Fast unfolding of communities in large networks[J]. Journal of Statistical Mechanics: Theory and Experiment, 2008, 2008(10): P10008.

[23] Tang L，Wang X，Liu H，et al. A multi-resolution approach to learning with overlapping communities[C]. Proceedings of the 1st Workshop on Social Media Analytics，2010：14-22.

[24] Long B，Yu P S，Zhang Z. A general model for multiple view unsupervised learning [C]. Proceedings of the 2008 SIAM International Conference on Data Mining，2008：822-833.

[25] Strehl A，Ghosh J. Cluster ensembles—a knowledge reuse framework for combining multiple partitions[J]. Journal of Machine Learning Research，2002，3(12)：583-617.

[26] Tang L，Liu H，Zhang J，et al. Community evolution in dynamic multi-mode networks [C]. Proceedings of the 14th ACM SIGKDD International Conference on Knowledge Discovery and Data Mining，2008：677-685.

[27] Flake G W，Lawrence S，Giles C L. Efficient identification of web communities[C]. Proceedings of the 6th ACM SIGKDD International Conference on Knowledge Discovery and Data Mining，2000：150-160.

[28] Newman M E J. Modularity and community structure in networks[J]. Proceedings of the National Academy of Sciences，2006，103(23)：8577-8582.

第 10 章　情感分析

随着计算机网络技术的快速发展和普及,互联网已经进入了 Web 2.0 时代。Web 2.0 提供了用户与网站之间和用户与用户之间的互动,网民可以非常方便地参与网站内容的提交、生成和传播,网站与用户之间实现了双向交流。尤其进入社交媒体(social media)时代以来,一大批带有 SNS(social network service)性质的网站、工具和产品,如微博、微信、Twitter、Facebook 等,迅速发展成为互联网平台的新生力量,促进了真实社会与虚拟空间的无缝连接。这些新型网络媒体包含大量针对新闻时事、政策法规、消费产品等话题的主观评论文本(称为情感文本),充分反映了用户个体的观点、情感、态度和情绪等重要信息。因此,需要研究如何利用计算机对社交媒体文本进行自动情感分析、挖掘和管理。由此产生了一个重要的文本数据挖掘领域研究方向:情感分析和观点挖掘(sentiment analysis and opinion mining)。该研究的主要任务是对文本中的主观信息(如观点、情感、评价、态度、情绪等)进行提取、分析、处理、归纳和推理。

情感分析和观点挖掘对国家、政府、企业和个人都具有极其重要的实际意义。国家安全机构需要实时把控网络信息内容,识别是否存在反动、诈骗、不良信息传播的可能性,以便及时防范、引导和管理,确保网络安全;政府管理部门需要及时了解民众意向,制定和改进政策法规,维护社会稳定;企业需要根据网络信息快速了解用户对产品的意见、评论和建议,及时改进产品性能;网民个体在选购产品和服务时可以全面准确了解大众用户对于产品的综合评价、优缺点介绍和注意事项等,以便做出适合自己的选择和决策。

情感分析的研究起源于 21 世纪初期,目前已经成为自然语言处理、机器学习等多领域交叉关注的一个研究热点。目前,情感分析技术主要分为两类,即基于规则(情感词典)的方法和基于统计学习的方法。前者根据情感词典所提供的词的情感倾向性信息,结合语言知识和统计信息,进行不同粒度下的文本情感分析;后一种方法主要研究如何在文本表示层面寻找更加有效的情感特征,以及如何在机器学习模型中合理地使用这些特征。主要特征包含词序及其组合、词类、高阶 n 元语法、句法结构信息等。

10.1　情感分析任务分类

情感分析任务可以根据分析的目标和分析粒度两个维度进行分类。

10.1.1　基于任务目标的分类

情感分析的一个重要任务是文本情感分类,它可以看作是一类特殊的文本分类问题。传统的文本分类主要指对文本内容按照主题进行分类,而情感文本分类任务则是对包含主观信息的文本按照其表达的情感倾向性进行分类。

目前的情感文本分类研究最多的是极性分类(polarity classification),即判断一篇文档或者一个句子所包含的情感是"正面的"(thumbs up)还是"负面的"(thumbs down)。"正面的"

还是"负面的"可以当作是褒义和贬义的两个极性。褒贬分类有一个前提,就是文本中所包含的内容必须是主观信息。对于只有客观信息(如一个人的兴趣爱好、外观特征、一个事件的发生时间和地点等)的文本来进行情感分析是没有意义的。在情感分析的早期研究中,有一部分工作专门研究文本的主客观分类(或称为主观性检测)。主客观分类虽然与褒贬分类不同,但是它们的任务性质非常相似,都属于一个两类分类问题,区别在于它们具有不同的类别标签,前者是主观或客观,而后者是正面或负面情绪。

在正负两类极性分类之外,常常还考虑一类中性情感,从而扩展出了"正面-负面-中性(positive-negative-neutral)"三类情感分类问题。中性情感文本又包含两种情况:一种是不包含主观情感的客观文本,另一种是褒贬情感混合的文本。此外,还存在一些分类粒度更细的情感分析任务,如按照评价等级(如1星～5星)的情感分类、基于观点强度(0～100%)的情感回归、基于情绪(喜、怒、哀、乐)等的情绪分类,以及按照立场(支持、反对或无关)的立场分类(stance classification)等。

10.1.2　基于分析粒度的分类

根据情感分析粒度的不同,文本情感分析任务又可以分成文档级、句子级、词语级和属性级情感分析任务。

1. 文档级情感分析

与文本分类相似,情感文本分类在初始研究阶段主要是针对整篇文档的情感分类,或者说从整体上判断一个文档所表达的观点和情感。

文档级情感分析任务定义为:给定文档d(d可能包含多个句子,甚至多个段落),利用情感分析方法自动判断整个文档d的情感极性$o(d)$。

文档级情感分析一般假设文档表达的观点仅针对一个单独的实体,并且只包含一个观点持有者的观点。不过这种假设在现实中是很难符合的,因此,文档级情感分类也是最简单的情感分析任务,一般通过文本分类即可完成。文档级情感分析对象除了书籍、电视的文档级评论,还包括互联网上的评论文本,如舆情事件、特定人物和机构、电子产品、宾馆、餐馆的评论等,对这些评论文本的整体情感进行的分类都属于文档级情感分析任务。

2. 句子级情感分析

通常一篇文档会包含多个话题,不同的话题所涉及的观点、情感等主观性信息可能不同。因此,将文档作为一个整体笼统地进行情感分析存在一定的局限性,不能反映特定主题和对象所表现的情感和态度。相对而言,句子涉及的话题往往比较单一,很多自然语言处理技术都以句子为基本处理对象,句子层面的情感分析也更容易融入更多的自然语言处理技术。因此,句子级别的情感分析比文档级别的情感分析适用性更强、使用范围也更广。

句子级情感分析可以定义为:给定句子s,利用情感分析方法自动判断s的情感极性$o(s)$。

这一级别的情感分析与主客观分类任务十分相关。主客观分类任务就是判别一句话陈述的是事实性信息(客观句)还是表达了主观性信息(主观句)。但是句子是主观句不等于该句就是情感句或观点句,一些客观句中也常常隐含了观点信息。例如:"我们上个月买了这辆车,挡风玻璃雨刷器掉了。"相反,主观句中也可能不包含任何观点。例如:"我觉得他吃完饭就回家了。"

句子级情感分类的一个缺点是,基于监督学习方法建立情感分类器时句子级情感标签需要进行人工标注,而文档级情感标签往往可以依据自然标注信息(如评论的星级)确定。随着近年来社交媒体的发展,出现了一类针对社交网络文本(如 Twitter、微博、微信等)的消息级情感分析任务。这类消息级文本通常有长度限制,篇幅较短,包含的句子数目也不多,也称为"短文本"。在不考虑社交网络结构的情况下,这一类情感分析任务都可以利用句子级情感分析或者短文档级情感分析方法进行处理。

3. 词语级情感分析

除了文档和句子级的情感分析,还有很多研究关注于更小粒度的语言单位的情感分析处理。通常认为词语和短语是情感和观点表达的最小语言单元。为了便于叙述,我们将词语和短语级的情感分析统称为词语级情感分析。词语级情感分析定义为:给定词语或短语 p,利用情感分析方法自动判断 p 的情感极性 $o(p)$。对于给定语料,词语级情感分析与情感词典构建任务是基本等价的。

目前大部分的通用情感词典都是人工构建的。人工构建的情感词典虽然具备较好的通用性,但是在实际应用中难以覆盖不同领域的情感词汇,领域适应性较差。同时,人工情感词典构建需要耗费大量的人力和物力。因此,需要研究情感词典的自动构建方法,这些方法主要分为三类:基于知识库的方法、基于语料库的方法以及知识库和语料库相结合的方法。

4. 属性级情感分析

无论文档级还是句子级或者词语级情感分析,都无法确切知道用户对哪些具体的属性具有正面或者负面的情感。换句话说,这些级别的情感分析方法都无法获取用户观点评价的对象。例如,如果我们仅仅知道"我喜欢华为手机"这句话中含有褒义的情感,这对于实际应用显然是不够的,我们更需要知道用户对华为这个品牌的手机表达了褒义的情感。句子级情感分析假设:如果认为一个句子中含有褒义的观点,则认为用户对于这个句子中的所有提到的事物都表达了褒义的观点。这显然是不合理的,因为一个句子中可能针对不同的对象产生了不同情感倾向的观点。例如"苹果手机电量耐用,但信号不行",很难判断这句话应该被分成褒义情感还是贬义情感,因为在句子中用户赞扬了苹果手机的电量,但是吐槽了苹果手机的信号。

为了得到更精准的分析结果,需要进行属性级的情感分析(aspect-level sentiment analysis)。属性级情感分析是从文本中挖掘评价对象实体的属性,并对其进行情感分析的任务。针对输入评论文本,属性级情感分析输出该评论所包含的 (t,s) 二元组序列,其中 t 表示评论对象(target),s 表示情感(sentiment)。

因此,属性级情感分析直接关注的是观点以及观点的目标(称为观点评价对象),实现观点评价对象的抽取与分析能够更好地理解情感分析这一问题。例如:"尽管服务不是特别让人满意,但这家餐馆整体很不错。"很明显,这个句子表达了褒义的情感倾向,但是很难说整句话都是表达褒义的情感倾向。只能说评论者在这句话中对于餐馆整体表达了褒义情感倾向,但对于服务表达了贬义的情感倾向。如果对于一个看重服务的用户,看到这句评论后,估计不会去这家餐馆用餐了。属性级情感分析的目标是挖掘与发现评论在实体及其属性上的观点信息,基于这样的分析,就能够生成有关目标实体及其属性的观点摘要。在许多实际应用中,用户有时只关注发表关于某个实体的观点信息。在这种情况下,情感分析系统可以分析挖掘出的有关实体属性的观点信息。属性级情感分析在实际系统中有很强的应用需求,在工业界,几乎所有的情感分析系统都是在这个级别上进行分析的。

10.2 文档级情感分析

文档级情感分析是将一篇给定的文档当作整体进行情感分析,通常利用分类算法将整篇文档所表示的情感分为给定的情感类别。因此,许多文本分类算法可以用于文档情感分类,包括基于规则的无监督情感分类和基于监督学习的情感分类。

10.2.1 基于规则的无监督情感分类

基于规则的无监督情感分类方法主要是分析文档中的情感倾向性词语,基于倾向性词语的统计分析来判断整篇文档的情感类别。因此,情感词典的构造是本类方法的核心问题。

一种简单的方法是人工构造情感词典[1],然后基于情感词典识别出文档中的倾向性词语,并将这些词语的极性(正面为+1,负面为-1,中立为0)进行累加,累加结果值即为整个文本的极性,进而以此情感极性值来判断文档的情感类别。

有时候仅靠一个词语难以表达一个具体的概率或语义,而短语能够表示更具体的意义,其情感信息也更具体。因此,有一种方法基于短语的文档情感倾向性进行分析[2],该方法利用PMI-IR算法计算文本中出现的符合规则的短语的情感倾向性。基于文本中所有短语的情感倾向性的平均值的正负判断文本描述的对象是否值得推荐。这种方法不需要使用人工标注的语料进行模型训练。

PMI-IR算法由如下三步构成:

第一步:根据事先定义的模板抽取包含情感色彩的候选词汇和短语,主要是形容词和副词及其短语。表10.1是其预定义的从评论文本中抽取候选短语的词性模板[2]。

表 10.1 词性模板示例

第一个词	第二个词	第三个词(不抽取)
形容词(JJ)	名词(NN,NNS)	任意
副词(RB,RBR,RBS)	形容词(JJ)	非名词(NN,NNS)
形容词(JJ)	形容词(JJ)	非名词(NN,NNS)
名词(NN,NNS)	形容词(JJ)	非名词
副词(RB,RBR,RBS)	动词(VB,VBD,VBN,VBG)	任意

第二步:计算候选短语的语义倾向(semantic orientation,SO)值。分别以"excellent"和"poor"为褒贬两类的种子词,计算候选短语与"excellent"和"poor"的PMI差值作为语义倾向值。候选短语的语义倾向值计算公式如下:

$$SO(phrase) = PMI(phrase, "excellent") - PMI(phrase, "poor") \qquad (10.1)$$

两个词之间的点式互信息计算如下:

$$PMI(w_1, w_2) = \log \frac{p(w_1, w_2)}{p(w_1)p(w_2)} \qquad (10.2)$$

其中,$p(w_1, w_2)$表示词或短语w_1和w_2在文本中共同出现的概率。$PMI(w_1, w_2)$从数据共现的角度度量了w_1和w_2之间的相似性。

PMI - IR 方法基于 AltaVista 搜索引擎①估计 PMI 和 SO 值：

$$SO(phrase) = \log \frac{hits(phrase\ NEAR"excellent") \cdot hits("poor")}{hits(phrase\ NEAR"poor") \cdot hits("excellent")} \quad (10.3)$$

其中,NEAR 操作符表示在窗口长度内两词同现,hits(query)表示搜索引擎返回的查询,即两词同现的次数。

第三步:对评论文本中的候选短语 SO 值进行累加,根据最终 SO 值的正负判断文档的情感类别。

除了 PMI - IR 方法,还有一些方法直接基于情感词典获取候选词语或短语的情感极性及其强度,然后将全文中情感词语或短语的情感值累加得到文档的情感。这类方法也称为基于情感词典的无监督情感分类。

10.2.2　基于监督学习的情感分类

基于规则的方法非常简单、使用方便,且不依赖于人工标注的语料集。但是,这类方法的性能严重依赖于情感词典的质量、规则的合理性和覆盖范围。近年来,随着机器学习、自然语言处理等技术的发展,基于大规模语料的情感分类方法取得了较好的效果。

1. 基于词袋模型的情感分类

早期的工作沿袭了基于机器学习的文本分类研究框架,主要利用词袋模型进行文本表示,然后利用文本分类算法进行情感分类,其性能评估方法也与文本分类评估方法相同。

一种著名的方法是将统计机器学习方法引入电影评论的褒贬分类任务中[3],该方法人工标注了褒贬类别的数据集训练有监督的分类器模型,同时比较了三个分类算法(朴素贝叶斯模型、最大熵模型和支持向量机)的情感分类性能。在特征表示方面,分析了 n 元语法(unigrams、bigrams)、词性(part of speech,POS)和位置特征(position)等的性能,并比较了词频和布尔值两种特征权重。表 10.2 给出了电影评论(movie review)语料上三种分类器、八种特征的实验结果[3]。

表 10.2　电影评论语料上的实验结果

特　征	特征数	特征权重	朴素贝叶斯	最大熵	支持向量机
unigrams	16 165	词频	78.7	N/A	72.8
unigrams	16 165	布尔值	81.0	80.4	82.9
unigrams+bigrams	32 330	布尔值	80.6	80.8	82.7
bigrams	16 165	布尔值	77.3	77.4	77.1
bigrams+POS	16 695	布尔值	81.5	80.4	81.9
Adjectives	2 633	布尔值	77.0	77.7	75.1
Top 2633 unigrams	2 633	布尔值	80.3	81.0	81.4
unigrams+position	22 430	布尔值	81.0	80.1	81.6

2. 基于语言学特征的情感分类

上述的文本情感分类方法继承了主题文本分类方法的思路,以向量空间模型作为文本表

---

① https://www.altavistasearchengine.com/.

示,基于线性分类算法进行分类。虽然这种方法的性能高于人工评判的结果,但是仍不如主题文本分类的效果显著。其主要原因在于向量空间模型打破了文本的原始结构,忽略了词序信息,破坏了句法结构,丢失了部分语义信息,而这些信息对于情感分类往往具有举足轻重的作用。

因此,很多研究者立足于挖掘文本中更多的能够有效表达情感的信息作为新的特征,如位置信息、词性信息、词序及其组合信息、高阶 n 元语法和句法结构特征等。一些方法利用位置信息作为词的辅助特征用于生成特征向量[3,4],这种潜在的信息可以补充单纯的词汇所包含的信息。

词性信息对于挖掘文本的深层次信息也具有重要作用,在早期的主观语义预测研究中,就是利用了形容词作为特征[5]。结果表明,语句的主观性与形容词有很高的相关性。虽然形容词是情感分类的重要特征,但这并不意味着其他词性对于情感分类没有作用。有研究表明,有一些名词和动词往往也包含了重要的情感信息(如名词"天才"、动词"推荐"等)。有研究工作在电影评论语料上做了对比实验[3],结果显示,只用形容词特征的系统分类结果明显低于使用相同数量高频词的分类结果。

基于 n 元语法的文本表示在自然语言处理中有着重要作用,实验表明单独使用 unigrams 性能高于单纯的 bigrams[3]。另一个实验结果表明[6],在某些情况下基于二元和三元语法的方法要好于单独使用一元语法的系统。因此,实践中高阶的 n 元语法特征往往作为一元语法特征的补充,而不是单独使用。

虽然 n 元语法能够体现部分词序信息(特别是相邻词关系),但是,它不能捕捉句子中词语之间的长距离依赖关系。要捕捉这种关系信息,就要借助于更深层次的语言分析工具。

一种简单的依存关系抽取方法是抽取相互依存的词对作为特征,这些依存词对包含了一部分的句法结构信息甚至语义信息,可能对文本情感分类起到帮助作用。但是,在篇章级别的情感分类中引入依存词对信息是否有效,不同的工作有着不同的结论[6,7]。其中一项研究工作认为[6]:"形容词-名词"的依存关系不能对传统的词袋模型提供有用的信息;另一项工作[8]除了使用"形容词-名词"依存关系,还将主谓关系和动宾关系词作为一元、二元和三元语法特征的补充,但是并没有获得性能的提升。短语结构树中提取的句法关系特征也被用来作为补充[9],这种方法提高了系统的分类性能,但是单独使用这些语言学特征的性能仍然低于简单特征的分类效果。另外,还有一些工作利用句法分析工具解决文本中的语义转折、语义增强和语义削弱等问题[10]。

3. 特征权重与特征选择

在传统的文本分类中,特征词频是一个重要信息,特征的权重往往利用词频进行计算,例如词频(TF)、词频-倒排文档频率(TF-IDF)等。但是在情感分类任务中,利用布尔权重可取得比词频权重更好的结果[3]。这种结果可能是由于在文本分类中,高频的关键词语包含了更多的主题信息,而对于情感分类来说,这些词语的重复并不代表其包含更多的情感信息。因此,在后续的研究中布尔权重成为文本情感分类使用最为广泛的特征权重表示方法。

特征选择和特征提取的基本任务是将原始特征转化为一组对文本类别区分能力更强的特征。其中,特征选择是从原始特征中挑选出最有效的特征以达到降维的目的,特征提取则是通过空间的变换将原始特征空间映射为新的特征空间,一般都是高维空间向低维空间的映射。特征选择适应面广,不需要额外的人工支持,在文本分类任务中得到了广泛的使用,主流方法包括文档频率、互信息、信息增益、卡方统计量等。一些研究工作分别将这些方法应用于情感分类任务[8,11,12],实验结果证明信息增益、卡方统计量等方法能在一定程度上提高情感分类的性能。

10.2.3　深度神经网络方法

近年来,深度神经网络学习方法在自然语言处理的许多领域都取得了巨大的成功。因此,许多基于深度神经网络的文本情感分类方法也被提出来。这些方法中,有些方法提出的目的是文本分类,作为文档分类的特殊情况,这些方法也可以用于情感分类。还有一些方法是专门用于情感分类而设计的,例如基于数结构的长短时记忆网络和层次化文档编码模型等。

循环神经网络是一种学习时间序列信息的神经网络,而递归神经网络是一种学习树形结构信息的有效模型,为了结合两种网络的优势,基于树结构的长短时记忆网络(tree-structured long short-term memory networks,Tree-LSTMs)[13]结合了这两种模型的学习能力,使得循环神经网络具有树结构建模的能力,如图 10.1 所示。

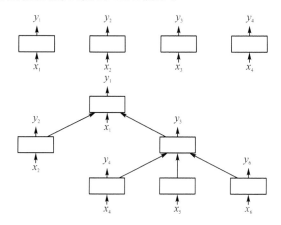

图 10.1　基于树形结构的神经网络

该方法提出了两种 Tree-LSTM 变体:

1. Child-Sum Tree-LSTMs

定义树中节点 j 的子节点集合为 $C(j)$,则节点 j 的状态计算如下:

$$\begin{cases} \tilde{h}_j = \sum_{k \in C(j)} h_k \\ i_j = \sigma(W^{(i)} x_j + U^{(i)} \tilde{h}_j + b^{(i)}) \\ f_{jk} = \sigma(W^{(f)} x_j + U^{(f)} h_k + b^{(f)}) \\ o_j = \sigma(W^{(o)} x_j + U^{(o)} \tilde{h}_j + b^{(o)}) \\ u_j = \tanh(W^{(u)} x_j + U^{(u)} \tilde{h}_j + b^{(u)}) \\ c_j = i_j \odot u_j + \sum_{k \in C(j)} f_{jk} \odot c_k \\ h_j = o_j \odot \tanh(c_j) \end{cases} \quad (10.4)$$

由计算过程可以看出,Child-Sum Tree-LSTMs 的节点状态由该节点的子节点状态加权求和决定,适合于子节点个数不确定的情况,且与子节点的顺序无关,因此,它适用于依存关系分析树。通常将 Child-Sum Tree-LSTMs 应用于依存关系树时的模型称为 Dependency Thee-LSTMs。

2. N-ary Tree-LSTMs

对于子节点数最多为 N,且子节点有序的树状结构,定义树中节点 j 的第 k 个子节点的隐层和记忆单元分别为 h_{jk} 和 c_{jk},则节点 j 的状态计算如下:

$$
\begin{cases}
i_j = \sigma\left(W^{(i)}x_j + \sum_{l=1}^{N} U_l^{(i)}h_{jl} + b^{(i)}\right) \\[2mm]
f_{jk} = \sigma\left(W^{(f)}x_j + \sum_{l=1}^{N} U_{kl}^{(f)}h_{jl} + b^{(f)}\right) \\[2mm]
o_j = \sigma\left(W^{(o)}x_j + \sum_{l=1}^{N} U_l^{(o)}h_{jl} + b^{(o)}\right) \\[2mm]
u_j = \tanh\left(W^{(u)}x_j + \sum_{l=1}^{N} U_l^{(u)}h_{jl} + b^{(u)}\right) \\[2mm]
c_j = i_j \odot u_j + \sum_{l=1}^{N} f_{jl} \odot c_{jl} \\[2mm]
h_j = o_j \odot \tanh(c_j)
\end{cases}
\tag{10.5}
$$

相对于 Child-Sum Tree-LSTMs,N-ary Tree-LSTMs 为每一个子节点引入了独立的参数矩阵,二者都为每个子节点定义了独立的遗忘门,只不过后者的遗忘门考虑了所有子节点之间的交互情况。N-ary Tree-LSTMs 适用于成分句法树(constituent trees),通常称之为 Constituent Tree-LSTM。该方法使用的是二叉成分句法树(binarized constituent trees),每个中间节点仅包含左子节点和右子节点两个节点。

此外,当以上两种 Tree-LSTMs 模型应用于线性结构时,其计算过程就退化成了标准的 LSTM。该方法在句子级情感分类任务数据集(SST)上进行了实验,结果相比于已有的方法和标准的 LSTM 及其变体有明显的提升,证明该模型是有效的。

10.3　词语级情感分析

情感词典是判断词汇和文本情感倾向性的重要基础,情感词典的自动构建方法是情感分析和观点挖掘领域的一个重要研究方向。情感词典构建的方法主要分为基于知识库的方法、基于语料库的方法以及两者相结合的方法[14]。

10.3.1　基于知识库的方法

有些语言已经具有相对充分、开放的语义知识库(如英文的 WordNet,中文的 HowNet)。通过挖掘知识库中词与词之间的关系(如同义、反义、上位和下位关系等),就可以构建出一部通用性较强的情感词典。例如,有些方法在分析商品评论情感时[15],事先构建包含褒贬两种语义的种子词集,然后基于 WordNet 中的同义词、反义词等词间关系对种子词集进行扩展,最后整理得到了一份通用的情感词典。

上述方法只是构建了形容词情感词典,然而,人物的情感不仅通过形容词表达,有些名词、动词和副词等都可能包含情感信息。同时,该方法只提供了褒贬两种情感极性,没有提供情感强度,也没有中性情感词。针对这些问题,有些方法在进行同义、反义关系词集扩展的过程中添加了一个中性词集合[16],提高了候选词集合的准确率。除了基于词间关系以外,还有一些方法利用语义知识库中两个词语之间的关系路径和词的释义等信息进行情感词典构建[17,18]。

基于知识库的方法仅需要一个语义知识库就可快速地构建一个情感词典,且词典具有较强的通用性。但是这些方法对语义知识库有较强的依赖性,从而存在领域适应性差、情感分析精度欠佳等缺点。

10.3.2 基于语料库的方法

通常情况下,情感分析是一项领域相关的任务。而不同领域的情感词和使用方式存在一定的差异,如评论文本“运行速度快”和“电池消耗快”,同一个情感词“快”在不同的领域或者评价不同的对象时,表达的情感极性完全相反。

通用词典或其他特定领域的情感词典用于某个领域的情感分析时,其召回率通常会变得很低,且精准率也会显著下降。为了提升特定领域的情感分析的有效性,通常需要使用目标领域的情感词典。基于语料库的情感词典构建就是从语料中自动学习情感词汇。基于语料库的情感词抽取方法主要应用在下面两个场景下:① 给定已知情感倾向的通用种子集,从一个领域语料库中发现其他情感词及其情感倾向;② 利用一个与目标情感分析应用相关的领域语料库和一个通用的情感词典,生成一个新的领域情感词典。这种方法需要有人工标注的大规模语料库,实现方法可细分为连接关系法、同现关系法和表示学习法三种。

1. 连接关系法

连接关系法是指利用人类语言中的连接词来判断相邻词之间的情感极性变化,例如,某些并列连词(如“也”“而且”等)连接的前后词语的情感通常不变,而转折词(如“但是”“就是”等)连接的前后词语的情感词通常会发生反转。例如,在句子“This car is beautiful and spacious”中,如果 beautiful 已知是一个褒义词,那么可以推测 spacious 也是一个褒义词。实际情况也确实如此,人们经常把表达同样的情感的词放在一个连接词的两端。例如,句子“This car is beautiful and difficult to drive”是不太可能出现的,如果把这句话改为“This car is beautiful but difficult to drive”,可能更合适一些。

但是,在实际应用场景中,也并不是在所有的情况下,用连接词连接的两个情感词都能保证这种一致性。一些方法[19]采用机器学习方法来判断相连的两个形容词具有相同的还是相反的情感倾向。首先,该方法构建一个图,图中的形容词由表示相同或不同倾向的边相连。然后对图进行聚类,从而可以得到褒贬两个类别的词。连接关系法的缺点在于它是基于语言规则实现的,通常采用形容词作为候选词集,因而覆盖面较低。

2. 同现关系法

同现关系法的主要思想是:在文本中以相似的模式出现的词语具有较高的语义和情感相似度。如前所述,可以利用候选情感词与正面、负面种子词的 PMI 之差度量该词的情感倾向(SO)值:

$$SO(t) = PMI(w, w^+) - PMI(w, w^-) \qquad (10.6)$$

其中,w 表示候选情感词,w^+ 和 w^- 分别表示正面和负面种子词。若 SO 值大于阈值,则说明该词与正面词关系更紧密,即为褒义词的概率较大,反之则为负面词的概率较大,以此确定词的极性。

除了 PMI 之外,同现程度还可以基于其他模型求得。如利用潜在语义分析(LSA)技术计算情感倾向性[20]:

$$SO\_LSA(w) = \sum_{w^+ \in \mathrm{Pwords}} LSA(w, w^+) - \sum_{w^- \in \mathrm{Nwords}} LSA(w, w^-) \tag{10.7}$$

其中,Pwords 和 Nwords 分别表示正面和负面种子词集。

除了考虑词与词之间的共现关系以外,还可以直接计算候选词与情感类别之间的共现关系。例如,有一种方法首先计算候选词与情感标签(或文本中的自然标注,如微博文本中的表情符)之间的 PMI[21]:

$$PMI(t, +) = \log \frac{p(+|t)}{P(+)} \tag{10.8}$$

$$PMI(t, -) = \log \frac{p(-|t)}{P(-)} \tag{10.9}$$

然后,再基于该值计算候选词的情感强度:

$$SO(t) = PMI(t, +) - PMI(t, -) \tag{10.10}$$

同现关系方法简单易行,不仅可以得到词汇的情感极性,还能够获得情感强度。但是,该方法过于依赖统计信息,只考虑词语的共现情况,缺少对复杂语言现象(尤其是否定、转折等情感极性的转移现象)的建模。例如,"性价比不错,就是外观难看"这样的句子,如果仅仅考虑同现关系,会错误地判断"不错"和"难看"两个词之间的情感是相似的,而不会考虑到它们之间的转折关系。

3. 表示学习法

现有的语义表示学习方法主要基于分布假设,即"上下文相似的词语具有相似的语义,其表示也应该相似"。分布表示学习的第一个模型是神经网络语言模型(NNLM),该模型利用神经网络在无监督的语料上训练词语的分布表示,使得上下文相邻的词语具有相似的表示。后续的研究相继提出了 Log-Bilinear、word2vec、GloVe 等表示学习模型。但是,由于分布假设本身的局限性,这些表示学习方法仅考虑了上下文的相似性,而没有考虑词语之间的情感信息,因此所获取的分布表示会存在一个问题:两个情感相反的词(如"good""bad")具有相近的表示。

为了解决这一问题,一种融入语义和情感信息的表示学习方法被提出来[22]。该方法在 Skip-Gram 模型的基础上增加了句子级的情感监督模型,通过融合两个模型共同学习分布表示。基于这种情感表示的 Softmax 回归分类器在 SemEval 2013 情感分类任务上取得了比传统特征表示更好的性能。为了构建情感词典,情感表示可以被当作特征[23],然后利用 Softmax 分类器对词表中的每一个词语进行情感得分预测,以此得到情感词。

还有一种文档级情感表示学习方法[24],该方法基于神经网络为每个词语学习两维的词嵌入向量,这两维信息分别表示一个词语被预测为正向情感词或者负向情感词的概率。然后利用该词语被预测为正向情感类别的概率与其被预测为负向情感词的概率的差值作为该词语最终的情感得分,通过这种方式为词表中每一个词语进行情感打分,从而构建情感词典。词语级和文档级两个粒度的监督信息也可以进行结合,实现情感表示学习[25],除了使用文档级的情感标签作为监督信息,该方法还采用 PMI‒SO 方法获取词语级情感标签,共同辅助情感词的表示学习,并且还构建了一个情感词典。

10.4　属性级情感分析

仅仅识别一篇文档或者一个句子的情感极性对于很多应用来说是不够的,有些实际应用场景往往还需要识别主体观点或者情感表达或评价的作用对象,以及针对这些对象所表达的具体观点倾向。在很多场景下,即使我们知道一篇文档在描述某一个实体,并且也知道这篇文档对这个实体表达了正面的观点,但是这也不意味着作者对这个实体的每一个属性或者每一个侧面都持有正面的观点。相反,一篇持有负面观点的文档也不意味着作者对文档中提到的所有事物都持有负面的观点。为了得到更完整的分析,我们需要从文档中发现或抽取评价的对象、属性或者主题信息,并依据当前文本判别针对每一个属性所表达的正面、负面或中性的情感倾向。为了达到上述目标,就需要研究属性级情感分析。

实现基于属性的情感分析,其中最为重要的工作就是属性抽取和属性级情感分类两个任务。

属性抽取:这一任务的目标是从文档中抽取所评价的实体或属性。例如,语句"The voice quality of this phone is amazing"中,this phone 为实体,voice 为 this phone 的一个属性。为了表述简化,在后面的讨论中,我们会忽略实体部分,而专注于属性部分。但是讨论属性时,我们应该明白当前属性属于哪个实体,否则仅仅抽取属性就毫无意义。所以,属性抽取包含实体抽取。在上面的例子中,this phone 并不是表征整体(general)这一属性,因为这句话中,用户对 voice quality 进行了评价,而不是评价手机整体。而句子"I love this phone"对于整个手机进行了评价,因此在这句话中,this phone 指的就是整体属性(general)。

属性情感分类:这个任务的目标是确定句子中针对不同属性所表达的情感倾向,例如,正面、负面还是中性。在上一个例子"The voice quality of this phone is amazing"中,评论者对 voice quality 表达了正面的观点。在第二个句子"I love this phone"中,评论者对于整体属性(整个实体)也表达了正面的观点。

10.4.1　属性抽取

属性抽取和实体抽取属于文本信息抽取的范畴。信息抽取本身是一个覆盖面广也很难的任务领域。然而,由于情感分析抽取任务的特殊性,这一任务变得相对简单。其中一个重要的特性是,在文本中通常每一个观点都有一个评价的对象或目标,即实体或属性。已有的方法常利用词间句法结构来识别观点和观点对象间的语义关系,从而帮助观点评价对象的抽取。还有一些方法基于监督学习方法或者深度神经网络进行属性抽取。

1. 无监督学习方法

一种简单的属性抽取方法是基于频率信息抽取属性。该方法通过在特定领域评论中大量出现的名词、名词短语的频率统计操作,对其中的实体属性信息进行识别和抽取。这类方法通常首先利用 POS 标注器在句子中识别名词(名词短语),然后用数据挖掘算法记录它们出现的频率,进而通过实验确定阈值,保留大于阈值的名词(名词短语)。其中,有一种方法利用关联规则进行属性词挖掘[26]。这一方法的主要思想是：人们在评论不同的实体、属性时，常用比较固定或者类似的词。所以，那些频繁出现的名词（名词短语）通常就是那些重要的属性词。而那些不相关的噪声在不同评论中具有差异性，相对于真实属性词出现的频率较低。因此，那些低频的名词一般被看作不重要的属性词或者非属性词。这种方法也可以用于实体抽取任务。英语中，实体名称通常首字母大写，因此那些频繁出现的短语通常是该领域中重要的命名实体。

这里有一个重要的假设：语料库有相当数量的评论，而且这些评论都是针对同一产品，至少是同类型产品的，例如手机的评论。如果评论语料中混合针对其他产品的评论或者针对每个产品的评论数很少，只有一两个评论，这时数据就特别稀疏，该方法可能就无效。尽管这种方法十分简单，但十分有效。一些商业公司也在不断改进这种方法，使其用于实际的场景，对于一个产品来说，那些高频的候选实体很可能就是最重要的属性。

另一种方法是利用句法关系进行属性抽取。任何观点都有其评价的对象，因此在观点句中，情感词和观点评价对象之间会存在多种句法关系来表征它们之间的评价或修饰关系。我们可以通过句法分析来识别这些关系。例如在"The photos are great"这句话中，情感词是great，观点评价对象为 photos。通常情况下，观点评价对象可以是实体，也可以是实体的属性。而表达观点的情感词往往是领域独立的，可以通过某种手段事先获取情感词，然后就可以利用句法关系进行实体属性或实体的抽取。事实上，在未知情感词的情况下，上述句法关系也能用于情感表达（词）的抽取。除了这些句法关系以外，还可以利用连词，如最常用的连词"and"，对观点评价对象进行抽取。例如句子"Picture quality and battery life are great"，如果已经知道 battery life 是属性词，那么通过 and 我们就能推断 picture quality 也是一个属性词。

除此之外，也可利用其他类型的语义关系进行评价对象抽取。属性是实体的基本组成部分，它们之间具有特定的语义关系，这种语义关系的表达具有特定的语言模式。因此，可以利用这种语言模式对实体和实体属性进行抽取。例如，句子"The voice quality of the iPhone is not as good as expected"，如果我们已经知道 voice quality 是属性词，即可推断出 iPhone 是实体，如果已经知道 iPhone 是实体，也能推断出 voice quality 为属性词。英语中，常用所有格的形式来表达实体和其属性之间的语义关系。当然，也有其他类型的文本表达方式。

2. 机器学习方法

在传统的监督学习方法中，属性抽取被当作一个序列标注问题，即为一句话的每个词语标注上相应的标签。常用的序列学习模型，如隐马尔可夫模型（hidden Markov models, HMM)[27]和条件随机场（conditional random fields, CRF)[28]等，都可以用于属性抽取。这些方法需要大量的标注语料，从标注语料中可以提取出用于属性抽取的特征，例如词项特征、词性标注信息、当前词项是否与句子中的观点有直接依赖关系（"I like the food"中，I 和 food 与 like 有直接的依赖关系)、当前词项是否处于距离观点最近的短语中（"I like the food"中的 the food 是距离观点最近的短语)、当前词项是否包含观点（"I like the food"中 like 包含观点)等。

随着深度学习方法在自然语言处理方面的发展，许多基于循环神经网络的属性抽取方法被提出来。例如，文献[29]基于词嵌入和循环神经网络提出了一个通用的细粒度观点挖掘模型框架，对比测试了多种不同结构的循环神经网络（Elman-type RNN、Jordan-type RNN、LSTM、双向结构等)，多种不同设置、不同语料训练得来的词嵌入，以及在训练时是否微调词嵌入等因素对实验效果的影响。结果表明，无论对于 RNN 还是对于 CRF 词嵌入的引入都可以提升模型的性能,在训练中对词嵌入进行微调可以获得进一步的性能提升。此外,即使只使用词嵌入,RNN 的性能也会优于使用了大量特征工程的 CRF。当前,基于深度神经网络的属性抽取方法已经取得了较好的效果。

10.4.2　属性情感分类

属性情感分类是指在评价对象已知的情况下,对评价对象进行情感倾向性判别。和句子级情感分类一样,属性情感分类的主要方法包括基于词典的方法、传统的分类方法和深度学习方法。但是由于在属性级情感分类时需要考虑观点评价的对象,因此这些方法与其在句子级或篇章级情感分类任务应用时有一定差异。

1. 基于监督学习的方法

基于监督学习的属性情感分类与句子级情感分类方法类似,虽然都是用相同的机器学习算法(如 SVM、朴素贝叶斯分类器等),但是后者所使用的特征不再适合于属性级情感分类任务。主要的原因是这些特征没有考虑观点评价对象实体或属性,无法指示当前观点作用于哪个目标。为了解决这个问题,我们在学习时需要考虑观点评价对象,但这并不是一件容易的事情。目前,主要有两种方法解决这一问题:第一种方法是生成依赖于评价对象(实体或属性)的特征。显然这些特征不同于用在句子级或文档级情感分类时所使用的那些不依赖于评价对象的特征。第二种方法是确定句子中每处情感表达的作用范围,从而判别当前情感表达是否包含目标实体或属性。例如,"Apple is doing very well in this bad economy",情感词 bad 的作用范围仅仅涵盖 economy,并不包括 Apple,但是,这种方法需要假设系统已经知道句子中所包含的每一处情感表达。

目前监督学习主要使用第一种方法,有时候也会尝试第二种方法。例如,可以基于句法分析树生成依赖于观点评价对象的特征集合[30]。这种方法假设表征观点评价对象的实体和属性已经被事先识别出来或者已经给定,然后基于上述特征来表征这些目标实体、属性词和其他词语之间的句法关系。该方法所用到的依赖于观点评价对象的特征包括以下几种:

假设用 w_i 表示词语,T 表示目标实体或属性。① 如果 w_i 是及物动词,T 是宾语,可以产生特征 w_i_arg2,arg 表示论元。例如,如果 iPhone 是目标实体,句子"I love the iPhone"可以产生特征 love_arg2。如果 w_i 是及物动词,T 是主语,可以产生特征 w_i_arg1;② 如果 w_i 是不及物动词,T 是主语,会产生 w_i_it_arg1;③ 如果 w_i 是形容词或者名词,用来修饰 T,也会产生特征 w_i_arg1。当然,除了这些以及其他依赖于观点评价对象的特征之外,这类方法通常也会用在传统句子、篇章级情感分类所用到的与观点评价对象无关的特征中。

还有另一种类似的方法可以计算每一个特征词的权重[31],进而表征该词语和目标体、属性间的距离。该方法定义了三种权重:

① 深度差异。特征权重与特征词和目标实体在句法树中的深度差异成反比。

② 路径距离。如果将句法分析树看作一个图,特征词的权重与该特征词和目标实体在深度优先搜索时的距离成反比。

③ 简单距离。特征词的权重与该特征词与目标实体在句子中的距离成反比,在计算这种距离的过程中,不需要对句子进行句法分析。

2. 基于词典的方法

虽然都称为基于词典的情感分类方法,但是这里用到的方法与文档级、句子级的情感分类方法有很大的不同。与上述基于监督学习的方法类似,主要的差异在于:属性级情感分类需要考虑观点评价的对象,而篇章级、句子级的情感分类方法不需要。为了实现这一目标,可以使用基于监督学习的两种方法:① 在利用情感聚合函数计算目标观点评价对象的情感倾向时,考虑情感表达词(词或者短语)与目标实体或属性在句子中的距离;② 通过计算每个情感表达词的作用范围,来判断当前情感词是否作用于目标实体或属性,这一过程需要利用情感表达词和观点评价对象之间的句法关系。当然,也可以将两种方法结合起来使用。

基于词典的属性级情感分类方法所需的基本处理模块或资源包括:① 使用包含情感词、短语、俚语、组合规则的情感表达词典;② 处理不同语言和句子类型(如情感转移和 but 从句)的规则集;③ 情感聚合函数或者情感词与目标观点评价对象间的句法关系集合。基于这两种集合,能够识别出针对每个目标实体或属性所表达出的情感倾向。

下面介绍一个简单的基于词典的属性级情感分类方法[32]。例如处理例句"The voice quality of this phone is not good,but the battery life is long",假定目标实体和属性已经指定,或者通过抽取方法已经得到,则该方法主要有以下四个步骤:

(1) 标记情感表达(词或短语)

这一步骤的目标是在句子中找出每处情感表达,并判别其情感倾向,每处情感表达可能包含一个或多个属性(实体)。每个正面的情感表达得分+1,负面的情感表达得分-1。由于句子中 good 是一个表达正面情感的情感词,因此通过这步操作后,句子变成"The *voice quality* of this phone is not good[1]("1"表示情感强度分数),but the battery life is long"(句子中观点评价对象被标记为斜体)。句子中 long 在词典中不是情感词,因此在本句中它没有被标记为情感表达,但是可以通过后续的上下文推断出它在本句中是一个情感词。

(2) 处理情感转换词

情感转换词指的是能改变情感倾向的词或短语,它有很多类型,包括否定词,如 not、never、none、nobody、nowhere、neither,以及 cannot 等。在上述例句中,由于含有否定词 not,在这步操作后,情感分析结果就变为"The *voice quality* of this phone is not good[-1],but the battery life is long"。这些情感转折词事先需要通过给定好的词典检测并标记出来,在情感分析过程中则不需要考虑它们的情感贡献,只考虑它们情感转折的作用。

(3) 处理 but 从句

转折词或短语通常改变情感倾向,需要专门处理。英语中常用的转折词是 but,包含转折词的句子可以通过如下规则进行处理:出现在转折词前的观点与转折词之后的观点通常具有相反的情感倾向,如果一边的观点倾向还不确定,而另一边的观点倾向已经确定,则可以用这个规则来识别还不确定的那一边的观点倾向性。这里的假设很重要,因为并不是在所有情况下,but 都意味着观点倾向的转折,如"Car-x is great,but Car-y is better",在这句话中,but 前后的观点的倾向性都已经确定,因此,but 在本句中就起不到转折的作用。经过步骤(1)、(2)的处理后,例句变为"The voice quality of this phone is not good[-1], but the battery life is long[+1]"。同时,可以推断出 long 作为正面情感词,可以用于修饰 battery life。除了 but 之外,类似的词和短语还有 however、with the exception of、exception that、exception for 等。但是,并不是所有包含否定词的情况都这样处理,如"not only...but also",虽含有 but,但不属于 but 从句类型。这需要预先在词典中进行定义,以便在具体处理时跳过。

（4）聚合情感评分

最后一步，用情感或观点聚合函数来得到情感评分，从而确定句中针对每个属性的观点情感倾向。假设句子 s 包含属性集合 $\{a_1, a_2 \cdots, a_m\}$，情感表达集合 $\{se_1, se_2, \cdots, se_n\}$ 以及通过上述（1）～（3）步得到的每个情感表达的情感得分。则句子 s 中每个属性 a_i 的情感倾向可以通过下面的聚合函数得到：

$$\text{score}(a_i, s) = \sum_{se_j \in s} \frac{se_j \cdot ss}{\text{dist}(se_j, a_i)} \tag{10.11}$$

这里，se_j 是句 s 中所包含的一个情感表达，$\text{dist}(se_j, a_i)$ 是句子 s 中属性 a_i 和情感表达 se_j 的词距离，$se_j \cdot ss$ 是 se_j 的情感得分，分母表示距属性 a_i 越远的情感表达对该属性的情感倾向贡献越低。如果最终得分为正，则表明句 s 中属性 a_i 的观点是正面的，若最终得分为负，则表明句 s 中属性 a_i 的观点是负面的，否则为中性。

3. 基于深度学习的方法

随着深度学习方法在自然语言处理领域的进一步发展，针对属性情感分类问题也出现了一些"端到端"的深度学习方法。

一种著名的方法是基于自适应的递归神经网络模型（adaptive recursive neural，Ada-RNN）[33]。该方法首先使用依存关系树对 Twitter 文本进行解析，然后使用特定规则和递归神经网络对评价对象和上下文进行向量表示，最后通过 Softmax 层计算对象的情感。该方法还建立了一个 Twitter 属性级情感分类语料集，根据事先设定的关键词利用官方 API 获取 Twitter 文本，其中关键词作为评价对象，人工标注其情感类别。最终形成的数据集包含 6 248 条训练数据、692 条测试数据，其中正向、中性和负向情感标签数据各占 25%、50% 和 25%，该 Twitter 数据集与 SemEval2014 评测发布的餐馆（restaurant）和笔记本电脑（laptop）数据集在属性级情感分类任务的后续研究中被广泛使用。其他还有许多基于 LSTM 及其变体模型的属性情感分类方法[34]，这些方法都得到了一定的性能改进。

10.5　虚假观点检测

当前，个人和组织越来越多地利用社会媒体的观点来制定购买决策、选举、销售和产品设计。对于企业和个人，正面的观点往往意味着利润和好名声。不幸的是，这也给了某些不良人员许多机会去通过发布虚假的评论或观点来推销或抹黑某些目标产品、服务、组织、个人甚至想法，并掩盖自己的真实意图。这样的人被称为垃圾评论者，他们的活动被称为发布垃圾评论。在社会媒体环境中，垃圾评论者也称为托儿、马甲或傀儡，发布垃圾评论的行为也称为雇托儿或草根营销。垃圾评论不仅有害于网络消费者和企业，也扭曲了观点，并将群众调动到了法律或道德的对立面上。尤其当这些垃圾评论是针对社会和政治问题时，会造成严重的后果。随着社会媒体的观点表现形式的复杂化和应用的多样化，如何检测垃圾评论正逐渐成为一项重大挑战。因此，垃圾评论检测是一项非常有意义的工作，它是确保社会媒体仍然是一个值得信赖的公众意见来源的重要基础。

垃圾信息检测在很多领域中都有研究。垃圾网页和垃圾邮件是研究最为广泛的两类垃圾信息。然而垃圾评论与之相比却截然不同，垃圾网页有两种主要类型：链接垃圾和内容垃圾。链接垃圾是一种基于超链接的垃圾信息，在线评论中几乎没有。虽然广告链接在 Twitter 和论坛讨论中很常见,但相对容易检测,并且也不认为是垃圾评论。内容垃圾在目标网页中增加了流行的词语,以欺骗搜索引擎来达到其内容与许多搜索查询都相关的目的。但这种类型的垃圾信息几乎不会出现在观点评论中,因为观点评论是供用户而不是机器阅读的,添加无关的词是没有意义的。垃圾邮件是指那些未请求的显式的广告邮件。垃圾评论主要是那些为了促进某些目标产品和服务的评论,可以被看作某种形式的广告。然而,这种评论的表达非常含蓄,它会假装其来自于真实用户或客户的诚实观点评论。这给我们在检测垃圾评论时带来了重大挑战。

不同于其他形式的垃圾信息,通过人工阅读来识别垃圾评论十分困难。垃圾评论的复杂性使得我们难以构建出标准的数据集,以帮助设计和评估检测算法。然而,对于其他形式的垃圾信息,人们却很容易识别它们。

事实上,在极端情况下,只通过简单地阅读就识别出垃圾评论在逻辑上是不可能的。例如,我们可以为一家很好的餐馆写一条诚实的评论,然后将它作为一条假评论发布给一家糟糕的餐厅以达到促销的目的。不考虑评论文本以外的信息是无法检测出这种垃圾评论的,这是因为同一评论不可能同时是真实评论和虚假评论。

10.5.1　基于监督学习的虚假评论检测

虚假评论检测可以自然地认为是一个二分类问题:虚假的和非虚假的。因此,可以利用监督学习方法进行检测。主要的难点是,通过人为阅读评论来可靠地识别虚假评论是非常困难的,甚至是不可能的。因为垃圾评论者可以仔细地制作虚假评论,就像任何真正的评论一样。由于有这种困难,因此目前尚没有已经标注的可靠的虚假评论和非虚假评论数据集供我们训练机器学习模型。尽管有这些困难,但目前已经提出了几个基于监督学习的虚假评论检测算法,并进行了评测。

由于没有标注训练数据以供学习,有一种方法利用了重复性评论[35]。该方法通过来自Amazon 的 580 万条评论和 214 万评论者,发现了大量的重复和接近重复的评论,同时也表明垃圾评论普遍存在。因为写新的评论耗费精力,所以很多垃圾评论者使用相同的评论或稍加修改的评论发布给不同的产品。这些重复和近似重复的评论可以分为四类:

① 在同一产品上的来自同一评论者 ID 的重复评论;

② 在同一产品上的来自不同评论者 ID 的重复评论;

③ 在不同产品上的来自同一评论者 ID 的重复评论;

④ 在不同产品上的来自不同评论者 ID 的重复评论。

第一种重复性评论可能是评论者误点击评论结果提交按钮多次(基于提交日期很容易检查出来)。不过,后三种类型的重复评论很有可能是虚假评论。因此,该方法使用后三种类型的重复评论作为虚假评论,其余部分作为非虚假评论,从而构建集合作为机器学习的训练数据,并采用以下三类特征进行学习。

① 以评论为中心的特征。这些特征是从评论文本中抽取得到的。例如:标题长度、评论长度、评论中褒义和贬义情绪词语的百分比、评论和产品描述文本余弦相似度、品牌名称提及的概率、数字、大写字母、全大写词的百分比,以及有帮助的投票数。在许多评论网站(如 Amazon),用户可以通过回答问题"你觉得这条评论是否有帮助?"来提供反馈。

② 以评论者为中心的特征。这类特征通常是有关评论者的。例如:评论者给出的平均

分、评论者评分的标准方差、评论者所写评论为产品第一条评论的比例、评论者是产品唯一的评论者的比例。

③ 以评论对象为中心的特征。这类特征是有关产品等评论对象信息的。例如:该产品的价格、销售排名(Amazon 根据产品销售量排名),以及产品得到评价分数的平均分和标准方差。

该方法利用逻辑回归模型构建分类器,在实验结果中发现了一些有趣的结果:

① 负面的、异常的评论(评分与产品平均分有很大偏差)往往很可能就是垃圾评论。正面的、异常的评论却不太可能是垃圾评论。

② 那些针对某款产品的唯一评论很可能是垃圾评论。这可能是由于一个卖家总是试图通过虚假评论来推广其不受欢迎的产品。

③ 排名靠前的那些评论者更可能是虚假评论者,Amazon 提供了一个评论者排序方法。分析表明,排名靠前的那些评论者一般都写了大量评论。写了大量评论的人自然有很大嫌疑。一些排名靠前的评论者写了成千上万的评论,这对于普通的消费者是不可能的。

④ 虚假评论可以得到良好的反馈,真实的评论也可以得到不佳的反馈。这表明,如果基于有帮助的反馈来定义评论的质量,人们可能会被虚假评论所蒙蔽,因为垃圾评论者很容易制造一条复杂的评论来收到许多有帮助的反馈。

⑤ 较低销售排名的产品更容易被垃圾评论攻击。这表明,垃圾活动似乎仅限于低销量产品。这是很直观的,因为热门产品的声誉不易被诋毁,而不受欢迎的产品需要好的口碑来进行宣传。

但是也应该注意,这些结果只是初步的,因为:①它没有证实上述三种类型的重复评论是绝对的虚假评论;②许多虚假评论并不重复,但是它们在该方法的工作中被认为是非虚假评论。

还有一种著名的基于监督学习的方法[36],该方法使用 Amazon Mechanical Turk(AMT)以众包的方式为 20 个酒店写假评论。同时制定了若干规定,以保证虚假评论质量。例如,只允许每个 Turker(匿名在线工人)提交一份评论,必须身在美国等。每个 Turker 假设了一个这样的场景:在酒店工作中,上司要求他们写虚假评论来推销自己的酒店。每个 Turker 的报酬为每条评论 1 美元。此后在 AMT 上得到了 20 个最受欢迎的芝加哥宾馆的 400 条虚假的正面评论。同样从 Tripadvisor.com 上得到了 400 条这 20 个芝加哥宾馆的正面评论,作为非虚假评论。该方法实验了多个分类模型,例如体裁识别、心理语言学欺骗检测和文本分类模型等,所有这些分类模型都使用了一些特征,实验结果表明:基于评论文本,只使用一元组和二元组特征,在 50/50 的虚假评论和非虚假评论的数据集中表现最佳。欺骗检测模型的相关特征表现不佳。该方法在类平衡条件下可以达到 89.6% 的准确度。使用一些深层次的语法规则作为基础特征,可将准确度进一步提高。

10.5.2　基于非典型行为的虚假评论检测

有一些方法基于评论者行为来进行垃圾评论检测[37],该方法利用垃圾行为的不同评论模式构建了一些异常评论者行为模型。每个模型都通过测量评论者执行垃圾行为的程度,给评论者分配一个垃圾行为的数值打分,然后组合所有的分数产生最终的垃圾评价分数。因此,这种方法的主要目标是寻找虚假评论者,而不是虚假评论。所构建的垃圾行为模型如下:

① 以产品为目标：为了对付评论系统，这里假设垃圾评论者将其最大精力对准他要推广或诋毁的几个目标产品。预计他将密切监测产品，并在时间临近时，通过编写虚假评论来提高或降低产品评分。

② 以群体为目标：这种垃圾行为模型定义为垃圾评论者在很短的时间跨度内针对一组产品操纵其评分的行为模式，这组产品具有一些共同的产品属性。例如，垃圾评论者可能会在几个小时内评论一个品牌的几款产品。这种评论模式节省了垃圾评论者的时间，因为他们并不需要登录到评论系统很多次。为了达到最大的效果，给这些目标产品群体的评分是非常高或非常低的。

③ 一般性评分偏差：一个真正的评论者给出的评分倾向于和同一产品的其他评论者的评分类似。由于垃圾邮件评论者试图促销或诋毁一些产品，他们的评分通常偏离其他评论者的评分很多。

④ 早期评分偏差：早期评分偏差认为垃圾评论者在产品推出后不久就写了虚假评论。这种评论很容易吸引其他评论者的注意力，使得垃圾评论者能影响后续评论者的意见。

10.6　本章小结

近年来，随着信息处理技术的进步和需求的发展，情感分析的研究和应用越来越成熟。一方面，随着深度学习的不断发展和更新，更多新型的深度神经网络方法（CNN、RNN、注意力机制、对抗生成网络等）被应用到了不同级别的情感分析和观点挖掘等任务上。这些工作成为近几年来自然语言处理各大顶级学术会议中的情感分析与观点挖掘领域的主流。此外，还出现了基于深度神经网络的半监督情感分类、类别不平衡情感分类和跨领域、跨语言情感分类等相关研究。

另一方面，在传统的情感极性分类任务之外，还逐渐出现了一些情绪分类、立场分类等广义的情感分析任务。情绪分类是在情感分类的基础上，从人类的心理学角度出发，多维度地描述人的情绪态度。根据英国心理学家 Parrott 提出的情绪轮模型[38]，文本情绪通常分为喜爱（love）、高兴（joy）、诧异（surprise）、愤怒（anger）、悲伤（sadness）和恐惧（fear）六类。情绪分类的方法类似于文档级或消息级的情感分类，主要分为基于词典的规则方法、传统机器学习方法和深度学习方法。此外，针对微博的情绪分类工作常常使用表情符或哈希标签对微博进行标注以构成训练语料，然后进行情绪分类。近年来在情绪分类基础上还衍生出了一类情绪原因抽取（emotion cause extraction）任务，其目标在于识别和抽取文本中情绪表达所对应的原因。还出现了一类检测文本对于给定具体目标（target）所持有的立场的任务。这一任务属于情感分析的研究范畴。立场分类与传统情感分类任务的不同之处是：后者的目标是判别文本表达的情感极性（如正面、负面、中性），而前者的目标是判别对给定目标持有的立场（支持、反对、质疑等）。与属性级情感分类任务相比，立场分类中给定的目标一般是一个话题或者一个事件，是一个相对概括的抽样概念，而属性级情感分类目标通常是细粒度的显式评价对象。

参考文献

[1] Das S R, Chen M Y. Yahoo! for Amazon: sentiment extraction from small talk on the web[J]. Management Science,2007, 53(9):1375-1388.

[2] Turney P. Thumbs up or thumbs down? semantic orientation applied to unsupervised classification of reviews [C]. Proceedings of the 40th Annual Meeting of the Association for Computational Linguistics, 2002: 417-424.

[3] Pang B, Lee L, Vaithyanathan S. Thumbs up? sentiment classification using machine learning techniques [C]. Proceedings of the Conference on Empirical Methods in Natural Language Processing, 2002: 79-86.

[4] Kim S M, Hovy E. Determining the sentiment of opinions [C]. Proceedings of the International Conference on Computational Linguistics, 2004: 1367-1373.

[5] Hatzivassiloglou V, McKeown K. Predicting the semantic orientation of adjectives [C]. Proceedings of the 35th Annual Meeting of the Association for Computational Linguistics. 1997: 174-181.

[6] Dave K, Lawrence S, Pennock D M. Mining the peanut gallery: opinion extraction and semantic classification of product reviews [C]. Proceedings of the International Conference on World Wide Web, 2003: 519-528.

[7] Matsumoto S, Takamura H, Okumura M. Sentiment classification using word subsequences and dependency sub-trees [C]. Proceedings of the Pacific-Asia Conference on Knowledge Discovery and Data Mining, 2005: 301-311.

[8] Ng V, Dasgupta S, Arifin S M N. Examining the role of linguistic knowledge sources in the automatic identification and classification of reviews [C]. Proceedings of the COL-ING/ACL. 2006: 611-618.

[9] Gamon M. Sentiment classification on customer feedback data: noisy data, large feature vectors, and the role of linguistic analysis [C]. Proceedings of the International Conference on Computational Linguistics, 2004: 841-847.

[10] Kennedy A, Inkpen D. Sentiment classification of movie reviews using contextual valence shifters[J]. Computational Intelligence, 2006, 22(2): 110-125.

[11] Cui H, Mittal V, Datar M. Comparative experiments on sentiment classification for online product reviews [C]. Proceedings of the AAAI Conference on Artificial Intelligence, 2006: 1265-1270.

[12] Li S, Xia R, Zong C, et al. A framework of feature selection methods for text categorization [C]. Proceedings of the Joint Conference of the 47th Annual Meeting of the ACL and the International Joint Conference on Natural Language Processing, 2009: 692-700.

[13] Tai K S, Socher R, Manning C D. Improved semantic representations from treestructured long short-term memory networks [C]. Proceedings of the 51st Annual Meeting

of the Association for Computational Linguistics and the International Joint Conference on Natural Language Processing, 2015.

[14] 王科, 夏睿. 情感词典自动构建方法综述[J]. 自动化学报, 2016, 42(4): 495-511.

[15] Hu M, Liu B. Mining and summarizing customer reviews [C]. Proceedings of the ACM SIGKDD International Conference on Knowledge Discovery and Data Mining, 2004: 168-177.

[16] Blair-Goldensohn S, Hannan K, McDonald R, et al. Building a sentiment summarizer for local service reviews [C]. Proceedings of the WWW Workshop on NLP in the Information Explosion Era, 2008: 339-348.

[17] Baccianella S, Esuli A, Sebastiani F. SentiWordNet 3.0: an enhanced lexical resource for sentiment analysis and opinion mining [C]. Proceedings of the LREC, 2010: 2200-2204.

[18] Esuli A, Sebastiani F. PageRanking WordNet synsets: an application to opinion mining [C]. Proceedings of the 45th Annual Meeting of the Association for Computational Linguistics, 2007: 424-431.

[19] Hatzivassiloglou V, McKeown K R. Predicting the semantic orientation of adjectives [C]. Proceedings of the EACL, 1997: 174-181.

[20] Turney P D, Littman M L. Measuring praise and criticism: inference of semantic orientation from association[J]. ACM Transactions on Information Systems (TOIS), 2003, 21(4): 315-346.

[21] Mohammad S, Kiritchenko S, Zhu X. NRC-Canada: building the state-of-the-art in sentiment analysis of tweets [C]. Proceedings of the 2nd Joint Conference on Lexical and Computational Semantics and the 7th International Workshop on Semantic Evaluation (SemEval), 2013: 321-327.

[22] Tang D, Wei F, Qin B, et al. Building large-scale twitter-specific sentiment lexicon: a representation learning approach [C]. Proceedings of the International Conference on Computational Linguistics, 2014: 172-182.

[23] Tang D, Wei F, Yang N, et al. Learning sentiment-specific word embedding for twitter sentiment classification [C]. Proceedings of the 52nd Annual Meeting of the Association for Computational Linguistics, 2014: 1555-1565.

[24] Vo D T, Zhang Y. Don't count, predict! an automatic approach to learning sentiment lexicons for short text [C]. Proceedings of the 54th Annual Meeting of the Association for Computational Linguistics, 2016: 219-224.

[25] Wang L, Xia R. Sentiment lexicon construction with representation learning based on hierarchical sentiment supervision [C]. Proceedings of the Conference on Empirical Methods in Natural Language Processing, 2017: 502-510.

[26] Hu M, Liu B. Mining and summarizing customer reviews [C]. Proceedings of the ACM SIGKDD International Conference on Knowledge Discovery and Data Mining, 2004: 168-177.

[27] Jin W, Ho H H, Srihari R K. A novel lexicalized HMM-based learning framework for web opinion mining [C]. Proceedings of the Annual International Conference on Machine Learning, 2009: 1553374-1553435.

[28] Yang B, Cardie C. Joint inference for fine-grained opinion extraction [C]. Proceedings of the 51st Annual Meeting of the Association for Computational Linguistics, 2013: 1640-1649

[29] Liu P, Joty S, Meng H. Fine-grained opinion mining with recurrent neural networks and word embeddings [C]. Proceedings of the Conference on Empirical Methods in Natural Language Processing, 2015: 1433-1443

[30] Jiang L, Yu M, Zhou M, et al. Target-dependent Twitter sentiment classification [C]. Proceedings of the 49th Annual Meeting of the Association for Computational Linguistics: Human Language Technologies, 2011: 151-160.

[31] Boiy E, Moens M F. A machine learning approach to sentiment analysis in multilingual web texts[J]. Information Retrieval, 2009, 12(5): 526-558.

[32] Mohammad S M, Kiritchenko S, Zhu X. NRC-Canada: building the state-of-the-art in sentiment analysis of Tweets[J]. Computer Science, 2013.

[33] Dong L, Wei F, Tan C, et al. Adaptive recursive neural network for target-dependent Twitter sentiment classification [C]. Proceedings of the 52nd Annual Meeting of the Association for Computational Linguistics: Short Papers, 2014: 49-54.

[34] Liu J, Zhang Y. Attention modeling for targeted sentiment [C]. Proceedings of the 15th Conference of the European Chapter of the Association for Computational Linguistics: Short Papers, 2017: 572-577.

[35] Jindal N, Liu B. Opinion spam and analysis [C]. Proceedings of the International Conference on Web Search and Data Mining, 2008: 219-230.

[36] Ott M, Choi Y, Cardie C, et al. Finding Deceptive Opinion Spam by Any Stretch of the Imagination [C]. Proceedings of the 49th Annual Meeting of the Association for Computational Linguistics: Human Language Technologies, 2011: 309-319.

[37] Lim E, Nguyen V, Jindal N,et al. Detecting product review spammers using rating behaviors [C]. Proceedings of the 19th ACM International Conference on Information and Knowledge Management, 2010: 939-948.

[38] Parrott W G. Emotions in Social Psychology: Essential Readings[M]. [S. l.]: Psychology Press, 2001.

第 11 章　图像内容识别

随着网络技术,尤其是移动设备以及社交网络的快速发展,网络图像信息数量呈爆炸式增长,而其中大量违法不良图像在网络中大肆传播。违法不良的图像包含恐怖、暴力、色情、违规广告、违法标语谣言等多种形式的不良信息,严重危害了网络安全,影响了广大网民的身心健康,并且给网络监管带来了很大的难度[1,2]。由于网络图像数据庞大,仅仅依靠人工监测难以实现有效监管。因此如何利用现有技术实现对海量网络图像的自动监测以及过滤具有重要的现实意义[3,4]。

11.1　图像识别概述

目前网络不良图像信息的识别过滤方法主要可以分为三大类:基于 URL 的过滤、基于网页敏感词过滤和基于图片内容的过滤。基于 URL 的方法是将包含不良信息的页面和网站收集到 URL 禁止列表库(黑名单)中,过滤系统检测到在黑名单中的网络地址时,将过滤该网络地址以阻止用户访问。然而,该方法并不能阻止不良内容网站的重复出现,同时该列表库的维护与更新会带来一定的滞后性。基于网页敏感词过滤方法是对不良图像所在网页的文本内容进行分析,与已经建立的敏感词库进行比对来判断不良内容并进行屏蔽,实时性较高。但是由于单一敏感词缺乏上下文语义信息、敏感词变化灵活、嵌入形式灵活等原因,基于敏感词过滤方法具有较高的误报性。基于图片内容的过滤技术利用图像本身的特征或者语义信息,对是否含有不良内容进行判别与过滤,是一种更高级的图像过滤方式。基于最能反映图像本质的内容对其进行分析并过滤,已经成为相关领域的研究热点。

本章主要对基于内容过滤技术的图像内容安全识别方法进行介绍。基于内容的图像识别过滤方法主要基于图像处理、计算机视觉、机器学习等技术对图像内容进行识别,过滤准确度高。随着计算机视觉等相关技术以及计算资源平台的飞速发展,基于内容过滤技术的图像内容安全识别方法具有进一步提升过滤准确性以及计算效率的潜力。

不良图像内容识别属于分类模式识别概念,即将图像分为含有不良内容的图像以及正常图像两个类别。通常情况下,分类模式识别主要分为两个阶段:首先对输入对象进行特征提取以及编码,其次将提取的特征输入到分类器输出分类概率,选取概率最大的类别即为所预测的类别。早期不良图像内容识别主要基于传统的机器学习模式。在传统的机器学习模式中,特征提取采用手工设计以及提取,并通过机器学习算法训练分类器参数。这一阶段的算法侧重于根据任务特性选择相应的图像特征,例如基于皮肤颜色和纹理特征识别色情图片,基于局部区域形状特征进行敏感标识识别等。随着深度学习在计算机视觉领域的快速发展,基于深度学习的不良图像内容识别也开始受到研究人员的关注。与传统机器学习模式不同,在深度学习中特征提取环节的参数以及分类器参数均需被训练优化。由于通常情况下深度学习模型能够直接从输入的原始数据得到输出结果,不需要人工进行复杂的特征选择或预处理,因此这种训练方式也被称作端到端学习。深度学习算法侧重于根据任务设计深度学习网络结构。

11.2　基于手工特征的图像识别

本章主要针对基于传统机器模式识别的图像内容识别方法进行介绍,重点讲解图像手工特征提取方法。模式识别系统的任务是已知一种或多种组类未知的模式时,为每个输入模式赋予一个类标记。通常情况下,传统机器学习的模式识别阶段主要包含两个步骤:首先对输入对象进行特征提取,其次将提取的特征输入分类器输出分类概率,继而依据分类概率判断输入对象的类别,如图 11.1 所示。传统的机器学习模式识别中,特征提取采用手工特征提取方法,因而在训练阶段,只需要利用机器学习算法训练更新分类器参数。由此可知,在使用相同的机器学习算法(例如支持向量机、K 近邻分类器等)的前提下,预测结果的准确性由所提取特征的表现能力决定。

图像中特征是输入样本中待标记或区分的明显属性或描述,起到弥补像素与分类语义之间“语义鸿沟”的作用。通常每个对象的特征表示为一个一维向量。特征提取主要分为特征检测和特征描述两个部分,其中特征检测是在输入对象中发现特征的过程;特征描述是将定量属性分配给检测到的特征的过程。

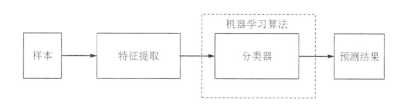

图 11.1　传统机器学习的模式识别流程

对于识别任务,通常情况下理想的特征需要具有以下属性:① 紧凑性:即用较少的计算代价(例如较低的特征维度,较少的特征数量)来表达较丰富有效的信息;② 鲁棒性:特征不受目标对象的简单形变、颜色光照变化、位置变化的影响,并能够抵抗噪声、模糊、遮挡等干扰因素;③ 辨别力:对于分类任务,在同一类的特征之间距离较小、不同类之间的特征差异较大,有助于提升分类精度。

图 11.1 所示的识别流程适用于各类分类识别任务,例如文本分类识别、图像分类识别、视频分类识别、图像语义分割以及图像目标检测等。区别之处在于输入待分类目标以及所提取的相应特征的不同。图像分类识别任务中,输入目标样本为整张图像,需要将整张图像表示成固定维度的图像特征向量,再输入至分类器中预测每个图像的分类概率。

图像特征提取是图像内容识别的重要环节,同样分为图像特征检测和图像特征描述两个部分。在特征检测环节中,选取图像中代表性的区域、边界或者关键点部分来提取特征。在特征描述环节中,将所检测到的图像特征部分中的像素特性、相邻像素间关系等特性进行编码统计。按照特征的描述对象以及范围,可以大致将特征分为像素特征、纹理特征、区域特征以及关键点特征等几个类别。

11.2.1　图像手工特征提取

1. 像素特征以及颜色空间

像素特征是图像特征最基本简单的表现形式。像素是在由数字序列表示的图像中的最小单位。图像每一个空间位置的像素颜色信息都可以用一个向量来表示,而不同的表示方法对应不同的颜色空间。其中,RGB(红色、绿色、蓝色)颜色空间是摄像机和显示器上使用的、面向硬件设备的颜色空间,与人眼对红色、绿色和蓝色原色的强烈感知非常匹配。如图 11.2 所示,每一个像素空间都用一个代表 RGB 颜色空间的三维向量来表示,每个维度的数值范围为0~255 的 8 比特数值,分别对应红色、绿色以及蓝色的色素强度。

图 11.2　图像 RGB 通道颜色空间示意图

然而,RGB 颜色空间具有一定的局限。RGB 主要与人眼对红、绿、蓝三原色的感知相匹配,但是与人类对颜色的实际解释方法不匹配。人类观察彩色通常会采用色调、饱和度、亮度来描述物体。然而,RGB 颜色空间的三分量相关性较高,其中一个分量发生变化会引起亮度、色调等变化。在这几种分量中,亮度是单色图像中最重要的描述子,可以用来进行灰度图像处理,例如图像边缘提取等。与 RGB 颜色空间相比,HSI(色调、饱和度、亮度)颜色空间符合人类直观的色彩描述方式。

HSI 颜色空间定义如下:HSI 分量具有色调(Hue)、饱和度(Saturation)、亮度(Intensity)分量。RGB 与 HSI 的转换公式如下:

H 色调分量:
$$H = \begin{cases} \theta, & B \leqslant G \\ 360 - \theta, & B > G \end{cases}, \quad \theta = \left\{ \dfrac{\frac{1}{2}\left[(R-G)+(R-B)\right]}{\left[(R-G)^2 + (R-B)(G-B)\right]^{\frac{1}{2}}} \right\}$$

S 饱和度分量:
$$S = 1 - \frac{3}{R+G+B}\left[\min(R,G,B)\right]$$

I 亮度分量:
$$I = \frac{1}{3}(R+G+B)$$

其中 R,G,B 的值已经归一化到 $[0,1]$。

图 11.3 描述了 RGB 与 HSI 的颜色空间对比。HSI 空间中,亮度轴与色彩平面垂直正交。HSI 的亮度轴对应 RGB 中黑色(0,0,0)与白色(1,1,1)之间的连线。色彩平面包含了饱和度与色调信息。色彩点距离亮度的距离代表该颜色点饱和度。一般来说,红色轴被指定为色调,色调代表与红色轴逆时针的夹角。

除 RGB 以及 HSI 之外,常用的颜色空间还包括 YCbCr、HSV 等。像素特征是图像最基

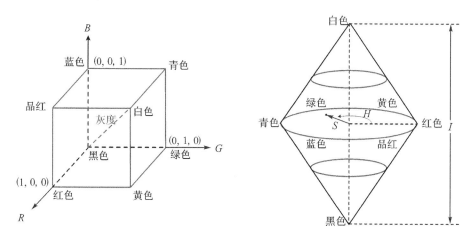

图 11.3　RGB 与 HSI 颜色空间对比

本的特征表示,但在特征表达范围以及表达能力上具有明显的局限性。在像素信息的基础上,通常使用更为复杂的特征提取方法来描述更高语义级别的信息。

　　描述区域特征的一种重要方法是量化其纹理内容。虽然不存在纹理的正式定义,但这个描述子直观上提供了诸如平滑度、粗糙度和规则性等性质的测度,对于具有纹理材质特性的图像区域识别具有重要作用。图像纹理区域的特性描述方法通常基于对区域内的像素间关系进行统计的方式来进行。下面介绍两种纹理特征描述方法:共生矩阵描述子和局部二值模式。

2. 共生矩阵描述子

　　共生矩阵描述子的构建方法如下:首先是计算共生矩阵。共生矩阵是基于一个预定义的像素之间相对位置关系算子 Q 来构建的。在确定相对位置关系算子的基础上,统计灰度图像中符合相对位置算子关系像素对所出现的次数形成二维直方图,即为共生矩阵,图 11.4 为共生矩阵构建方法示意图。在该示例中,左侧 f 为输入图像区域,每个数值代表像素亮度值。算子 Q 设定为"左右相邻关系",右侧共生矩阵 G 代表一个二维直方图,纵轴指代"左右相邻关系"中左侧像素亮度值,横轴指代"左右相邻关系"中右侧像素亮度值。由于在图像 f 中"左侧像素为 6,右侧像素为 2"总共出现了 4 次,因此共生矩阵 G 中相应第 6 行第 2 列的值为 4,以此类推计算共生矩阵的所有数值。

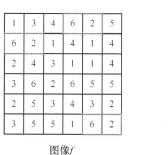

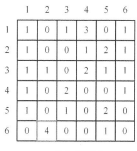

图像 f　　　　　　　　　　　　共生矩阵 G

图 11.4　共生矩阵构建方法示意

　　然后,基于归一化后的共生矩阵计算共生矩阵描述子。共生矩阵描述子代表纹理的不同

测度的数值,具体定义以及计算方式如下:

(1) 角二阶矩

角二阶矩又称能量、均匀性,是图像灰度分布均匀程度和纹理粗细的一个度量。若灰度共生矩阵的元素值相近,则能量较小;若其中一些值大,而其他值小,则能量值较大。计算公式如下:

$$\sum_{i=1}^{K}\sum_{j=1}^{K} p_{ij}^2 \tag{11.1}$$

其中,式(11.1)是基于 $K \times K$ 共生矩阵 G 的特征描述子所构建的,符号 p_{ij} 表示共生矩阵 G 的第 i, j 个项 g_{ij} 除以矩阵 G 所有元素的和,即

$$p_{ij} = \frac{g_{ij}}{\sum_{i=1}^{K}\sum_{j=1}^{K} g_{ij}} \tag{11.2}$$

(2) 对比度

对比度用来度量图像中存在的局部变化。对比度反映了图像的清晰度和纹理的沟纹深浅。纹理越清晰反差越大,对比度也就越大。对比度的计算公式如下:

$$\sum_{i=1}^{K}\sum_{j=1}^{K}(i-j)^2 p_{ij} \tag{11.3}$$

(3) 相关性

相关性用来度量图像的灰度级在行或列方向上的相似程度,其值的大小反映了局部灰度相关性,值域为 $[-1,1]$,分别对应完全正相关和负相关。值越大,相关性也越大。相关性的计算公式如下:

$$\sum_{i=1}^{K}\sum_{j=1}^{K}\frac{(i-m_r)(i-m_c)p_{ij}}{\sigma_r\sigma_c}, \quad \sigma_r \neq 0, \sigma_c \neq 0 \tag{11.4}$$

其中

$$m_r = \sum_{i=1}^{K} i \sum_{j=1}^{K} p_{ij}, \quad m_c = \sum_{j=1}^{K} j \sum_{i=1}^{K} p_{ij}$$

$$\sigma_r^2 = \sum_{i=1}^{K}(i-m_r)^2 \sum_{j=1}^{K} p_{ij}, \quad \sigma_c^2 = \sum_{j=1}^{K}(j-m_c)^2 \sum_{i=1}^{K} p_{ij}$$

(4) 熵

熵度量了纹理包含信息量的随机性。当共生矩阵中所有值均相等或者像素值表现出最大的随机性时,熵最大。因此熵值表明了图像灰度分布的复杂程度,熵值越大,图像越复杂。熵的计算方法如下:

$$-\sum_{i=1}^{K}\sum_{j=1}^{K} p_{ij} \log_2 p_{ij} \tag{11.5}$$

(5) 最大概率

最大概率用以度量矩阵 G 中的最强响应值,值域为 $[0,1]$,计算公式如下:

$$\max_{i,j}(p_{ij}) \tag{11.6}$$

(6) 齐次性

齐次性用于度量共生矩阵 G 中元素分布相对于其对角线的接近程度,当 G 为对角矩阵时,此度量有最大值,齐次性计算方法如下:

$$\sum_{i=1}^{K}\sum_{j=1}^{K}\frac{p_{ij}}{1+|i-j|} \tag{11.7}$$

基于共生矩阵的构造方法以及上述 6 种特征,即可以得到纹理特征向量。

3. 局部二值模式

这里介绍另一种纹理描述方法:局部二值模式(local binary pattern,LBP)。局部二值模式的主要思想是根据中心像素的灰度值对相邻像素的亮度进行局部阈值化来形成一个二值模式。二值模式的基本构建方法如下:每一个灰度图像像素(中心像素)被周围 P 个相邻像素点围绕,这 P 个相邻像素点都与中心像素比较亮度大小,如果大于的话该相邻像素设置为 1,小于的话设置为 0,因此围绕该中心像素点形成了 P 比特的二进制模式向量,其对应的十进制数值即为局部二值模式(LBP)。局部二值模式的纹理描述方法综合考虑了纹理特征的灰度不变性、亮度独立性、亮度缩放差值不变性等特性。

图 11.5 为文献[5]中 LBP 计算方法示例。在 3×3 的邻域内,中心像素与 8 个像素点相邻,相邻像素与中心像素值相比较大小得到阈值(见图 11.5 中图(b)),图 11.5 中图(c)为由相邻像素位置决定的相应权重,阈值与相应的权重相乘并相加最终得到代表纹理的 LBP 数值(169)。如图 11.5 所示,阈值(见图 11.5 中图(b))按照相邻像素位置排列可以得到二进制模式(pattern),二进制模式所对应的十进制数值即为 LBP 数值(169),该数值代表中心像素周围的纹理模式。

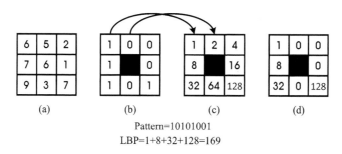

Pattern=10101001
LBP=1+8+32+128=169

图 11.5　LBP 计算方法示例

在上述 LBP 的基本计算方法中采用 3×3 相邻像素定义。为进一步使得 LBP 具有旋转或者空间缩放无关性,后续工作[6,7]对 LBP 计算方法进行了改进。首先对相邻像素 $(g_0,g_1,\cdots,g_P)$ 的定义进行了优化:$(g_0,g_1,\cdots,g_P)$ 是在以中心像素 g_c 为圆心,R 为半径的圆圈上均匀分布的 P 个相邻像素,如图 11.6 所示。相邻像素链条 $(g_0,g_1,\cdots,g_P)$ 的灰度值(亮度值)可以通过插值的方式计算获得。

已知相邻像素的灰度值以及排列顺序后,中心像素 g_c 所对应的 LBP 数值由公式(11.8)计算:

$$\text{LBP}_{P,R}=\sum_{p=0}^{P-1}s(g_p-g_c)2^p \tag{11.8}$$

其中

$$s(x)=\begin{cases}1, & x\geqslant0 \\ 0, & x<0\end{cases}$$

当图像发生旋转时,相邻像素在图像中的位置,即相邻像素链条的起始位置发生了改变,因此公式(11.8)的 LBP 数值结果发生了改变,不具有旋转不变性。为了使得 LBP 具有旋转

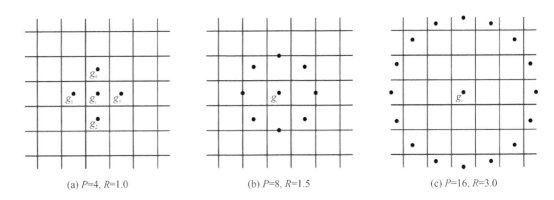

(a) $P=4, R=1.0$ (b) $P=8, R=1.5$ (c) $P=16, R=3.0$

图 11.6　LBP 中圆形对称相邻像素定义[10,11]

不变性，LBP 的计算方式更新为

$$LBP_{P,R}^{ri} = \min_{i=0,1,\cdots,P-1}\{ROR(LBP_{P,R},i)\} \tag{11.9}$$

其中，$ROR(x,i)$ 表示一个操作于 P 位数字 x 上循环诸位移动 i 次。公式(11.9)可以被理解为依次遍历相邻像素环形链条的所有像素作为起始像素，每遍历一个像素都依据式(11.8)计算相应的 LBP 数值，因此得到了 P 个 LBP 数值。在所有的 P 个 LBP 数值中取最小值作为该中心像素点的最终 LBP 结果。这样的计算方式不受相邻像素环形链条起始位置选取的影响，因此即使图像发生旋转，通过式(11.9)计算的 LBP 数值都保持相对稳定，使得 LBP 方法具有一定的旋转不变性。

为了进一步降低噪声对纹理信息的负面影响，LBP 的计算方式可以进一步更新为

$$LBP_{P,R}^{riu2} = \begin{cases} \sum_{p=0}^{P-1} s(g_p - g_c), & U(LBP_{P,R}) \leqslant 2 \\ P+1, & \text{其他} \end{cases} \tag{11.10}$$

其中

$$U(LBP_{P,R}) = |s(g_{P-1} - g_c) - s(g_0 - g_c)| + \sum_{p=1}^{P-1}|s(g_P - g_c) - s(g_{P-1} - g_c)| \tag{11.11}$$

U 为一个均匀模式的度量值，使得 LBP 计算过程中均匀模式与非均匀模式的比例平衡。

上述几种 LBP 计算公式(11.8)~式(11.10)均针对于中心像素点的局部纹理特性描述。在描述一块区域的纹理特性时，通常情况下可以运用统计直方图对区域内的 LBP 数值进行统计，所形成的模式直方图作为区域纹理特征。

4. 梯度方向直方图

梯度方向直方图(histogram of gradient,HOG)[8] 主要基于局部梯度信息进行物体的局部表观和形状描述，利用空间上下文信息描述图像窗口信息以用于目标物体检测任务。当 HOG 应用于行人检测时取得了超越哈尔小波、SIFT 和形状特征的效果。HOG 的计算流程如下：

(1) 参数选取以及全局光度归一化

首先根据目标检测任务的不同，确定用来做目标检测的图像候选窗口、块(block)和胞体

(cell)的大小与形状。窗口、块、胞体之间的关系如下:胞体与块均为由若干相邻像素组成的窗口子区域,块由若干相邻胞体排列组成。多个块覆盖了整个图像窗口,并且相邻块之间可能具有一定空间重叠。通常情况下,行人检测任务使用 64×128 的窗口,一个块包含 2×2 或者 3×3 个胞体,一个胞体包含 6×6 或者 8×8 个像素。在进行下一步特征提取之前,使用全局的图像数据归一化或者伽马校正来处理整个图像。

（2）计算像素梯度

该环节需要计算每一个像素点的梯度值。图像梯度主要用来描述图像中的灰度值的变化,通常是一个二维向量的形式,分为水平方向以及垂直方向两个分量的变化。对于灰度图像 f 中的像素 $f(x,y)$,x,y 分别指代该像素在图像中的水平以及垂直方向的坐标,该点的梯度计算方式如下:

水平方向上的梯度分量:　　　　$g_x = f(x+1,y) - f(x-1,y)$

垂直方向上的梯度分量:　　　　$g_y = f(x,y+1) - f(x,y-1)$

因此,梯度的幅值为 $M(x,y) = \sqrt{g_x{}^2 + g_y{}^2}$,表示像素灰度变化大小;梯度的方向角为 $\theta = \arctan \dfrac{g_y}{g_x}$,表示像素灰度变化方向。

对于彩色图像,可以单独计算每个通道的梯度并且使用范数最大的梯度值作为该像素点的梯度。

（3）空间与方向直方图

在得到每一个像素点梯度向量的基础上,给定胞体(cell)的范围即可对胞体内像素梯度进行统计,从而得到该胞体内像素变化特性。统计方法采用空间与方向直方图的方法。具体来说,直方图的区间(桶)按照方向角范围均匀划分为等长区间。如果是无符号梯度情况下,按照 $(0°,180)$ 方位内每 $20°$ 均匀划分为 9 个区间。对于胞体中的每一个像素,将它的梯度幅值累加到梯度方向角所对应的区间中。梯度对相应区间的贡献值可以用相邻区间的中心值进行线性或者双线性内插。

（4）对比度归一化与计算 HOG 描述子

该步骤用来描述整体窗口的 HOG 特征描述子。由上述步骤可知,每个胞体都具有一个相应的空间与方向直方图作为胞体的特征描述子。每一个胞体中的空间与方向直方图仅仅包含窗口局部特征,因此需要遍历目标窗口中的胞体来计算整体目标窗口的特征。遍历方式采用滑动块的方式来进行,用一个固定尺寸的块以一定的步长在窗口内滑动从而遍历窗口中所有位置,相邻块之间是有一定重叠的。在每一个块中,将所包含的胞体的归一化特征描述子按照相应的空间排列顺序组合成块的描述子,然后将所有块的归一化描述子按顺序组合起来形成整体窗口的特征描述子。

HOG 特征自从提出以来得到了广泛的应用。除行人检测外,也成功应用于人脸检测、医学图像感兴趣区域检测等相关领域。

5. Harris 角点检测方法

关键点的概念比较宽泛,在不同的任务中具体定义不同。在图像分类任务中,常指对于光照、仿射变换和噪声因素具有较强不变性的离散点,例如角点、边缘点之类。经典的关键点提取以及描述方法包括 Harris 角点检测、尺度不变特征转换（scale invariant feature transform,

SIFT)等方法。

　　Harris(哈里斯)角点检测方法[9]是一种有效的特征点检测方法,它通过分析图像的局部梯度变化来识别角点。它的原理如下:如图 11.7 所示,假设在图像上方移动一个窗口并计算窗口内的灰度变化。如果在各个方向上移动,窗口内的灰度几乎无变化,则说明这个检测器窗口位于一个灰度几乎恒定的区域中,例如窗口 A;如果在某个方向移动,小窗内的灰度变化很快,但在其正交方向上不变化,则说明这个检测器窗口在横跨两个区域之间的边界,例如窗口 B;如果在任何方向上移动窗口内灰度均发生较大的变化,则说明检测器窗口包含一个角点,例如窗口 C。

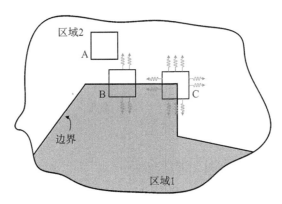

图 11.7　Harris 角点检测方法原理示意图[13]

(波浪状箭头的方向表示沿着此方向移动小窗,窗口内的灰度值会发生剧烈变化)

　　窗口内像素亮度变化的具体计算方法如下:令 f 表示图像,并令 $f(s,t)$ 表示由 (s,t) 像素位置定义的一小块图像。尺寸相同但移动了 (x,y) 位移的小块图像是 $f(x+s,y+t)$。于是,两幅小块图像差的平方加权表示为

$$C(x,y) = \sum_s \sum_t w(s,t) \left[f(s+x,t+y) - f(s,t) \right]^2 \tag{11.12}$$

其中,$w(s,t)$ 是一个加权函数,通常是一个各项同性窗,比如高斯窗,其响应也是各项同性的。由于 (x,y) 为小位移,因此 $f(x+s,y+t)$ 经过泰勒展开后,式(11.12)可以表示为

$$C(x,y) = \sum_s \sum_t w(s,t) \left[f(s,t) + x f_x(s,t) + y f_y(s,t) - f(s,t) \right]^2$$

$$= \sum_s \sum_t w(s,t) \left[x f_x(s,t) + y f_y(s,t) \right]^2 \tag{11.13}$$

其中,$f_x(s,t)$,$f_y(s,t)$ 为在 (s,t) 处的水平和垂直方向上的梯度。式(11.13)进一步表达为

$$C(x,y) = [x,y] \boldsymbol{M} \begin{bmatrix} x \\ y \end{bmatrix} \tag{11.14}$$

其中

$$\boldsymbol{M} = \sum_s \sum_t w(s,t) \boldsymbol{A}, \quad \boldsymbol{A} = \begin{bmatrix} f_x^2 & f_x f_y \\ f_x f_y & f_y^2 \end{bmatrix}$$

$\boldsymbol{M}$ 称为哈里斯矩阵,f_x 与 f_y 在 (s,t) 计算所得。由于实对称矩阵的特征向量指向最大的数据扩展方向,且对应的特征值与特征向量方向上的数据扩展量成正比,因此可以根据 $\boldsymbol{M}$ 的特征值来判断 $f(s,t)$ 附近的灰度变化情况,具体准则如下:

① 两个小特征值表示该处没有边缘或者角点,为一个平坦区域。

② 一个小特征值和一个大特征值表示存在边界。如有垂直于边界的微小移动,图像将发生像素灰度值的显著变化。

③ 两个大特征值表示存在一个角或孤立的亮点,任何方向的微小移动都将发生像素灰度的显著变化。

然而计算特征值的计算开销很大,因此在实际应用中通常采用计算角响应测度的方法来估计两个特征值的大小。角响应测度的计算方法为

$$R = \lambda_x \lambda_y - k(\lambda_x + \lambda_y)^2 = \det(\boldsymbol{M}) - k \times \mathrm{trace}^2(\boldsymbol{M}) \tag{11.15}$$

其中,λ_x 与 λ_y 代表 $\boldsymbol{M}$ 的两个特征值,k 为控制角检测敏感程度的超参数。两个特征值都较大时,测度 R 具有较大的正值,这表示存在一个角;一个特征值较大一个特征值较小时,测度 R 具有较大的负值;两个特征值都较小时,表明正在考虑的小块图像是平坦的。由于角响应测度的计算公式仅需要计算二维矩阵的行列式以及迹,计算开销很小。通常情况下,角响应测度结合一个阈值 T 使用,当 $R > T$ 时,判断该像素位置为角点所在位置。

Harris 角点检测方法的流程总结如下:对于图像中的每个像素,计算水平和垂直方向的两个梯度值 f_x 与 f_y。对每一像素和给定的邻域窗口,计算其哈里斯矩阵 $\boldsymbol{M}$ 以及相应的角响应测度值。为角响应测度值选取阈值来提取候选角点,并进行非极大值抑制来过滤角点。

6. SIFT 特征

尺度不变特征转换(scale invariant feature transform,SIFT)[10] 为经典的关键点检测以及描述方法。SIFT 特征对图像尺度和旋转具有不变性,并且对仿射失真、三维视点变化、噪声和光照变化具有很强的鲁棒性。SIFT 按照以下的方法生成:构建尺度空间,得到初始关键点,优化关键点位置精度,删除不适合关键点,计算关键点方向以及计算关键点描述子。具体计算过程如下:

(1) 构建尺度空间

由于在实际场景中,目标物体的实际大小不可知,因此合理的方法是同时罗列处理所有可能的尺度,即为尺度空间。具体而言,用改变图像高斯卷积的高斯核方差大小来模拟图像尺度减小时的细节损失。图像 $I(x,y)$ 的尺度空间 L 通过其与不同尺度(高斯核方差)的高斯函数 $G(x,y,\sigma)$ 卷积得到,如式(11.16)所示:

$$L(x,y,\sigma) = G(x,y,\sigma) * I(x,y) \tag{11.16}$$

其中

$$G(x,y,\sigma) = \frac{1}{2\pi\sigma^2} e^{-\left(\frac{x^2+y^2}{2\sigma^2}\right)} \tag{11.17}$$

σ 为尺度空间因子,$*$ 为图像卷积操作。与此同时,对于图像也进行不同次数的下采样,构建不同的倍程。如图 11.8 所示,按照图像下采样程度的不同构建了不同倍程,每个倍程内通过不同的尺度空间因子构建不同的尺度,同一倍程内相邻尺度的尺度空间因子之间的比例为常数 k。

(2) 得到初始关键点

通过同一倍程中相邻尺度空间相减的方法计算高斯差分金字塔(difference of Gaussian,DOG)图像。DOG 图像 $D(x,y,\sigma)$ 通过计算两个相邻尺度 σ 和 $k\sigma$ 的尺度空间图像差分来得

到,即

$$D(x,y,\sigma) = [G(x,y,k\sigma) - G(x,y,\sigma)] * I(x,y)$$
$$= L(x,y,k\sigma) - L(x,y,\sigma)$$

(11.18)

高斯差分图像 $D(x,y,\sigma)$ 构建方法如图 11.8 所示,高斯差分图像由同一倍程之间相邻尺度的高斯平滑图像相减所得到。

在计算高斯差分图像之后,在当前和相邻尺度 DOG 图像中的各个 3×3 区域中寻找 DOG 图像中的极值点(最大值或者最小值),即为初始关键点。

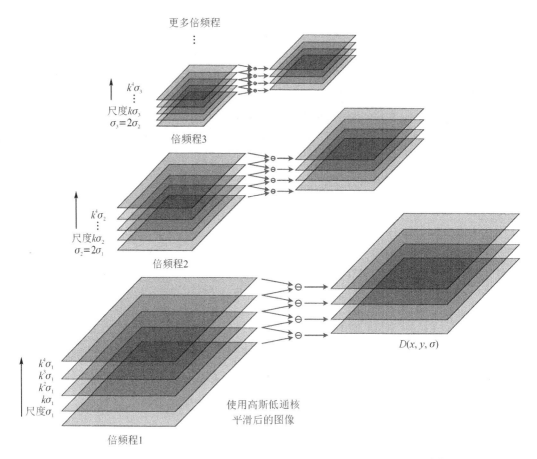

图 11.8　SIFT 算法中倍程、尺度空间以及高斯差分金字塔构建示例[14]

(3) 优化关键点位置精度

由于初始极值点是在高斯差分后的离散空间中搜索得到的,它的最大值或者最小值可能处在离散采样点之间,因此可能需要通过函数内插拟合的方式寻找准确极值点的位置。SIFT 将 DOG 图像进行泰勒级展开,并将原点移至初始极值点 x_0,如式(11.19)所示:

$$D(\boldsymbol{x}) = D(x_0) + \left(\frac{\partial D(x_0)}{\partial \boldsymbol{x}}\right)\boldsymbol{x}^{\mathrm{T}} + \frac{1}{2}\boldsymbol{x}^{\mathrm{T}}\frac{\partial}{\partial \boldsymbol{x}}\left(\frac{\partial D(x_0)}{\partial \boldsymbol{x}}\right)\boldsymbol{x}$$
$$= D + (\nabla D)^{\mathrm{T}}\boldsymbol{x} + \frac{1}{2}\boldsymbol{x}^{\mathrm{T}}\boldsymbol{H}\boldsymbol{x}$$

(11.19)

其中, $\boldsymbol{x} = (x,y,\sigma)^{\mathrm{T}}$ 为检测点 x_0 处的偏移量, ∇D 为梯度算子, $\boldsymbol{H}$ 为 3×3 Hessian 矩阵,如式

(11.20)与式(11.20)所示：

$$\nabla D = \frac{\partial D}{\partial \boldsymbol{x}} = \begin{bmatrix} \partial D/\partial x \\ \partial D/\partial y \\ \partial D/\partial \sigma \end{bmatrix} \tag{11.20}$$

$$\boldsymbol{H} = \begin{bmatrix} \dfrac{\partial^2 D}{\partial x^2} & \dfrac{\partial^2 D}{\partial x \partial y} & \dfrac{\partial^2 D}{\partial x \partial \sigma} \\ \dfrac{\partial^2 D}{\partial y \partial x} & \dfrac{\partial^2 D}{\partial y^2} & \dfrac{\partial^2 D}{\partial y \partial \sigma} \\ \dfrac{\partial^2 D}{\partial \sigma \partial x} & \dfrac{\partial^2 D}{\partial \sigma \partial y} & \dfrac{\partial^2 D}{\partial \sigma^2} \end{bmatrix} \tag{11.21}$$

对式(11.19)中 $D(\boldsymbol{x})$ 求导并使其等于 0，得到 $\hat{\boldsymbol{x}} = -\boldsymbol{H}^{-1}(\nabla D)$，偏移量 $\hat{\boldsymbol{x}}$ 通过极值内插的方式被添加到样本点位置，对初始极值点位置进行修正。

在修正样本点位置之后，还需剔除具有低对比度的不稳定极值以及曲折度过低的样本点。首先，将极值点 $\hat{\boldsymbol{x}} = -\boldsymbol{H}^{-1}(\nabla D)$ 代入泰勒展开式 $D(\boldsymbol{x})$（式(11.19)），得到

$$D(\hat{\boldsymbol{x}}) = D + \frac{1}{2}(\nabla D)^{\mathrm{T}} \hat{\boldsymbol{x}} \tag{11.22}$$

当 $|D(\hat{\boldsymbol{x}})|$ 小于阈值时，代表该点的对比度过低，则需要去除。

对于不稳定的边缘响应点，其沿着梯度方向应有较大的主曲率，其梯度垂线方向上的曲率较小。使用一个 2×2 的 Hessian 矩阵来计算关键点的曲率，则

$$\boldsymbol{H} = \begin{bmatrix} \dfrac{\partial^2 D}{\partial x^2} & \dfrac{\partial^2 D}{\partial x \partial y} \\ \dfrac{\partial^2 D}{\partial y \partial x} & \dfrac{\partial^2 D}{\partial y^2} \end{bmatrix} = \begin{bmatrix} D_{xx} & D_{xy} \\ D_{xy} & D_{yy} \end{bmatrix} \tag{11.23}$$

式中，差分项都通过计算采样点邻域的差分来求得，矩阵 $\boldsymbol{H}$ 的特征值与 D 的局部主曲率成正比。为了避免显式地求矩阵的特征值，只考虑特征值的比例即可。令 α 为矩阵的最大特征值，β 为矩阵的最小特征值，则矩阵的迹和行列式分别为

$$\begin{cases} \mathrm{tr}(\boldsymbol{H}) = D_{xx} + D_{yy} = \alpha + \beta \\ \det(\boldsymbol{H}) = D_{xx} D_{yy} - (D_{xy})^2 = \alpha\beta \end{cases} \tag{11.24}$$

令 r 为最大特征值与最小特征值的比例，即 $\alpha = r\beta$，可得到

$$\frac{\mathrm{tr}(\boldsymbol{H})^2}{\det(\boldsymbol{H})} = \frac{(\alpha+\beta)^2}{\alpha\beta} = \frac{(r\beta+\beta)^2}{r\beta^2} = \frac{(r+1)^2}{r} \tag{11.25}$$

该公式为 r 的递增函数。为了检测主曲率是否在某阈值 r 以下，只需要判断是否满足：

$$\frac{\mathrm{tr}(\boldsymbol{H})^2}{\det(\boldsymbol{H})} < \frac{(r+1)^2}{r} \tag{11.26}$$

从而消除曲折度之比过大的点。

（4）计算关键点方向

该步骤根据图像局部性质为每个关键点分配一个一致方向，以便能够表示相对于其方向的性质，实现图像旋转不变性。此处基于关键点尺度来选择最接近该尺度的高斯平滑图像 L。首先在 $L(x,y)$ 上计算像素点的梯度幅值 $M(x,y)$ 以及方向角 $\theta(x,y)$，即

$$M(x,y) = \left[(L(x+1,y) - L(x-1,y))^2 + (L(x,y+1) - L(x,y-1))^2 \right]^{\frac{1}{2}}$$
(11.27)

$$\theta(x,y) = \arctan \left[\frac{L(x,y+1) - L(x,y-1)}{L(x+1,y) - L(x-1,y)} \right]$$
(11.28)

然后对于关键点相邻像素的梯度进行方向直方图统计,方向直方图中峰值对应的局部梯度方向即为主方向。

(5) 计算关键点描述子

以每一个关键点为中心,选取相邻 16×16 像素区域,并计算区域内每个像素点处的梯度幅值以及方向,并将相邻区域分解为 4×4 个子区域,在每个子区域中构建方向直方图。每个 4×4 子区域中用 8 个相隔 $45°$ 的方向作为直方图容器区间,按方向内插运算方式计算每个梯度对各个容器的增强强度,从而进行直方图构建,最终将所有子区域直方图串联形成该关键点的特征表达向量。为了实现旋转不变性,描述子的坐标和梯度方向相对于关键点方向进行了旋转。为了降低光照的影响,对特征向量进行了两阶段的归一化处理。

11.2.2　特征编码与特征聚合

(1) 特征编码

特征编码的流程是从训练数据的特征中构建编码词典(码本),并根据所构建的编码词典寻找相近的码本元素,从而将新输入的特征量化为新的特征表达形式。这些码本可以看作从训练数据中所提取的典型特征,表示输入特征统计特性的典型属性,类比于自然语言中具有一定含义的单词,因此码本作为所有典型特征的集合,有时也会被称为“词袋”。当输入一个新的图像并提取该图像特征后,特征编码方法不但能得到视觉的紧凑表示,而且保留了丰富的信息,实现了各个类别间的可区分性。设计强大的特征编码方法有许多方法,最简单的是采用 K 均值 (K - means) 方法得到码本,并用最邻近方法将新输入特征进行量化。具体步骤为:首先设定 K 均值中簇的个数 k,然后对输入特征进行迭代聚类,即在重新计算每个簇的质心以及利用欧式距离将每个特征分配到最近质心的簇的两个步骤中循环迭代,迭代结束后得到 k 个簇的质心即为码本。完成码本构建后,对于每一个输入特征,将其分配至欧式距离最近的质心,因此形成了一个 k 维的 0 - 1 向量,其中代表被分配质心的维度为 1,其余维度为 0。这个 k 维的 0 - 1 向量即为对单一输入特征编码。除基于 K 均值的特征编码方法外,其余代表性的特征编码算法包括向量量化编码、核词典编码、稀疏编码、局部线性编码、显著性编码和 Fisher 向量编码等,对于码本的构建方法以及基于码本的特征表达方法有不同的定义。

(2) 特征聚合

特征聚合是特征编码后进行的特征整合操作,从而将图像局部编码后的特征进行类似频率直方图的统计,从而得到图像的整体特征。最简单的特征聚合方法是均值聚合以及最大值聚合,即对编码后特征的每一维度都取最大值或者平均值的操作。通过特征聚合,可以得到一个精简的特征向量作为图像特征表达,同时避免了用单独局部特征(兴趣点、局部纹理等)集合带来的特征表达力不足或者特征维度过高、数量过大等计算代价。举例来说,上述基于 K 均值的特征编码方法将每一个输入特征编码为 k 维的 0 - 1 向量,将所有特征编码向量进行均值聚合后,得到一个 k 维的直方图,每一维度代表所对应质心(典型特征)出现的频率。

值得注意的是,除对图像所有特征直接进行编码并进行单次聚合形成图像整体特征之外,空间金字塔(spatial pyramid matching,SPM)[11]是图像特征汇聚阶段一个常用的技巧。由于图像本身具有一定的空间分布属性,因此可以将图像均匀分块(例如将图像分为左上、左下、右上、右下四块),然后每个区块里单独进行特征聚合操作,并将所有的聚合后特征向量按照图像分块的空间排列关系拼接起来作为图像的最终表达。通过这种方式,可以有效地描述图像的空间结构信息。除单层分割方法外,区块还可以按照不同的层级进行分割,例如将图像分割成为 $1\times1,2\times2,4\times4$ 等类似金字塔结构的不同层级,而每一个层级小方块中均可以通过特征编码以及特征聚合方式形成固定维数特征,继而将不同区块特征按照相应的金字塔层级以及空间关系相串联,形成整体图像特征。空间金字塔聚合方法使得图像特征具有从局部到整体的递进特性,有效地增强了图像特征的表达能力。

11.2.3　分类器

当每张图像都表达为一个相同固定维度的特征表达后,就可以训练相应维度的分类器对图像进行分类。经典分类器方法包括支持向量机(support vector machine,SVM),K 近邻分类器(K-nearest neighbors,KNN),boosting 方法和随机森林(random forest)等。其中,基于最大化边界的支持向量机是使用最广泛的分类器之一,特别是使用了核方法的支持向量机,在图像分类任务上应用广泛。

11.3　基于深度学习的图像识别

图像内容识别方法通常分为特征提取和分类器预测两个步骤。传统的机器学习训练通常采用对分类对象进行手工特征提取、将提取的特征向量输入到分类器中的方法对分类器参数进行训练。该方法仅需对分类器参数进行训练,并需要依据实际应用场景选取合适的手工特征提取方法。因此在特征选取方面通常需要依据人工经验以及特定领域知识,无法达到普适性,在训练精度方面也存在一定的瓶颈。

深度学习是机器学习领域中一个新兴方向,它并不特指某种具体算法,而是一类机器学习算法的统称。与传统的机器学习方法不同,深度学习方法采用端到端的训练方法,即在原始输入与预测概率输出之间的环节均需训练参数,如图 11.9 所示。在端到端训练中,特征提取及分类器级联为一个整体进行训练。与传统机器学习方法相比,端到端的训练方法具有更多的训练环节,提供了很大的灵活性。针对问题的特点,可以设计各种不同的神经网络结构,使用不同的损失函数来达到目的。

图 11.9　端到端学习框架示意图(虚线框出的部分为需要进行参数训练的环节)

11.3.1　卷积神经网络的基本概念

针对图像识别分析任务,本节主要介绍深度学习模型中的卷积神经网络(convolutional neural network,CNN)。卷积神经网络通常由多层卷积层、池化层、激活层、全连接层进行级联组合构造而成。网络的前半部分为卷积层和池化层交替进行,后半部分为全连接层。通过级联级数的加深,所提取特征逐步由简单局部特征到复杂语义特征渐变,并通过端到端训练得到适应目标任务的高效特征表达形式,从而提升识别精度。卷积层、池化层以及全连接层的定义如下。

1. 卷积层

传统的图像二维卷积定义如下:令 F 为图像,H 为卷积核,F 与 H 的卷积记为 $R = F * H$,R 为卷积输出图像,计算方法如下:

$$R_{ij} = \sum_{u,v} H_{i-u,j-v} F_{u,v} \tag{11.29}$$

其中,下标表示像素水平垂直方向位置坐标。卷积核按一定步长移动在空间上遍历图像,在每一步用卷积核参数与卷积核所覆盖图像区域中的对应像素进行点积运算,如图 11.10 所示。其中,卷积核大小指代卷积核的二维空间尺寸,步长是指卷积核在图像空间的每一步滑动距离,填充尺寸是指在输入图像的每一边添加的一定数目的行列的像素点,起到控制输出维度的作用。卷积神经网络卷积层通常也采用二维卷积的形式,但与图 11.10 所示的二维卷积有以下不同:首先,在卷积神经网络中卷积层的应用不限于输入图像层,而是可以同样应用于不同层级的特征图上。其次,输入特征以及卷积核不仅具有空间上宽和高维度,还具有额外的通道维度,并且输入特征与卷积核具有相同的通道维度,在卷积运算中卷积核参数与所覆盖的三维特征区域中对应的特征点进行点积计算。另外,卷积核参数不仅包括核中的权值参数,还包括一个偏置值,偏置值加在点积运算结果上。最后,一个卷积层由多个卷积核组成,每一个卷积核在特征图上进行卷积运算,输出一个二维特征图。因此卷积层输出结果为三维特征图,特征图的通道数等于卷积层中卷积核的数量。

在卷积神经网络中,在网络前几层卷积层可以捕捉图像局部、细节信息,空间特征点具有小的感受野,即输出特征的每个空间特征点只对应输入图像很小的一个范围;后面的卷积层感受野逐层加大,用于捕获图像更复杂、更抽象的信息。经过多个卷积层的运算,最后得到图像在各个不同尺度的抽象表示。

2. 池化层

池化操作是对图像的某一个区域用一个值代替,如最大值或平均值。如果采用区域内数值的最大值,叫作最大值池化。常见的二维最大值池化层如图 11.11 所示,其中卷积核大小(kernel size)、步长(strides)以及填充尺寸(padding)与卷积定义相同。如果采用区域内均值,叫作均值池化。在卷积神经网络中,通常池化层对每个通道单独进行二维池化计算。池化计算只依据输入数值进行计算而不需要参数。引入池化层有以下优点:首先,池化层可以减少后续特征图维度,降低计算资源耗费,降低过拟合发生概率。其次,池化层增大每个神经元对应的感受野,使得特征逐步从局部到全局进行递进演变。最后,池化层使得图像特征表达具有一定的平移以及旋转不变性。

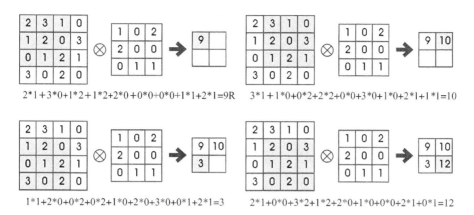

图 11.10 二维卷积示例图(其中卷积核大小为 3×3,卷积步长为[1,1],填充尺寸为[0,0])

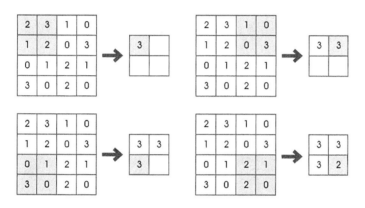

图 11.11 二维最大值池化示例图(池化大小为 2×2,池化步长为[2,2])

3. 全连接层

在全连接层中,每一个输出神经元都由前一层所有神经元数值加权相加所得到,每一个加权权值都表示成两个神经元之间相连的形式,因此每个神经元都与前一层的所有神经元相连接,如图 11.12 所示。这种结构使得全连接层能够整合前一层所有神经元的信息。通常情况下,全连接层被设置在卷积神经网络的最后几层,作为分类器来输出预测概率。由于对于全连接层每一个输入和输出神经元之间都有一个所对应的参数,因此通常情况下全连接层的参数数量较多。

11.3.2 经典卷积神经网络

卷积神经网络的结构设计具有很大的灵活性。2010 年至 2017 年 ImageNet 比赛涌现了许多的经典卷积神经网络结构,对卷积神经网络的结构设计以及实际场景应用具有重要的参考价值。经典的网络结构包括 LeNet-5、AlexNet、VGG、ResNet 等。

1. LeNet-5

LeNet-5[12]是第一个广为传播的卷积网络,用于手写文字的识别,此后各种卷积网络的设计都借鉴了它的思想。LeNet-5 由 2 个卷积层、2 个池化层交替串联,最后再串联 3 个全连

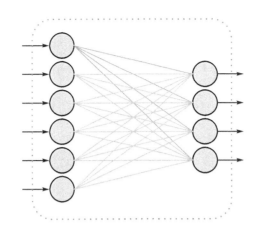

图 11.12　全连接层示意图(输入神经元的个数为 6,输出神经元的个数为 4)

接层组成输出分类概率,其结构图如图 11.13 所示。LeNet-5 虽然开启了深度学习卷积神经网络的应用,但是其仅仅应用于手写体字符的识别任务,没有很好适用于广义的图像分类任务。

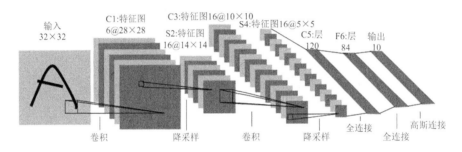

图 11.13　LeNet-5 网络结构示意图[16]

2. AlexNet

在 2012 年的 ImageNet 竞赛中,AlexNet[13] 大幅度提高了图像分类的精度,其顶部-5 错误率(top-5 error rate)远低于其他参赛模型,成为这一年赛事的冠军。这一成就标志着深度学习在图像识别领域的崛起。AlexNet 的最大意义在于它首次使用大规模数据训练深度学习网络,确立了卷积神经网络在计算机视觉领域的统治地位。AlexNet 采用与 LeNet-5 相似的结构,即均先用一系列交替堆叠的卷积层和池化层进行特征提取后,再使用多个全连接层进行分类,其结构示意图如图 11.14 所示。与之前的工作相比,AlexNet 采用了更深的层数以及更多的参数。具体来说 AlexNet 具有以下技术创新:

① AlexNet 采用了新的激活函数 ReLU(rectified linear unit)。ReLU 的定义如下:

$$\text{ReLU}(x) = \max(0, x) \tag{11.30}$$

ReLU 在 $x > 0$ 时导数值为 1,与 sigmoid 激活函数相比可以在一定程度上缓解梯度消失问题,训练时有更快的收敛速度。当 $x \leqslant 0$ 时函数值为 0,从而让网络变得更稀疏,起到正则化的作用,也可以在一定程度上缓解过拟合。

② AlexNet 采用了 dropout 机制来防止过拟合。dropout 机制的方法是:在训练时的每一次迭代中,隐层神经元以一定的概率将其神经元输出随机设置为 0,从而使之失活。被失活

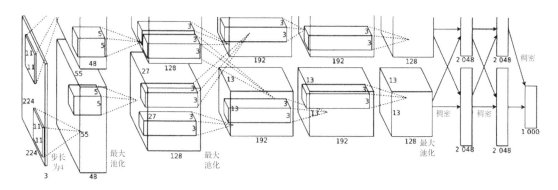

图 11.14　AlexNet 网络结构示意图[17]

的神经元既不参加前向传播,也不参加反向传播,在下一次迭代过程中再重新失活一部分神经元进行训练,直至训练过程结束。dropout 的作用一方面使得每一次迭代过程中只有一部分参数参与训练,降低了可学习的参数数量,从而达到降低过拟合的效果;另一方面,dropout 机制等同于每次迭代都训练了不同结构的神经网络模型,并在测试阶段进行模型集合,从而提升了网络的泛化能力。

③ 训练 AlexNet 的过程中使用了随机裁剪加水平翻转的数据增强方法,降低了训练时过拟合程度。

④ AlexNet 使用了 GPU 以及 CUDA 加速。由于当时的 GPU580 显存限制,训练过程中把 AlexNet 分布在两个 GPU 上进行训练,并在特定层进行了 GPU 之间的信息交互,控制了性能损耗。

3. VGG

VGG 网络是一种深度卷积神经网络,由牛津大学的 Visual Geometry Group 团队提出,在 2014 年的 ImageNet 竞赛中获得分类任务的亚军。它的主要贡献是证明了 VGG[14] 增加网络层参数可以获得更高的性能。VGG 的结构主要采用 3×3 的小卷积核以及 2×2 池化网络进行串联堆叠,最后以三层串联的全连接卷积层作为分类器,VGG 的经典网络 VGG16 以及 VGG19 的结构如图 11.15 所示。具体特点分析如下:

① 采用小卷积核卷积堆叠有如下优势:堆叠两个 3×3 卷积核所对应的感受野范围等同于单独一个 5×5 卷积核的感受野范围,堆叠三个 3×3 卷积核所对应的感受野范围等同于一个单独 7×7 卷积核的感受野范围,但是相对于单一的 5×5 或者 7×7 的卷积核,堆叠 3×3 卷积核的方式达到相同大小的感受野所用的参数量极大减小。另外,堆叠多个带有激活函数的卷积层可以使得网络相对于单层卷积层具有更高的非线性特性,可以进行更复杂的特征表达。

② VGG 网络结构中的卷积层不改变特征空间维度,每经过一次最大值池化层空间维度减半,随着层数加深特征通道数逐渐增加。这样符合随着网络深度增加,神经元对应的感受野逐渐增加并且特征表达语义更复杂的理想特性。

③ VGG 网络末端的多层全连接层导致网络参数量非常大,参数冗余度较高,主要参数量集中在第一层全连接层。

尽管 VGG 网络证明在一定情况下更深层次的网络可以提高检测精度,但是更深网络会带来以下问题:首先,过多的参数有可能会带来过拟合的问题;其次,过多的参数会导致训练与

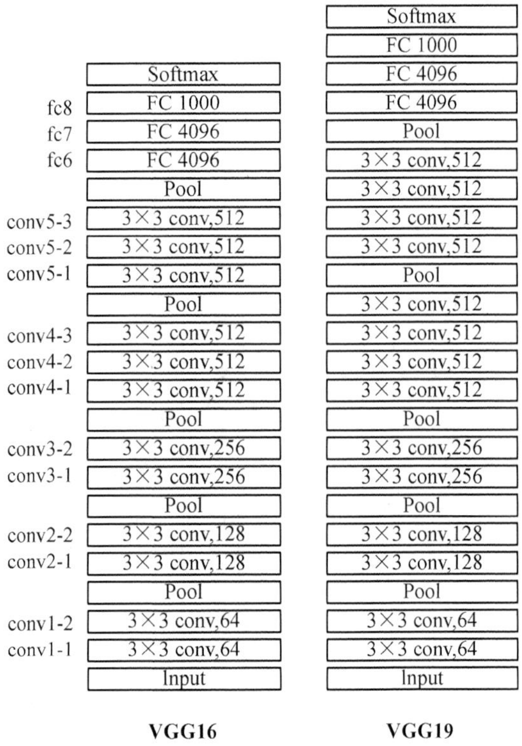

	VGG16	VGG19
		Softmax
		FC 1000
	Softmax	FC 4096
fc8	FC 1000	FC 4096
fc7	FC 4096	Pool
fc6	FC 4096	3×3 conv,512
	Pool	3×3 conv,512
conv5-3	3×3 conv,512	3×3 conv,512
conv5-2	3×3 conv,512	3×3 conv,512
conv5-1	3×3 conv,512	Pool
	Pool	3×3 conv,512
conv4-3	3×3 conv,512	3×3 conv,512
conv4-2	3×3 conv,512	3×3 conv,512
conv4-1	3×3 conv,512	3×3 conv,512
	Pool	Pool
conv3-2	3×3 conv,256	3×3 conv,256
conv3-1	3×3 conv,256	3×3 conv,256
	Pool	Pool
conv2-2	3×3 conv,128	3×3 conv,128
conv2-1	3×3 conv,128	3×3 conv,128
	Pool	Pool
conv1-2	3×3 conv,64	3×3 conv,64
conv1-1	3×3 conv,64	3×3 conv,64
	Input	Input

图 11.15　VGG 的网络结构图示[18]（以 VGG16 和 VGG19 为例）

测试的过程中对计算资源消耗较大；最后，过深的网络可能会导致梯度消失问题，从而影响网络训练过程（梯度在反向传播过程中可能会因为连乘效应导致其值逐渐减小，直至接近于零，即为梯度消失现象）。网络深度增加会导致梯度消失现象发生的概率增加，梯度消失现象会导致网络权重更新非常缓慢甚至停止。GoogLeNet 以及 ResNet 针对以上网络过深导致的缺陷进行了部分改进。

4. GoogLeNet

GoogLeNet[15]网络是 2014 年 ImageNet 比赛的冠军。尽管和 AlexNet 相比，GoogLeNet 的层数增加，但参数量相比要小很多，错误率也极大减小。GoogLeNet 主要由 inception 模块所构成，具体特点分析如下：

① GoogLeNet 采用 inception 模块对图像进行多尺度处理：inception 模块主要由不同卷积核大小的卷积核（1×1，3×3，5×5）并联而成，并将不同卷积核输出特征在通道维度串联。由于 inception 模块同时用不同大小的卷积核提取特征，因此可以适应不同的目标大小，减少了类内差距的问题。此外，inception 模块中使用大量 1×1 卷积进行降维，保证特征串联时不会导致特征维度的急剧增加。inception 模块结构如图 11.16 所示。

② GoogLeNet 使用全局平均汇合层代替全连接层进一步降低参数量：在 AlexNet 以及 VGG 中全连接层都占用了参数的大部分，主要是由于第一层全连接层导致的。而 GoogLeNet 使用了平均汇合层（池化层）降低特征的空间维度，只保留一层全连接层作为分类器，极大地降低了全连接层的输入节点数量，从而大幅减少了全连接层参数量。

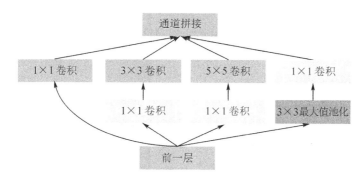

图 11.16　GoogLeNet 中的 inception 模块[22]

③ GoogLeNet 使用辅助分支进行优化训练:GoogLeNet 在训练过程中,除网络主干结构的主分类器之外,在主干中间层引入了辅助分类器来降低梯度消失的发生概率,主分类器与辅助分类器共同优化。在测试中辅助分类器将被去掉。

5. ResNet

ResNet[16](residual network,残差网络)是 2015 年 ImageNet 比赛的冠军。除此之外,ResNet 在多个任务上也取得了领先的结果,例如 ImageNet 数据集上的检测定位任务以及 COCO 数据集上检测分割任务等。

ResNet 的主要贡献是提出了残差模块以缓解梯度消失问题。残差模块的示意图如图 11.17 所示,残差模块由残差分支以及自身映射分支(identity)组成,其中残差分支包含需要经过训练的权重层,自身映射分支将输入恒等复制并通过短路连接的方式将结果加到残差分支的输出上。假设残差模块的输入为 x,经过残差分支结果为 $F(x)$,残差模块的输出为 $H(x)$,因此 $H(x) = F(x) + x$。

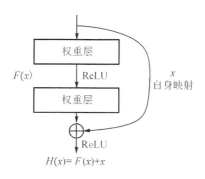

图 11.17　ResNet 中残差模块示意图[20]

残差模块的作用可以从两个角度来理解:从前向传播角度来说,在极端情况下(例如 $F(x) = 0$ 的情况下),残差模块等同于自身映射分支,即将浅层输入直接复制到下一层,不会出现深度更深模型比浅层模型特征表达能力降低的情况;从反向传播的角度来说,短路连接的自身映射分支可以无损地将输出梯度传导至输入,有效缓解梯度消失现象。同时,由于残差模块具有短路连接的结构,因此 N 个残差模块串联时等同于 2^N 个参数共享的子网络并联后进行集成的结构。由于不同子网络的感受野大小不同,输出特征集成了具有不同感受野的特征信息,从而提升了网络的泛化性。

ResNet 的其余特点如下:首先,ResNet 使用了大量的批归一化层(batch normalization, BN),通过对中间层的输出特征进行标准化来提高训练效率以及稳定性。其次,ResNet 与 GoogLeNet 类似,采取了全局平均池化代替全连接层的方式降低了参数数量。

6. MobileNet

通常情况下,深度模型识别精度的提升常常带来训练参数过多、训练测试能耗较高、时效性较差等问题,限制了深度学习识别方法在边缘设备的应用以及无法满足高时效的需求。因此部分经典网络侧重于模型轻量化设计,以便于在移动或边缘设备上应用,例如 MobileNet, ShuffleNet 等。

MobileNet[17] 的主要技术贡献是用通道可分解卷积层来降低卷积参数的数量。传统的 CNN 中,卷积运算是将卷积操作和改变特征数量两个任务合在一起处理。MobileNet 中的通道可分解卷积层将这两个过程分开,以达到有效减小参数模型数量的目的。通道可分解卷积层将传统的卷积层分解为逐通道卷积层(depth-wise convolution)和逐点卷积层(point-wise convolution)。其中,逐通道卷积层是使用一个二维卷积核对每一个输入通道分别进行卷积,从而得到与输入特征通道数相同的特征图;然后,逐点卷积使用 1×1 的卷积核来组合这些特征图,从而改变输出特征的通道数量。

7. ShuffleNet

ShuffleNet[18] 与 MobileNet 类似,主要采用分组卷积的操作来降低卷积的参数量。MobileNet 采用逐点卷积使得特征在不同通道之间进行交互,但是通常情况下,逐点卷积的参数数量远高于逐通道卷积。ShuffleNet 希望对于逐点卷积也使用分组卷积,也称逐点组卷积,从而降低参数数量。因此,ShuffleNet 提出采用分组卷积之后进行通道打散操作,从而促进了分组卷积之后各通道之间的信息交互,并且避免了逐点卷积导致的较高参数数量。

在进行分组卷积的过程中,只有属于同一分组的通道特征之间有信息交互,而不同分组之间的特征通道彼此独立。ShuffleNet 在进行一次分组卷积之后,将特征通道按照一定的规则重新排列顺序。然后,再一次进行分组卷积时,属于同一分组内发生信息交互的特征通道已与之前发生变化,从而加强了特征通道之间的信息交互。

11.4　本章小结

本章主要对基于内容过滤技术的图像内容安全识别方法进行了介绍,重点针对图像处理与机器学习相关基础知识进行了讲解。在传统机器学习框架中,对图像特征提取方法进行了重点讲解,并介绍了相关特征编码的作用。在深度学习框架中,对卷积神经网络基础概念以及部分经典卷积神经网络进行了重点介绍。使用传统机器学习或者深度学习的方法,均可以实现对图像的分类任务,从而对图像中是否含有不良内容进行分类判别。

参考文献

[1] 杨黎斌,戴航,蔡晓妍. 网络信息内容安全[M]. 北京:清华大学出版社,2017.
[2] 周学广,任延珍,孙艳,等. 信息内容安全[M]. 武汉:武汉大学出版社,2012.

［3］ Rafael C. Gonzalez，Richard E. Woods，et al. 数字图像处理（第 4 版）［M］. 阮秋琦，阮宇智，译. 北京：电子工业出版社,2020.

［4］ Sonka M，Hlavac V，Boyle R. 图像处理、分析与机器视觉（第 4 版）［M］. 兴军亮,艾海舟，译. 北京：清华大学出版社,2016.

［5］ Ojala T，Pietikäinen M，Harwood D. A comparative study of texture measures with classification based on featured distributions［J］. Pattern Recognition，1996，29（1）：51-59.

［6］ Ojala T，Pietikäinen M，Mäenpää T. Gray scale and rotation invariant texture classification with local binary patterns ［C］. Proceedings of the 6th European Conference on Computer Vision，2000：404-420.

［7］ Ojala T，Pietikainen M，Maenpaa T. Multiresolution gray-scale and rotation invariant texture classification with local binary patterns［J］. IEEE Transactions on Pattern Analysis and Machine Intelligence，2002，24（7）：971-987.

［8］ Dalal N，Triggs B. Histograms of oriented gradients for human detection ［C］. Proceedings of the IEEE Computer Society Conference on Computer Vision and Pattern Recognition，2005：886-893.

［9］ Harris C，Stephens M. A combined corner and edge detector ［C］. Proceedings of the Alvey Vision Conference，1988：1-6.

［10］ Lowe D G. Distinctive image features from scale-invariant keypoints［J］. International Journal of Computer Vision，2004，60（2）：91-110.

［11］ Lazebnik S，Schmid C，Ponce J. Beyond bags of features：spatial pyramid matching for recognizing natural scene categories ［C］. Proceedings of the IEEE Computer Society Conference on Computer Vision and Pattern Recognition，2006：2169-2178.

［12］ Lecun Y，Bottou L，Bengio Y，et al. Gradient-based learning applied to document recognition［J］. Proceedings of the IEEE，1998，86（11）：2278-2324.

［13］ Krizhevsky A，Sutskever I，Hinton G E. ImageNet classification with deep convolutional neural networks［J］. Communications of the ACM，2017，60（6）：84-90.

［14］ Simonyan K，Zisserman A. Very deep convolutional networks for large-scale lmage recognition［J］. Computer Science,2015.

［15］ Szegedy C，Liu W，Jia Y Q，et al. Going deeper with convolutions ［C］. Proceedings of the IEEE Conference on Computer Vision and Pattern Recognition，2015：1-9.

［16］ He K，Zhang X，Ren S，et al. Deep residual learning for image recognition ［C］. Proceedings of the IEEE Conference on Computer Vision and Pattern Recognition，2016：770-778.

［17］ Howard A G，Zhu M，Chen B，et al. MobileNets：Efficient Convolutional Neural Networks for Mobile Vision Applications［J］. arXiv,2017

［18］ Zhang X，Zhou X，Lin M，et al. ShuffleNet：an extremely efficient convolutional neural network for mobile devices ［C］. Proceedings of the IEEE/CVF Conference on Computer Vision and Pattern Recognition，2018：6848-6856.

第 12 章　视频内容识别

随着短视频网络传播以及视频监控硬件的普及,视频已经成为生产生活大数据的重要组成部分。一方面,网络视频分享规模呈爆炸式增长趋势;另一方面,伴随社会治安的需求以及相关硬件设备的普及与推广,监控摄像头等各种摄像设备已经遍布生产生活中的每个角落,借助于通信技术将所采集的视频信息迅速传输。因此,视频已成为重要的视觉信息传播载体,并且视频分析识别对于社会综合治理、经济发展有着重要的作用。然而,网络视频的海量增长也导致含有网络诈骗、低俗、反动、暴恐等不良内容的视频迅速传播,对社会稳定造成了极大的威胁,并且严重威胁网民的身心健康。与此同时,随着作案手段的提高,暴恐危险活动与人员逐渐呈现隐蔽式转移与进行的趋势,因此监控视频的自动筛选与排查对于网络多媒体内容安全的治理与预警规划显得更加重要。面对海量视频,单靠人工审核的成本极高并且很难取得理想的监管效果。因此,利用人工智能技术自动筛选不良视频内容,解决人工视频监管识别效率不高的问题成为一项亟待研究的课题。

12.1　视频内容识别概述

与图像内容识别相比,视频内容识别技术还面临更加明显的识别效率以及识别精度不高的问题:一方面,数据采集设备的普及等因素导致了视频数据量巨大,因此内容相关的特征极易淹没在海量无关信息中,给视频大数据存储能力、算法准确率以及算法实时性等带来了极大的挑战;另一方面,视频数据包含复杂的时空信息导致数据复杂度较高。除每帧视频图像包含空间维度信息(例如目标物体大小、位置)外,视频还包含复杂的时间维度信息,从而进一步增加了数据的多样性。数据的复杂性提升了视频有效信息提取的难度,同时采集设备的移动以及视角变化会对视频内的目标动作进一步造成干扰,增加识别难度。

与图像内容识别方法相似,视频内容识别方法主要基于图像处理、计算机视觉以及机器学习等技术进行,属于分类模式识别的任务,识别方法可分为传统机器学习模式和深度学习模式。传统机器学习模式侧重于手工特征的提取方法,在训练过程中通过优化分类器来对所提取的特征进行分类。深度学习模式侧重于深度学习网络结构设计,在训练过程中采用端到端训练的方式来训练优化特征提取与分类器的网络参数。一部分视频内容识别方法采用关键帧图像处理识别方法,即只利用视频的空间特征来实现视频分类识别任务。同时,许多视频内容识别方法侧重对视频的空间与时间信息进行共同建模,进一步提升识别效率。

12.2　基于手工特征提取的视频识别

在深度学习方法兴起之前,传统视频识别方法是基于视频手工特征提取以及分类器训练两个步骤来进行的。因此,选取并设计合适的特征提取方法对于识别准确性的提升具有至关重要的作用。由于视频是由一系列连贯的图像帧构成的,因此可以用图像特征提取方法提取图像帧特征作为视频的空间特征。然而,该方法只提取了单一图像帧的静态信息,而忽略了相邻帧之间的时序动态关系。如何高效地提取并整合视频静态以及动态信息是视频手工特征提取的关键。

12.2.1 三维手工时空特征

与二维静态图像相比,视频具有额外的时间维度。因此,可以将视频抽象成为包含二维平面和一维时序的三维立体结构,在三维空间中对视频特征进行检测和描述。通常可以采取将经典图像特征扩展至三维空间的思路来有效同时提取视频空间以及时间信息。例如,3D Harris[1]检测子通过检测把视频空间以及时间维度均有显著变化的点作为时空兴趣点,同时使得检测器能够适应时空尺度的变化。3D – SIFT[2]算子以及 HOG3D[3]描述子分别将传统的二维 SIFT 算子和二维方向梯度直方图(histogram of gradient,HOG)[4]扩展到三维形式。

12.2.2 时间域运动特征

与三维时空特征同时提取空间与时间信息不同,另一种视频特征提取方式是将空间域(静态)信息与时间域(动态)信息分开提取并进行融合。由于空间域信息采用对视频帧提取图像特征的方式来提取,因此本节主要针对时间域特征进行重点介绍。时间域特征通常用来表示运动特征,可以用来作为预处理阶段检测出人体动作区域或者直接作为特征提取人体动作信息。最简单的时域特征信息提取方法是使用帧间差分方法来检测连续图像中的运动物体。该方法比较简单,但是存在对噪声不够鲁棒以及需要摄像机位置固定、光照恒定等局限性。除此之外,可以基于兴趣点(特征点)对应的关系来表示时序运动特征。假设每一帧都已经定位出兴趣点,通过寻找相邻两帧之间的兴趣点(例如 Harris、SIFT 检测器)对应关系即可构造出速度场,通常情况下是较稀疏的速度场。

除以上两种时间域特征提取方法之外,本节重点介绍另一种表达相邻帧运动的方法——光流法。

光流(optical flow)是由观察者和场景之间相对运动引起的场景中物体表面和边缘的表观运动,也可定义为图像亮度模式的表观运动,主要针对于相邻帧之间的局部动态信息进行描述。作为一种能有效描述物体运动信息的特征表示,光流在运动分析和识别领域发挥着重要的作用。如图 12.1 所示,光流可以看作是一个二维矢量场,它表示图像中一个点从第一帧到第二帧的位移。这些矢量通常在图像平面上可视化为箭头,箭头指向像素点的移动方向,并且矢量的长度与移动的速度成正比。因此,光流可以有效地反映视频中的人物或者物体的运动情况。

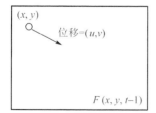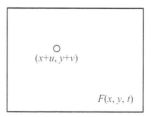

图 12.1 光流定义示意图

光流的计算基于两个假设：① 任何物体点所观察的亮度随时间是恒定不变的；② 图像平面内的邻近点以类似的方式进行移动（速度平滑性的约束）。具体定义以及推导方法如下：

设 $F(x,y,t)$ 为 t 时刻的像素点 (x,y) 的像素值，若该像素点在两帧图像之间移动了 Δx、Δy、Δt 之后，像素值仍然保持不变，则可表示为

$$F(x,y,t) = F(x + \Delta x, y + \Delta y, t + \Delta t) \tag{12.1}$$

假设 Δx、Δy、Δt 很小，则根据一阶泰勒级数可得

$$F(x + \Delta x, y + \Delta y, t + \Delta t) = F(x,y,t) + \frac{\partial F}{\partial x}\Delta x + \frac{\partial F}{\partial y}\Delta y + \frac{\partial F}{\partial t}\Delta t \tag{12.2}$$

式中，$\frac{\partial F}{\partial x}$，$\frac{\partial F}{\partial y}$，$\frac{\partial F}{\partial t}$ 是 $F(x,y,t)$ 在 x,y,t 方向上的偏导数。因此可得

$$\frac{\partial F}{\partial x}\frac{\Delta x}{\Delta t} + \frac{\partial F}{\partial y}\frac{\Delta y}{\Delta t} + \frac{\partial F}{\partial t} = 0 \tag{12.3}$$

式中，令 $u = \frac{\Delta x}{\Delta t}$，$v = \frac{\Delta y}{\Delta t}$ 分别为像素点在水平以及垂直方向上的运动速率。令 $F_t = \frac{\partial F}{\partial t}$，因此

$$\nabla F \cdot V = -F_t \tag{12.4}$$

其中 $\boldsymbol{V} = (u,v)^{\mathrm{T}}$ 为像素点 (x,y,t) 的光流。

式 (12.4) 为像素点 (x,y,t) 的光流计算的基本约束方程。每个像素点都对应一个约束方程，可以通过求解相应的约束方程来计算每个像素点的光流。由于该方程有两个未知量，故无法直接求解，因此各种具体的光流算法须通过额外的假设与约束增加另一组方程进行计算，例如 Horn‐Schunck 算法[9] 和 Lucas‐Kanade 算法[10] 在约束方程的基础上，增加基于图像梯度的约束来计算光流。

Horn‐Schunck 算法[5] 在基本约束方程的基础上添加全局平滑假设，即假设整幅图像的光流是平滑的，通过最小化基本约束方程误差与平滑假设误差之和来计算光流。其中，基本约束方程可以转化为最小化误差，即

$$\sum_{x,y} (\nabla F \cdot V + F_t)^2 \tag{12.5}$$

光流平滑假设可以转化为最小化误差：

$$\sum_{x,y} (\| \nabla u \|_2^2 + \| \nabla v \|_2^2) \tag{12.6}$$

因此光流优化方程可以转化为

$$\sum_{x,y} (\nabla F \cdot V + F_t)^2 + \lambda^2 (\| \nabla u \|_2^2 + \| \nabla v \|_2^2) \tag{12.7}$$

其中，λ 为基本约束方程与光流平滑假设之间的权重超参数。通常通过下列迭代计算的方式来求解每一个像素点 (x,y) 处的光流：

$$u^{k+1} = u^k - \frac{F_x(F_x\bar{u}^k + F_y\bar{v}^k + F_t)}{\lambda^2 + F_x^2 + F_y^2} \tag{12.8}$$

$$v^{k+1} = v^k - \frac{F_y(F_x\bar{u}^k + F_y\bar{v}^k + F_t)}{\lambda^2 + F_x^2 + F_y^2} \tag{12.9}$$

其中，$F_x = \frac{\partial F}{\partial x}$，$F_y = \frac{\partial F}{\partial y}$，$F_t = \frac{\partial F}{\partial t}$ 为从连续图像中估计出的偏导数，$\bar{u}^k$ 与 $\bar{v}^k$ 分别为 u^k、v^k

邻域内的均值。如果式(12.7)小于一定的阈值,则终止迭代过程得到光流结果。

Lucas-Kanade 算法[6]在基本约束方程的基础上增加了邻域光流相似的约束,即在小的图像区域 $\Omega = \{q_1, q_2, \cdots, q_n\}$ 内,像素的移动方向大小一致,均为 $\boldsymbol{V} = (u, v)^{\mathrm{T}}$,因此形成方程组:

$$\begin{cases} F_x(q_1)u + F_y(q_1)v = -F_t(q_1) \\ F_x(q_2)u + F_y(q_2)v = -F_t(q_2) \\ \qquad\qquad \vdots \\ F_x(q_n)u + F_y(q_n)v = -F_t(q_n) \end{cases} \tag{12.10}$$

通过最小二乘法,可以求解得到光流计算公式:

$$\boldsymbol{V} = (u, v)^{\mathrm{T}} = (\boldsymbol{A}^{\mathrm{T}}\boldsymbol{A})^{-1}\boldsymbol{A}^{\mathrm{T}}\boldsymbol{b} \tag{12.11}$$

其中
$$\boldsymbol{A} = \begin{bmatrix} F_x(q_1)F_y(q_1) \\ F_x(q_2)F_y(q_2) \\ \vdots \\ F_x(q_n)F_y(q_n) \end{bmatrix}, \quad \boldsymbol{b} = \begin{bmatrix} -F_t(q_1) \\ -F_t(q_2) \\ \vdots \\ -F_t(q_n) \end{bmatrix}$$

除了传统经典光流算法外,近年来深度学习也在光流计算领域取得了很大的进展,例如 FlowNet[7]以及 FlowNet2.0[8]等。相对于传统方法,深度学习方法可以利用 GPU 加速而达到更好的实时性性能,因此在运动特征提取中起到了重要的作用。

12.2.3　DT 与 IDT 稠密轨迹特征

DT(dense trajectory)[9,10]以及 IDT(improved dense trajectory)[11]是动作识别方向经典的手工特征提取方法。二者计算方法比较相近,其中 IDT 是在 DT 的基础上进行了改进,实现了更高的识别准确性。DT 和 IDT 提出了沿着轨迹形状空间体提取特征的思想,在视频分类识别上取得了较高的准确率,甚至超过了早期视频分类深度学习结构。本节主要针对于 DT 的特征进行详细介绍,之后介绍 IDT 特征在 DT 特征基础上的改进方法。

DT 主要基于稠密轨迹来进行视频特征提取。轨迹的定义可以理解为对于某一帧像素点在时间维度上跟踪较长时间所形成的时空位置信息。轨迹形成方式是基于相邻帧之间的运动关系(例如光流)逐帧进行跟踪所得的。与光流等短时运动信息相比,轨迹信息可以表示更长时序的运动信息,因此更能表达具有一定语义的完整动作而不局限于瞬时运动信息。稠密轨迹通常由稠密光流逐帧跟踪所得到。相对于稀疏轨迹,密集轨迹对快速不规则运动更有鲁棒性,更易捕捉复杂的运动模式,因此 DT 选择稠密轨迹来进行特征描述。

如图 12.2 所示,DT 的实现主要分以下步骤进行:

① 在多个空间尺度上密集采样特征点。这一步骤的目的是选取轨迹跟踪的起始点。首先,对图像帧进行不同尺度的处理,并在每一尺度上进行密集等间隔网格采样。实验结果表明,采样步长为 5 个像素即足够密集,能在所有的数据集上取得良好的效果。视频分辨率最多有 8 个空间尺度,每相邻两个空间尺度的比例是 $1:\sqrt{2}$。其次,进一步对密集采样点进行过滤,去除某些背景单一的区域点。这类过滤掉的特征点在时序中可能没有变化,因此很可能无法被准确跟踪。特征点过滤准则是基于采样点的自相关矩阵特征值进行判断,如果特征值小于阈值,则判断该网格点处于背景一致的区域,应该被删除。过滤所得到的采样点为轨迹跟踪

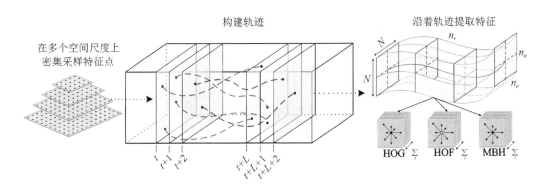

图 12.2　DT 特征提取方法示意图[13,14]

的候选起始点。

　　② 构建轨迹。通过光流可以得到前一帧的特征点在下一帧的对应位置,因此可以根据相邻帧之间的光流信息对起始关键点进行逐帧跟踪,从而形成轨迹来表示长时间动作信息。具体方法如下:对于第 t 帧 I_t 来说,它的密集光流场 $\omega_t = (u_t, v_t)$ 由下一帧 I_{t+1} 计算所得,其中 u_t, v_t 分别为光流的水平分量及垂直分量。假设在第 t 帧 I_t 中有一个点 $P_t = (x_t, y_t)$,它在第 $t+1$ 帧 I_{t+1} 所对应的跟踪位置由式(12.12)计算得到:

$$P_{t+1} = (x_{t+1}, y_{t+1}) = (x_t, y_t) + (M * w_t) |_{(x_t, y_t)} \tag{12.12}$$

其中,M 表示 3×3 的中值滤波核,目的是改善运动边界点的轨迹。后续帧以此类推,将所跟踪帧的点对应位置相串联便形成轨迹 $(P_t, P_{t+1}, P_{t+2}, \cdots)$。由于长时间的跟踪可能会发生漂移现象导致跟踪点不可靠,因此特征采样以及跟踪是每隔 L 帧进行一次,通常取 $L = 15$。对于每一帧,如果在一定范围内没有发现跟踪点,则重新采样一个新的点并添加到跟踪过程中,以确保轨迹的密集覆盖。

　　③ 沿着轨迹提取特征。沿着每一个长度为 L 的轨迹,以轨迹与每一帧的交叉点为中心提取大小为 $N \times N$ 的区域,从而形成了 $L \times N \times N$ 时间-空间体。由于特征是在与轨迹对齐的时间-空间体内提取的,因此相对于 3D 立方体形式能更好地表达视频中的内在动态结构。之后将时间-空间体按照 $n_\tau \times n_\sigma \times n_\sigma$ 的网格划分子空间体,在每一个子空间体内提取梯度直方图(histograms of gradient,HOG)、光流直方图(histograms of optical flow,HOF)以及运动边界直方图(motion boundary histograms,MBH)。这种划分子空间体的形式能够更好地表达空间体内的结构特征,其中 HOG 主要基于图像帧局部区域梯度直方图来描述视频的静态信息,HOF 基于光流方向描述视频局部运动信息,MBH 基于光流梯度来描述运动变化信息。值得注意的是,光流本身表示两帧之间的绝对运动,既包含了前景动作的运动,也包含了背景摄像机运动,而 MBH 描述的是光流局部变化信息,因此可以去除局部恒定的摄像机运动,相对于 HOF 关于前景运动描述的鲁棒性更强。最后将每一个子空间体内的 HOG、HOF 以及 MBH 按照子空间体的相对位置关系串联起来形成空间体的特征描述。这几种特征的具体计算方法如下:HOG 将像素梯度方向量化成为 8 个直方图区间,并用根据梯度幅度对梯度向量幅值进行统计;HOF 根据光流向量的方向量化成为 9 个直方图区间对光流向量幅值进行统计;MBH 特征是将水平方向与垂直方向的光流分量分别求梯度,并按照光流梯度计算方向直方图,等同于对光流的分量进行 HOG 提取。除了上述空间体内提取的信息之外,轨迹相邻两

帧之间的相对位移即轨迹形状也可作为描述轨迹的特征。轨迹形状的计算如下：

$$T = \frac{(\Delta P_t, \Delta P_{t+1}, \cdots, \Delta P_{t+L-1})}{\sum_{t+L-1}^{j=t} \Delta P_j} \tag{12.13}$$

其中，$\Delta P_t = (P_{t+1} - P_t) = (x_{t+1} - x_t, y_{t+1} - y_t)$。DT 轨迹特征最终由 HOG、HOF、MBH 以及轨迹形状串联而成。

按上述步骤提取 DT 轨迹特征后，使用词袋（bag of features）特征编码方法将 DT 轨迹特征聚合为视频特征。具体而言，该处词袋采用 K 均值聚类方法对 100 000 个随机采取的 DT 特征进行聚类来构建码本，并依据欧式距离将视频内的特征分配给距离其最近的码本元素，生成的统计直方图即表示成每个视频的特征描述。之后，将视频特征输入至非线性支持向量机（support vector machine，SVM）对视频特征进行分类。

IDT 特征是 DT 特征的改进版本，二者方法与步骤基本相同，但在以下方面做了提升：

首先，在背景无关运动估计方面，IDT 特征通过估计相机运动以消除背景光流。背景消除方法简述如下：假设相邻连续两帧之间的全局背景运动（例如相机运动）可以用单应性（homography）投影矩阵关系来表示，两帧背景点之间也满足投影矩阵的对应关系。IDT 采用随机抽样一致（random sample consensus，RANSAC）的方法，基于相邻帧之间兴趣点初始匹配关系进行迭代来计算投影矩阵。为了降低前景动作对背景相机运动估计的干扰，利用人体检测器来估计和删除位于前景动作的匹配点，从而只保留背景中的相邻帧匹配点。然后，根据 RANSAC 所得到的投影矩阵纠正图像来消除相机运动。对于 IDT 特征提取而言，消除相机运动特征可以达到提升 HOF 与 MBH 特征性能的效果，并且还可以通过对轨迹位移进行阈值化来删除背景运动轨迹，从而更好地保留前景运动轨迹。

其次，在特征编码方面，IDT 特征采用费雪向量（fisher vector，FV）代替 DT 特征中的词袋（bag of features，BOF），从而进一步提升最终视频特征的表达力。与 BOF 不同，FV 是对特征和相应高斯混合模型（Gaussian mixture model，GMM）之间的一阶和二阶统计向量进行编码的，从而提供了更丰富的特征表示和更高的判别能力。

DT 与 IDT 方法广泛应用于视频分类任务中，带来了动作分类精度方面的显著提升。但由于这两种特征的算法复杂度较高、计算效率较低，在实际应用中有一定的局限性。

12.3　基于深度学习的视频识别

深度学习网络在图像分类任务上取得了显著的效果，因此促进了深度学习网络在视频分类任务上的设计与应用。将深度学习应用于视频分类的最直观的做法是将视频分解为独立的图像帧，并使用图像卷积神经网络来提取图像帧的特征，然后，将图像帧特征聚合成视频整体的特征进行视频分类。由于传统的图像分类卷积神经网络采用二维卷积与池化操作，因此只能提取图像空间域的静态特征，对时序动态信息的建模能力不足。本节主要对利用卷积神经网络提取视频动态信息的基本思路进行介绍。

视频可以看作由二维空间维度及一维时间维度构成的三维时空体。与视频手工特征提取类似，视频分类卷积神经网络主要从以下两种思路进行构建：第一种是在提取特征时同步提取视频空间静态和时序动态信息；另一种是将视频中空间静态和时序动态信息分解，分别提取特征后进行组合。前者通常由三维卷积神经网络进行实现,后者通常由图像帧和光流作为输入的双流神经网络进行实现。

12.3.1 3D–CNN 三维卷积神经网络

首先介绍视频分类卷积神经网络的第一种方法,即三维卷积神经网络。首先回顾一下传统卷积神经网络二维卷积的定义。二维卷积是在二维空间上,即图像的长与宽维度上,滑动卷积核对卷积核内空间相邻特征点进行点积操作,卷积输出结果为二维形式。传统卷积神经网络针对于图像分类识别问题进行二维卷积与池化操作,只能对单一图像帧的静态信息进行处理,无法表示相邻帧之间的相对运动关系。因此,提出三维卷积来同时处理静态与动态信息。具体方法是将视频看作具有图像帧高度、宽度以及时间三个维度的三维空间,并在该三维空间上滑动三维卷积核,每滑动一步对卷积核内时空相邻特征点进行点积操作,卷积输出结果为三维模式。二维卷积与三维卷积的输入输出形式对比如图 12.3 所示。由此可知,三维卷积与传统的二维卷积操作步骤以及计算原理相类似,但在处理局部相邻区域时除了同一帧空间相邻的特征之外也考虑了时间相邻特征,因此可以同时提取静态以及动态信息。然而,三维卷积一方面需要将堆叠的图像帧进行输入,另一方面额外的卷积维度也增加了深度学习参数量,因而三维卷积神经网络通常对标注数据量以及计算机资源有较高的要求。

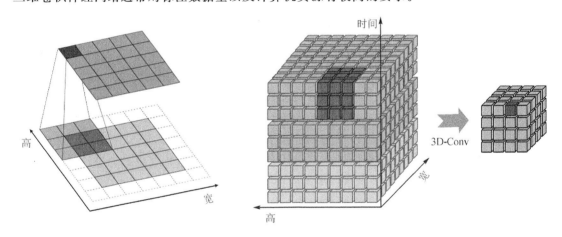

图 12.3 二维卷积(左)与三维卷积(右)的输入输出形式对比

3D–CNN 的经典方法之一是 C3D[12]网络。C3D 网络结构如图 12.4 所示。C3D 将 VGG 网络 3×3 卷积核的二维卷积扩展为 $3\times3\times3$ 卷积核的三维卷积,并将其 2×2 的池化层扩展至 $2\times2\times2$ 的三维池化层,适当去除了部分卷积层与全连接层,降低对存储空间的占用。C3D 网络从视频中截取的一段固定长度 $N=16$ 的连续图像帧作为输入,训练时从输入视频中随机截取 $N\times W\times W(W=112$ 为空间维度)的视频时空体作为输入。训练好的 C3D 模型可以用来提取视频特征用于其他视频分析任务:将一个视频分解为长度为 $N=16$ 帧的视频片段,相邻视频片段之间有 8 帧的重合。这些视频片段输入至 C3D 网络并将倒数第二个全连接层(fc6)的输出作为视频片段的特征,将这些视频片段特征求平均并归一化得到一个 4 096 维度的特征,作为整体视频的特征。许多方法也针对 C3D 网络进行了改进。Res3D[13]以及 3D ResNet[14]将 ResNet 中 3×3 卷积核的 2D 卷积扩展为 $3\times3\times3$ 的 3D 卷积。

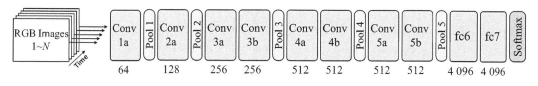

图 12.4　C3D 网络示意图[16]

　　三维卷积相对于二维卷积有更多的参数,因此增大了训练难度以及训练数据量的需求。将三维卷积低秩化可以降低三维卷积的参数量,低秩化的基本思想是将三维卷积核分解为一个空间域二维卷积以及时间域一维卷积来作为三维卷积的近似,例如 F_{ST}CN (factorized spatial-temporal convolutional network)[15]以及 P3D(pseudo-3D)[16]等方法。

12.3.2　双流法

　　双流神经网络(two-stream)[17]与上述三维卷积网络不同,双流神经网络将视频的空间与时间信息分解在两个支路,每个支路均由传统的二维卷积网络提取特征。由于光流可以表示当前帧的运动信息,并且稠密光流为图像的空间维度(长宽)相对应的矩阵,因此可以将光流矩阵作为传统卷积神经网络的输入,提取时序动态信息。双流法的基本网络结构构造如图 12.5所示。双流法由两个分类分支构成,即图像分支(spatial stream ConvNet)和光流分支(temporal stream ConvNet)。其中图像分支用于提取静态空间信息,光流分支用于提取帧之间的视频动态信息。在训练时图像分支从视频中随机采样一帧作为输入,光流分支依据所选取的帧来提取一段连续帧的光流作为输入。两个分支除输入层卷积外,结构基本相同。两个分支独立训练后,在预测阶段将两个分支的输出概率通过直接平均或者 SVM 预测的方式进行融合,最终输出视频分类的概率。由于图像分支与常用的图像 CNN 结构及目标一致,因此可以利用大规模训练数据集 ImageNet 进行预训练,得到初始化参数并进行微调训练。然而光流分支的输入为光流,无法利用图像的预训练权重,因此可采用多任务训练等策略来降低过拟合问题。

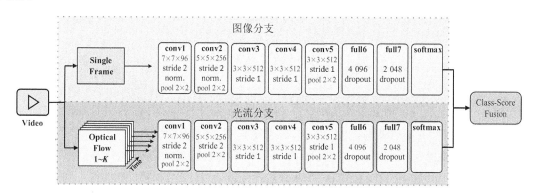

图 12.5　双流神经网络结构示意图[21]

　　早期的双流法采用随机采样帧方式进行训练,而单一帧的光流只能描述短时间时序运动信息,无法对长时间运动信息进行建模,而对连续帧的密集采样则会带来对计算资源的较高需

　　求。为了解决这个问题,TSN(temporal segment network)[18]对整个视频采用稀疏采样的方式。稀疏采样是基于视频中的图像帧的冗余性建立的,即视频内容变化连续缓慢,相邻帧的信息有所冗余不需要密集采样。TSN 的流程图如图 12.6 所示,TSN 将输入视频均匀划分成 K 个片段,对每个片段中随机采样一图像帧和连续若干帧的光流输入到双流神经网络来预测每一个片段中的分类得分,最后再将所有片段的分类得分整合为动作类别预测得分。因此,TSN 可以对整体视频的时间维度稀疏采样固定数目的帧数进行特征提取,既对视频整体的长时序信息进行建模,同时又避免对计算资源的大量占用,并且多帧片段的融合提高了分类容错性。除此之外,TSN 扩展了图像帧与光流的输入形式。在输入图像帧方面,TSN 实验了连续帧差分的形式来突出显著动作特征;在输入光流方面,TSN 实验了抵消背景运动后的变换光流来突出人物动作。

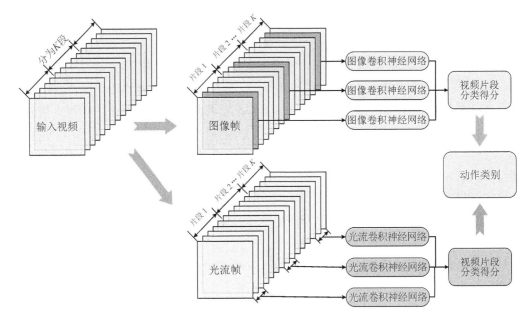

图 12.6　TSN 流程图[22]

　　随着研究的发展,尝试将三维卷积以及双流结构相结合,进一步提升视频特征的表达力。I3D 网络(two-stream inflated 3D ConvNet)[19]是将双流法中的二维卷积神经网络扩展为三维卷积神经网络。I3D 的结构图如图 12.7 所示,I3D 采用双流结构,其中一个分支由 RGB 图像帧作为输入;另一个分支由光流作为输入。两分支分别进行训练,并在测试阶段将两分支的预测结果进行平均作为最终类别预测。每条分支结构都基于 Inception - V1 进行扩展,将其中的 $N \times N$ 维二维卷积(或池化层)扩展为 $N \times N \times N$ 维三维卷积(或池化层)。为了阻止在时序方向特征融合过快,在 I3D 在最初的两个池化层不进行三维扩展,仍保留二维池化结构。I3D 最后的平均是使用了 $2 \times 7 \times 7$ 池化核。此外,I3D 网络利用二维卷积网络的 ImageNet 预训练参数,初始化对应的三维卷积神经网络,将二维卷积核在时间维度上复制并除以时间维度进行计算,从而避免重复训练,提高了训练效率。

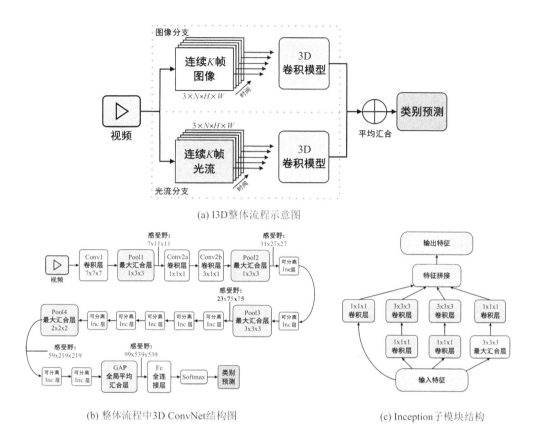

(a) I3D整体流程示意图

(b) 整体流程中3D ConvNet结构图　　　　　　　(c) Inception子模块结构

图 12.7　I3D 网络结构示意图[19]

12.4　本章小结

本章主要介绍了基于传统机器学习及基于深度学习的视频内容识别分类方法。在传统机器学习框架中，重点介绍了部分视频特征提取方法，包括光流基本概念及稠密轨迹特征，其中稠密轨迹特征采用沿着轨迹提取时空体中静态与动态信息的方法，在视频分类识别上取得了较高的准确率，甚至超过了早期的视频分类深度学习结构。在深度学习框架中，首先介绍了卷积神经网络对于视频的空间与时间信息进行共同建模的基本方法，其次介绍了部分视频分类的经典卷积神经网络，并对其中的关键创新技术进行了讲解。利用传统机器学习或者深度学习的方法，均可以实现对视频的分类任务，从而对视频中是否含有不良内容进行分类判别。

参考文献

[1] Laptev I，Lindeberg T．Space-time interest points［C］．Proceedings of the 9th IEEE International Conference on Computer Vision，2003：432-439．

[2] Scovanner P，Ali S，Shah M．A 3-dimensional sift descriptor and its application to action

recognition [C]. Proceedings of the 15th ACM International Conference on Multimedia, 2007: 357-360.

[3] Klaeser A, Marszalek M, Schmid C. A spatio-temporal descriptor based on 3D-gradients [C]. Proceedings of the British Machine Vision Conference,2008(99):1-10.

[4] Dalal N, Triggs B. Histograms of oriented gradients for human detection [C]. Proceedings of the IEEE Computer Society Conference on Computer Vision and Pattern Recognition, 2005: 886-893.

[5] Horn B K P, Schunck B G. Determining optical flow[J]. Artificial Intelligence, 1981, 17(1-3): 185-203.

[6] Lucas B D, Kanade T. An iterative image registration technique with an application to stereo vision [C]. Proceedings of the 7th International Joint Conference on Artificial Intelligence, 1981: 674-679.

[7] Dosovitskiy A, Fischer P, Ilg E, et al. FlowNet: learning optical flow with convolutional networks [C]. Proceedings of the IEEE International Conference on Computer Vision, 2015: 2758-2766.

[8] Ilg E, Mayer N, Saikia T, et al. FlowNet 2.0: evolution of optical flow estimation with deep networks [C]. Proceedings of the IEEE Conference on Computer Vision and Pattern Recognition, 2017: 1647-1655.

[9] Wang H, Klaser A, Schmid C, et al. Action recognition by dense trajectories [C]. Proceedings of the IEEE Conference on Computer Vision and Pattern Recognition, 2011: 3169-3176.

[10] Wang H, Kläser A, Schmid C, et al. Dense trajectories and motion boundary descriptors for action recognition[J]. International Journal of Computer Vision, 2013, 103 (1): 60-79.

[11] Wang H, Schmid C. Action recognition with improved trajectories [C]. Proceedings of the IEEE International Conference on Computer Vision, 2013: 3551-3558.

[12] Tran D, Bourdev L, Fergus R, et al. Learning spatiotemporal features with 3D convolutional networks [C]. Proceedings of the IEEE International Conference on Computer Vision, 2015: 4489-4497.

[13] Tran D, Ray J, Shou Z, et al. Paluri M. ConvNet architecture search for spatiotemporal feature learning[J]. arXiv,2017.

[14] Hara K, Kataoka H, Satoh Y. Can spatiotemporal 3D CNNs retrace the history of 2D CNNs and ImageNet? [C]. Proceedings of the IEEE/CVF Conference on Computer Vision and Pattern Recognition, 2018: 6546-6555.

[15] Sun L, Jia K, Yeung D Y, et al. Human action recognition using factorized spatio-temporal convolutional networks [C]. Proceedings of the IEEE International Conference on Computer Vision, 2015: 4597-4605.

[16] Qiu Z, Yao T, Mei T. Learning spatio-temporal representation with pseudo-3D residual networks [C]. Proceedings of the IEEE International Conference on Computer Vi-

sion, 2017: 5534-5542.

[17] Simonyan K, Zisserman A. Two-stream convolutional networks for action recognition in videos[C]. Annual Conference on Neural Information Processing Systems, 2014: 568-576.

[18] Wang L, Xiong Y, Wang Z, et al. Temporal segment networks: towards good practices for deep action recognition [C]. European Conference on Computer Vision, 2016: 20-36.

[19] Carreira J, Zisserman A. Quo vadis, action recognition? a new model and the kinetics dataset [C]. Proceedings of the IEEE Conference on Computer Vision and Pattern Recognition, 2017: 4724-4733.